Spring MVC+MyBatis开发从入门到项目实战

朱要光 / 编著

电子工业出版社

Publishing House of Electronics Industry

北京·BEIJING

内 容 简 介

本书分为 4 篇。第 1 篇是 Java 开发环境的搭建，包括 JDK 的下载与安装、环境变量的配置、MyEclipse 的下载与基本配置。第 2 篇是 MyBatis 技术入门，包括剖析 JDBC 的弊端、MyBatis 的背景介绍、入门程序的编写、配置文件的剖析、高级映射及缓存结构的讲解，最后还介绍了 MyBatis 与 Spring 框架的整合。第 3 篇是 Spring MVC 技术入门，包括 Spring MVC 的背景介绍、架构整体剖析、环境搭建、处理器与映射器的讲解、前端控制器的源码分析、多种视图解析器的介绍、请求映射与参数绑定的介绍、Validation 校验与异常处理和拦截器的讲解。第 4 篇是 Spring MVC 与 MyBatis 的项目整合实战，通过对水果网络销售平台的需求分析、功能设计、数据库设计以及模块详细编码实现，让读者了解整合项目开发的整体流程。

本书对框架的介绍通俗易懂，由浅入深，结合实例展示，为读者的入门提供了有力的帮助，且为以后的技术提升打下坚实的基础。本书适用于拥有 Java 基础的软件开发人员学习框架开发，也适用于大中专院校在校师生学习开发技术，以及软件从业实习生提升框架开发技术水平，也可作为高等院校计算机及相关专业教材使用。

未经许可，不得以任何方式复制或抄袭本书之部分或全部内容。
版权所有，侵权必究。

图书在版编目（CIP）数据

Spring MVC+MyBatis 开发从入门到项目实战 / 朱要光编著. —北京：电子工业出版社，2018.2
ISBN 978-7-121-33390-3

Ⅰ. ①S… Ⅱ. ①朱… Ⅲ. ①JAVA 语言－程序设计 Ⅳ. ①TP312.8

中国版本图书馆 CIP 数据核字（2017）第 325737 号

策划编辑：张月萍
责任编辑：牛　勇
印　　刷：三河市良远印务有限公司
装　　订：三河市良远印务有限公司
出版发行：电子工业出版社
　　　　　北京市海淀区万寿路 173 信箱　　邮编：100036
开　　本：787×1092　1/16　　印张：24　　字数：630 千字
版　　次：2018 年 2 月第 1 版
印　　次：2019 年 2 月第 6 次印刷
定　　价：79.00 元

凡所购买电子工业出版社图书有缺损问题，请向购买书店调换。若书店售缺，请与本社发行部联系，联系及邮购电话：（010）88254888，88258888。
质量投诉请发邮件至 zlts@phei.com.cn，盗版侵权举报请发邮件至 dbqq@phei.com.cn。
本书咨询联系方式：010-51260888-819，faq@phei.com.cn。

前　　言

　　自从 Java 语言诞生以来，就有许多基于 Java 语言开发的软件涌现，而其中使用 Java EE 开发环境来开发企业级 Web 应用也有许多年的历史了。Java EE 平台经过多年的更新和换代，其稳定性和完善的安全机制使其牢牢伫立于企业级 Web 应用开发的前列，受到了许多 Web 开发者的青睐。在 Java EE 发展的过程中，许多的开发者和组织对其 API 进行了优化、改进和封装，进而涌现出了许多优秀的开源框架，如 Rod Johnson 创建的 Spring 框架、Gavin King 和 JBoss 团队开发的 Hibernate 框架、Apache Jakarta 项目的 Struts 框架，以及近两年比较流行的 SpringFrameWork 的后续产品 Spring MVC 与 Apache 的开源项目 MyBatis。使用这些开源框架，使得 Web 开发的效率和质量得到大大提升。

　　本书详细介绍了 Spring MVC 和 MyBatis 框架的基础知识及核心技术。通过学习框架的基础理论和 API 的概念，读者可以由浅入深地学习框架的整体技术，从而达到学以致用的目的。在掌握理论知识的同时，通过实例的编写和练习，使得读者对知识点的理解和掌握更加透彻。最后通过一个企业级项目的实战编写，从软件需求分析、功能设计、数据库创建，到开发环境搭建及编码开发，让读者掌握整合框架的实际开发技术，为以后的相关工作和学习打下坚实的实战基础。

本书特色

1. 内容基础、全面，涵盖 Spring MVC 和 MyBatis 的核心技术知识

　　本书从 Spring MVC 和 MyBatis 的依赖环境，到其配置文件、API 应用，以及各项参数的释义都给予了详细讲解，让读者轻松并快速掌握框架的开发知识体系。对于部分核心知识点，还会通过剖析源码的方式，让读者深入理解框架的设计理念，从深层次上理解框架的理论。

2. 知识点伴随鲜活的实例练习，通过实际动手来实现功能

　　本书对于每一个知识点，都会通过具体实例的编写来向读者展示该知识点的使用技巧和方法，让读者既掌握基础的理论知识，又学习到知识点在具体项目中的实际应用技巧。

3. 独特的大型项目跟踪式讲解与开发

　　本书在介绍完 Spring MVC 与 MyBatis 的基础知识及实例后，还增加了项目实战的章节。

不同于以往的教程，这里的项目以实际需求为起点，通过软件的需求分析、功能设计、数据库设计及环境的搭建，到最后的开发，一步一步让读者体验整个 Web 项目从提出设想到最终交付的全部过程。读者在大型项目的跟踪式学习中，不仅可以深切体会如何进行 Spring MVC 与 MyBatis 的项目整合开发，还可以掌握整个 Web 项目的所有开发流程。

本书内容及体系结构

第 1 篇　准备工作

本篇对 Java 开发的环境搭建、编译器的选择与安装都做了详细的讲解，为读者后面的开发学习做好准备。

第 2 篇　MyBatis 技术入门

本篇通过分析传统 JDBC 开发模式的缺陷，引出 MyBatis 框架诞生的背景及特点。然后通过一个入门程序让读者对 MyBatis 有一个大致的了解，继而展开对 MyBatis 配置文件、高级映射及缓存结构等知识点的讲解。最后讲解了 MyBatis 与 Spring 的整合开发，为后期与 Spring MVC 的整合做准备。

第 3 篇　Spring MVC 技术入门

本篇通过 Spring MVC 技术背景的介绍，以及与 Struts 框架的对比，让读者对 Spring MVC 在项目中扮演的角色有一个大致的了解。然后通过图文解说的方式，详细介绍了 Spring MVC 的整个运行体系和所包含的架构模块，让读者带着模块化的思想去学习整个框架，而不是"盲人摸象"。在读者了解了技术背景及大体框架结构后，再逐步讲解 Spring MVC 的环境搭建、处理器映射器和适配器、前端控制器和视图解析器、请求映射与参数绑定、Validation 校验、异常处理和拦截器等知识点。

第 4 篇　Spring MVC 与 MyBatis 项目实战

本篇通过一个水果网络销售平台项目，让读者从一个项目负责人和开发人员的角度，全面剖析项目的整个开发流程，广到这个项目的功能设计、框架规划，细到某个具体模块的详细编码实现，让读者从宏观到微观全面掌握 Spring MVC 与 MyBatis 整合的实战项目开发流程。

本书读者对象

- Java 软件开发工程师
- 想要全面了解 Spring MVC 与 MyBatis 知识点的人员
- 想要学习开发 Web 实战项目的人员
- 各计算机、软件专业的在校学生
- 其他对 Web 开发感兴趣的各类人员

读者服务

轻松注册成为博文视点社区用户（www.broadview.com.cn），扫码直达本书页面。

- **下载资源**：本书如提供示例代码及资源文件，均可在下载资源处下载。
- **提交勘误**：您对书中内容的修改意见可在提交勘误处提交，若被采纳，将获赠博文视点社区积分（在您购买电子书时，积分可用来抵扣相应金额）。
- **交流互动**：在页面下方读者评论处留下您的疑问或观点，与我们和其他读者一同学习交流。

页面入口：http://www.broadview.com.cn/33390

目 录

第 1 篇 准备工作

第 1 章 开发环境搭建 2
- 1.1 JDK 安装与配置 2
  - 1.1.1 下载 JDK 3
  - 1.1.2 安装 JDK 4
  - 1.1.3 JDK 环境变量配置 4
  - 1.1.4 验证 Java 环境是否搭建成功 6
- 1.2 MyEclipse 的安装与使用 7
  - 1.2.1 MyEclipse 的下载 7
  - 1.2.2 MyEclipse 的配置 8
- 1.3 第一个 Java 类 10

第 2 篇 MyBatis 技术入门

第 2 章 了解 MyBatis 14
- 2.1 传统 JDBC 开发模式的缺陷 14
  - 2.1.1 JDBC 连接数据库模式分析 14
  - 2.1.2 JDBC 操作 SQL 语句模式分析 16
  - 2.1.3 待优化的问题 17
- 2.2 初识 MyBatis 18
  - 2.2.1 MyBatis 介绍 18
  - 2.2.2 MyBatis 整体架构 18
  - 2.2.3 MyBatis 运行流程 21

第 3 章 搭建 MyBatis 工作环境 23
- 3.1 入门程序搭建与测试 23

3.1.1　数据库准备 23
　　3.1.2　搭建工程环境 24
　　3.1.3　编写日志输出环境配置文件 26
　　3.1.4　编写数据库连接池配置文件 27
　　3.1.5　编写 SQL 映射配置文件 29
　　3.1.6　编写数据交互类与测试用例 30
3.2　入门程序数据操作 33
　　3.2.1　模糊查询样例 33
　　3.2.2　新增样例 34
　　3.2.3　删除与修改样例 37

第 4 章　MyBatis 配置文件详解 40

4.1　SqlMapConfig 配置文件详解 40
　　4.1.1　properties 配置分析 43
　　4.1.2　setting 配置分析 44
　　4.1.3　typeAliases 配置分析 48
　　4.1.4　typeHandlers 配置分析 50
　　4.1.5　objectFactory 配置分析 53
　　4.1.6　plugins 配置分析 56
　　4.1.7　environments 配置分析 58
　　4.1.8　mappers 配置分析 60
4.2　Mapper 映射文件 61
　　4.2.1　映射文件总体介绍 61
　　4.2.2　Mapper 配置输入映射 64
　　4.2.3　Mapper 输入映射样例 65
　　4.2.4　Mapper 配置输出映射 68
　　4.2.5　Mapper 自动映射 75
　　4.2.6　Mapper 配置动态 SQL 语句 76

第 5 章　MyBatis 高级映射 80

5.1　建立测试数据模型 80
　　5.1.1　业务模型分析 80
　　5.1.2　根据业务创建测试表 81
5.2　一对一查询 83
　　5.2.1　使用 resultType 实现 83
　　5.2.2　使用 resultMap 实现 85
5.3　一对多查询 87
　　5.3.1　实体类定义与 Mapper 编写 87
　　5.3.2　测试查询结果 89
5.4　多对多查询 90

5.4.1　实体类定义与 Mapper 编写 91
　　5.4.2　测试查询结果 94
5.5　延迟加载 96
　　5.5.1　Mapper 映射配置编写 96
　　5.5.2　测试延迟加载效果 97
5.6　Mapper 动态代理 99
　　5.6.1　Mapper 代理实例编写 99
　　5.6.2　测试动态代理效果 100

第 6 章　MyBatis 缓存结构 102

6.1　一级查询缓存 103
　　6.1.1　一级缓存原理阐述 103
　　6.1.2　一级缓存测试示例 103
6.2　二级查询缓存 105
　　6.2.1　二级缓存原理阐述 105
　　6.2.2　二级缓存测试实例 106
　　6.2.3　验证二级缓存清空 108

第 7 章　MyBatis 技术拓展 110

7.1　MyBatis 与 Spring 的整合 110
　　7.1.1　创建测试工程 110
　　7.1.2　引入依赖 jar 包 111
　　7.1.3　编写 Spring 配置文件 112
　　7.1.4　编写 MyBatis 配置文件 114
　　7.1.5　编写 Mapper 及其他配置文件 115
　　7.1.6　编写 DAO 层 116
　　7.1.7　编写 Service 测试类 117
　　7.1.8　使用 Mapper 代理 118
7.2　MyBatis 逆向工程 121
　　7.2.1　逆向工程配置 121
　　7.2.2　逆向数据文件生成类 123
　　7.2.3　运行测试方法 124
　　7.2.4　测试生成的数据文件 126

第 3 篇　Spring MVC 技术入门

第 8 章　Spring MVC 132

8.1　Spring MVC 基础 133

8.1.1　Spring 体系结构 133
　　　8.1.2　 Spring MVC 请求流程 134
　8.2　Spring MVC 与 Struts 的区别 135
　8.3　Spring MVC 环境搭建 136
　　　8.3.1　 依赖 jar 包的添加和前端控制器配置 137
　　　8.3.2　 编写核心配置文件 springmvc.xml 138
　　　8.3.3　 编写 Handler 处理器与视图 140

第 9 章　处理器映射器和适配器 144

　9.1　非注解的处理器映射器和适配器 144
　　　9.1.1　 非注解的处理器映射器 144
　　　9.1.2　 非注解的处理器适配器 146
　9.2　注解的处理器映射器和适配器 151

第 10 章　前端控制器和视图解析器 154

　10.1　前端控制器源码分析 154
　10.2　视图解析器 162
　　　10.2.1　AbstractCachingViewResolver 162
　　　10.2.2　UrlBasedViewResolver 162
　　　10.2.3　InternalResourceViewResolver 163
　　　10.2.4　XmlViewResolver 163
　　　10.2.5　BeanNameViewResolver 164
　　　10.2.6　ResourceBundleViewResolver 165
　　　10.2.7　FreeMarkerViewResolver 与 VelocityViewResolver 167
　　　10.2.8　ViewResolver 链 168

第 11 章　请求映射与参数绑定 169

　11.1　Controller 与 RequestMapping 169
　11.2　参数绑定过程 173
　　　11.2.1　简单类型参数绑定 174
　　　11.2.2　包装类型参数绑定 176
　　　11.2.3　集合类型参数绑定 182

第 12 章　Validation 校验 187

　12.1　Bean Validation 数据校验 188
　　　12.1.1　搭建 validation 校验框架 188
　　　12.1.2　添加校验注解信息 189
　　　12.1.3　测试 validation 校验效果 191
　　　12.1.4　validation 注解全面介绍 192

12.2 分组校验 193
12.2.1 设置分组校验 193
12.2.2 测试分组校验效果 195
12.3 Spring Validator 接口校验 195
12.3.1 Validator 接口的使用 195
12.3.2 Validator 接口验证测试 199

第 13 章 异常处理和拦截器 201
13.1 全局异常处理器 201
13.2 拦截器定义与配置 207
13.2.1 HandlerInterceptor 接口 207
13.2.2 WebRequestInterceptor 接口 209
13.2.3 拦截器链 210
13.2.4 拦截器登录控制 213

第 14 章 Spring MVC 其他操作 217
14.1 利用 Spring MVC 上传文件 217
14.2 利用 Spring MVC 实现 JSON 交互 223
14.3 利用 Spring MVC 实现 RESTful 风格 231
14.3.1 RESTful 231
14.3.2 使用 Spring MVC 实现 RESTful 风格 232
14.3.3 静态资源访问问题 235

第 4 篇 Spring MVC 与 MyBatis 项目实战

第 15 章 项目分析与建模 238
15.1 项目需求分析 238
15.1.1 系统主要使用者业务关系分析 239
15.1.2 系统主要使用者经济关系分析 239
15.2 项目 UML 图例 240
15.2.1 UML 图的类型 240
15.2.2 绘制系统用例图 241
15.2.3 绘制系统模块图 241
15.3 项目数据库建模 242
15.3.1 系统数据关系分析 243
15.3.2 系统主要表设计 243

第 16 章　开发框架环境搭建...250

16.1　搭建工程的 Maven 环境...250
- 16.1.1　Maven 下载配置...250
- 16.1.2　创建 Maven 工程...252
- 16.1.3　为工程添加依赖...254

16.2　开发框架基础配置与测试...259
- 16.2.1　开发框架环境配置...259
- 16.2.2　测试环境配置结果...266

第 17 章　核心代码以及登录模块编写...277

17.1　各层核心基础代码...277
- 17.1.1　编写 DAO 层核心代码...277
- 17.1.2　编写 Controller 层核心代码...279

17.2　登录注册管理模块...280
- 17.2.1　编写登录模块...280
- 17.2.2　编写登录验证服务...283
- 17.2.3　编写注册模块...288
- 17.2.4　编写注册服务...290

第 18 章　零售商及货物管理模块...292

18.1　零售商管理模块...292
- 18.1.1　添加主导航栏...292
- 18.1.2　编写基础 Controller 及实体类...294
- 18.1.3　创建 Mapper 映射文件...295
- 18.1.4　编写 DAO 层处理逻辑...297
- 18.1.5　编写 Service 层处理逻辑...297
- 18.1.6　完善 Controller 类...298
- 18.1.7　编写相关视图页面...300
- 18.1.8　分页操作逻辑编写...302
- 18.1.9　测试分页效果...305
- 18.1.10　编写编辑功能...307
- 18.1.11　测试编辑功能...310
- 18.1.12　编写删除功能...311
- 18.1.13　测试删除功能...312
- 18.1.14　编写添加功能...312
- 18.1.15　测试添加功能...314

18.2　货物信息管理模块...315
- 18.2.1　导航栏与 Controller 基础准备...315
- 18.2.2　创建 Mapper 映射文件...316

- 18.2.3 编写 DAO 层处理逻辑 ... 318
- 18.2.4 编写 Service 层处理逻辑 ... 319
- 18.2.5 完善 Controller 类 ... 320
- 18.2.6 编写相关视图页面 ... 322

18.3 附属品管理模块 ... 325
- 18.3.1 导航栏与 Controller 基础准备 ... 325
- 18.3.2 创建 Mapper 映射文件 ... 326
- 18.3.3 完善 Controller 类 ... 327
- 18.3.4 编写相关视图页面 ... 329
- 18.3.5 验证页面效果 ... 331
- 18.3.6 批量删除实现 ... 332

第 19 章 购销合同管理模块 ... 335

19.1 购销合同管理模块 ... 335
- 19.1.1 购销合同 Mapper 实现 ... 335
- 19.1.2 编写 DAO 层处理逻辑 ... 341
- 19.1.3 编写 Service 层处理逻辑 ... 342
- 19.1.4 编写 Controller 基础类 ... 344
- 19.1.5 编写相关视图页面 ... 345

19.2 关联零售商 ... 347
- 19.2.1 编写添加逻辑 ... 347
- 19.2.2 实现零售商关联浮出框 ... 349
- 19.2.3 测试零售商关联 ... 354

19.3 关联水果货物 ... 354
- 19.3.1 货物关联展示与浮出框编写 ... 354
- 19.3.2 勾选货物功能编写 ... 358
- 19.3.3 测试货物关联 ... 360

19.4 完善购销合同 ... 360
- 19.4.1 合同关联信息合并提交 ... 360
- 19.4.2 测试合并提交 ... 365
- 19.4.3 合同打印以及删除实现 ... 369

19.5 案例总结 ... 372

第 1 篇　准备工作

第 1 章　开发环境搭建

第 1 章　开发环境搭建

俗话说，盖房子最重要的是打好地基，这句话对程序开发人员来讲，也是一样的。在学习 Spring MVC 和 MyBatis 框架之前，也需要打好"地基"，就是搭建开发环境。众所周知， Spring MVC 和 MyBatis 框架都属于 Java 的开源框架，是建立在 Java 语言基础之上的。所以，搭建开发环境的目的就是可以在其中正常地编辑、编译 Java 文件，提供一个可方便编辑 Java 文件的开发工具。

本章涉及的知识点有：

- 如何安装和配置 Java 编译环境
- 如何下载和使用 Java 编译工具
- 编写和运行第一个 Java 程序

提示：若读者已经自行搭建好开发环境，本章可作为参考。

1.1　JDK 安装与配置

计算机执行命令是听从系统指令的，而系统的指令则是由代码逻辑控制的。也就是说，计算机是理解代码所表达的指令的。但是，计算机之所以理解代码所表达的意思，是因为一个中间媒介的存在。这个中间媒介的功能就是，让程序代码从只有人能读写的源代码变成能被计算机直接执行的机器代码。这其实就好像是出国旅游，只懂得中文的情况下与外国人交流，是需要一个翻译人员的，将外语翻译成我们理解的中文，才能知晓外国人要表达的意思。

因为我们使用的是 Java 语言，所以就要在计算机中安装能够编译 Java 语言的插件，让编译环境将 Java 语言翻译成计算机能够理解的机器语言，从而正确执行代码程序。

搭建 Java 开发与编译环境需要的插件就是 JDK（Java Development Kit），译名为"Java 开发工具"，它包含了 Java 的编译工具及 Java 开发的常用工具和基础类库。一般来讲，下载的 JDK 插件会同时包含 JRE（Java Runtime Environment），即"Java 运行时环境"，它与 JDK 的不同是，JDK 提供了 Java 开发时所需要的工具，而 JRE 提供了 Java 运行的环境。通常会将包含 JDK 与 JRE 的 Java 的运行环境插件直接统称为 JDK。

在以 JDK 为基础的 Java 开发平台中，根据类库的不同，开发平台还分为 Java SE（Standard

Edition)、Java EE（Enterprise Edition）及 Java ME（Micro Edition）版本，分别代表“标准版”、“企业版”和“移动/嵌入开发版”。其中，Java SE 平台包含了 Java 的基础类库，也是最原生的 Java 开发平台；而 Java EE 是企业级开发平台，多是为开发大型 Web 程序所准备的平台；Java ME 是开发移动或嵌入式程序的平台，但由于便携式硬件（智能手机）的极速发展，近些年很少有开发者再使用该平台。通俗一点讲，Java SE 平台多是用来开发计算机应用程序软件的，Java EE 平台多是用来开发网站的服务端的，Java ME 平台多是用来开发手机小程序或嵌入式程序的。

小贴士：本书讲解的 Web 开发框架技术就基于 Java EE 平台。

1.1.1 下载 JDK

在浏览器中打开 Oracle 的官网，找到下载 JDK 的主页：

http://www.oracle.com/technetwork/java/javase/downloads/index.html

可以在下载首页看到目前 JDK 的最新版本（这里看到的是 JDK 8，版本为 Java SE 标准版。标准版是构建 Java EE 开发环境的基础，后期会在 MyEclipse 中的 Java SE 环境基础上集成 Java EE 开发环境），如图 1-1 所示。

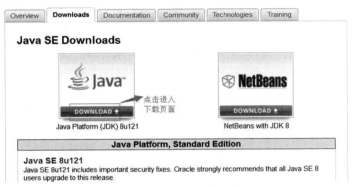

图 1-1 Oracle 下载主页

单击 DOWNLOAD 进入下载页面，可以看到以下下载选项，如图 1-2 所示。

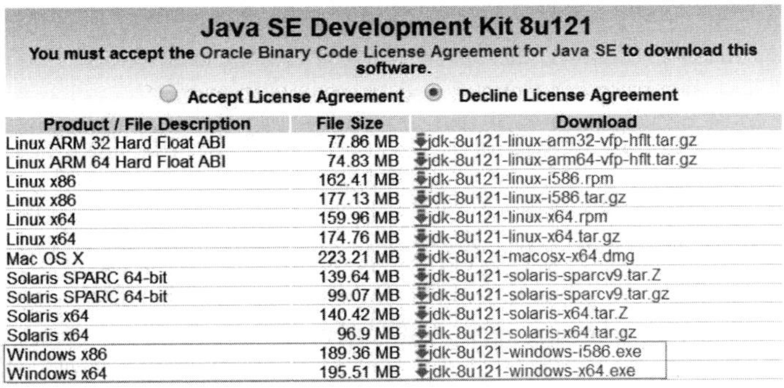

Java SE Development Kit 8u121

You must accept the Oracle Binary Code License Agreement for Java SE to download this software.

Accept License Agreement　Decline License Agreement

Product / File Description	File Size	Download
Linux ARM 32 Hard Float ABI	77.86 MB	jdk-8u121-linux-arm32-vfp-hflt.tar.gz
Linux ARM 64 Hard Float ABI	74.83 MB	jdk-8u121-linux-arm64-vfp-hflt.tar.gz
Linux x86	162.41 MB	jdk-8u121-linux-i586.rpm
Linux x86	177.13 MB	jdk-8u121-linux-i586.tar.gz
Linux x64	159.96 MB	jdk-8u121-linux-x64.rpm
Linux x64	174.76 MB	jdk-8u121-linux-x64.tar.gz
Mac OS X	223.21 MB	jdk-8u121-macosx-x64.dmg
Solaris SPARC 64-bit	139.64 MB	jdk-8u121-solaris-sparcv9.tar.Z
Solaris SPARC 64-bit	99.07 MB	jdk-8u121-solaris-sparcv9.tar.gz
Solaris x64	140.42 MB	jdk-8u121-solaris-x64.tar.Z
Solaris x64	96.9 MB	jdk-8u121-solaris-x64.tar.gz
Windows x86	189.36 MB	jdk-8u121-windows-i586.exe
Windows x64	195.51 MB	jdk-8u121-windows-x64.exe

图 1-2 JDK 下载选项

我们是在 Windows 系统上开发，所以选择 Windows 平台的版本。x86 对应的是 32 位的操作系统，而 x64 对应的是 64 位的操作系统，可以根据自己系统的具体环境来选择下载。

小贴士：除了从官网下载，读者也可以选择从其他资源站点下载。

1.1.2 安装 JDK

下载完毕之后，会得到一个 exe 格式的可执行文件，如图 1-3 所示。

图 1-3　下载的 exe 可执行文件

双击该可执行文件，进入安装界面，如图 1-4 所示。

然后根据安装向导的指示一步一步安装即可。

安装完成之后，在之前选择的下载路径下，就可以看到已安装的 JDK，如图 1-5 所示。

图 1-4　JDK 安装界面

图 1-5　安装结果

这里有两个文件夹，分别是 jdk1.8.0_121 和 jre8。前者是 Java 开发工具包，其中包含了开发所需要的各种类库和工具；后者是 Java 运行环境，它最核心的内容就是 JVM（Java 虚拟机）及核心类库。

1.1.3 JDK 环境变量配置

当将 JDK 下载并安装成功之后，为了让计算机正常执行 Java 指令，还需要为 JDK 配置环境变量，即将 JDK 放置到 path 环境变量中，这样对于每个 Java 文件，都可以在 path 中设定的 jdk 目录下找到编译命令来编译它。

首先右键单击"我的电脑"，找到"属性"选项，单击进入属性配置界面；然后选择"高级系统设置"选项，进入高级系统设置界面；单击"环境变量"，进入环境变量配置界面，如图 1-6 所示。

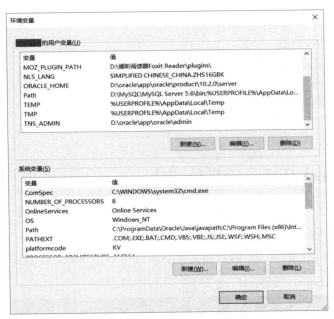

图 1-6 环境变量配置界面

其中"用户变量"用于设置本用户下的环境变量,当操作系统切换为其他用户时,该配置无效。而"系统变量"被设置后,对所有登录该计算机的用户生效。可以根据自己的需要进行配置,这里选择在"用户变量"中配置。

在"用户变量"中单击"新建"按钮,输入变量名"JAVA_HOME",变量值为 JDK 所在的安装目录,如图 1-7 所示。

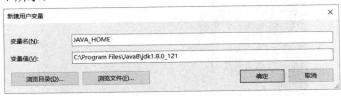

图 1-7 配置 JAVA_HOME 变量

在"用户变量"中单击"新建"按钮,输入变量名"CLASSPATH",变量值为".;%JAVA_HOME%\ lib;%JAVA_HOME%\lib\tools.jar",如图 1-8 所示。

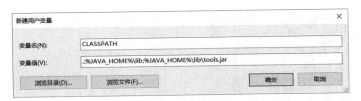

图 1-8 配置 CLASSPATH 变量

注意:最前面有一个英文点"."和一个英文分号";"。

在"用户变量"中找到 Path 变量,单击"编辑"按钮,在之前的变量值之后,添加一个英文分号";",然后在后面添加 JDK 安装目录下的 lib 路径,这里的值为";%JAVA_HOME%\bin",

如图 1-9 所示。

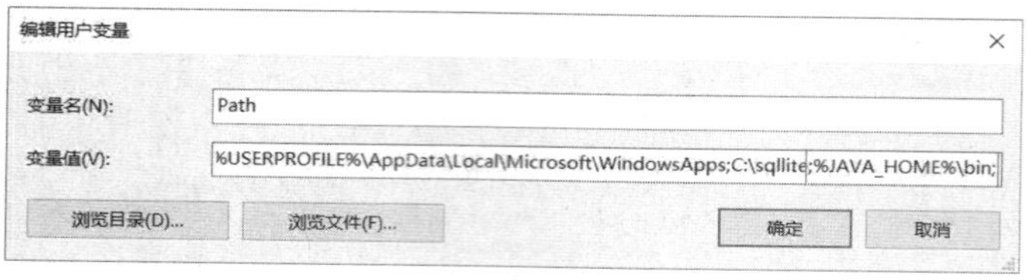

图 1-9　配置 Path 变量

1.1.4　验证 Java 环境是否搭建成功

打开计算机的 cmd 命令提示符控制台，执行以下命令，如果得到相应的反馈，则证明 Java 开发与编译环境搭建成功。

输入"java -version"指令，可以查看当前 Java 的版本，如图 1-10 所示。

图 1-10　查看 Java 版本

输入"java"指令，可以查看 Java 的帮助信息，如图 1-11 所示。

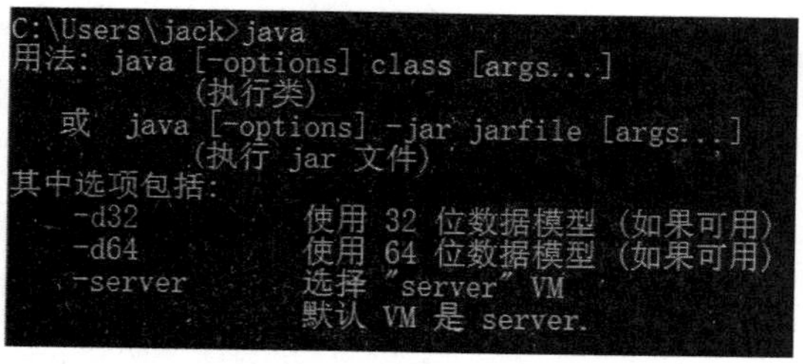

图 1-11　查看 Java 帮助信息

输入"javac"指令，可以查看 Java 编译命令的帮助信息，如图 1-12 所示。

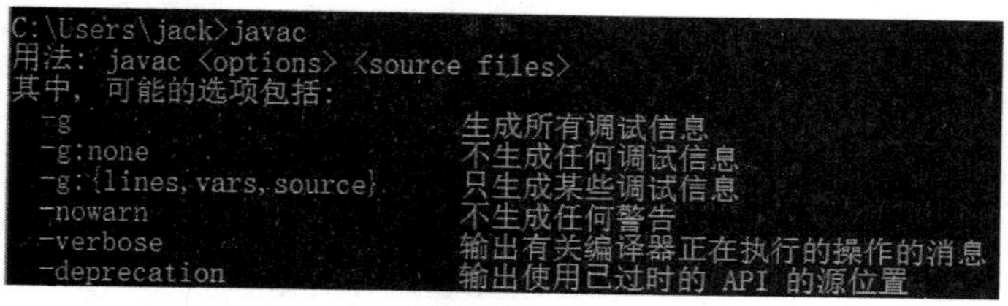

图 1-12　查看 Java 编译命令的帮助信息

若以上指令都正常执行了，则说明 Java 开发与编译环境就搭建成功了。

小贴士：如果没有出现正常的版本信息，需要检查 JDK 的环境变量配置是否正确。

1.2　MyEclipse 的安装与使用

俗话说"工欲善其事，必先利其器"，虽然安装并配置了 Java 开发与运行环境，但是还没有顺手的 Java 编辑工具。在记事本中编写 Java 程序，然后使用指令编译是远远不能满足我们的日常开发需要的。需要一种界面清晰、编辑与调试方便并支持 Java 的各种插件和集成编译环境的应用软件。

鉴于我们将要学习和开发的是基于 Java EE 平台的 Web 应用，故选择使用 MyEclipse 开发工具。因为 MyEclipse 在 Eclipse 的基础上增加了功能强大的企业级集成开发环境，对 Eclipse 的功能进行了拓展，所以 MyEclipse 的功能更加强大，更适合开发 Web 应用。

1.2.1　MyEclipse 的下载

在浏览器中访问 MyEclipse 的中文官网 http://www.myeclipsecn.com/，进入 MyEclipse 的中文官网的首页，如图 1-13 所示。

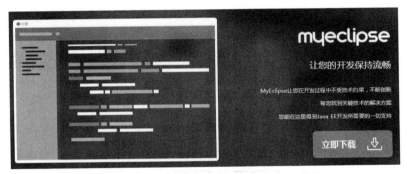

图 1-13　MyEclipse 中文官网首页

单击"立即下载"进入下载页面，可以根据自己的需要选择相应的版本（免费试用版/完整版）和下载通道。下载完毕后，会得到一个 exe 格式的可执行安装文件，如图 1-14 所示。

双击可执行文件，进入安装界面，如图 1-15 所示。

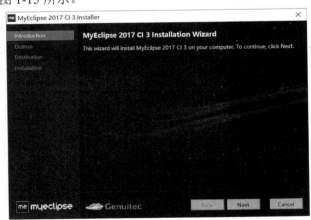

图 1-14　安装文件　　　　　　　　图 1-15　MyEclipse 安装界面

然后按照安装指导一步一步操作。安装完成后可以在安装路径中看到安装完成的 MyEclipse 文件夹，如图 1-16 所示。

提示：可以将 MyEclipse 安装目录中的 "myeclipse.exe" 文件以快捷方式发送到桌面，便于使用。

1.2.2 MyEclipse 的配置

双击"myeclipse.exe"文件，进入 MyEclipse 开发工具。首先 MyEclipse 会弹出一个对话框，让用户选择自己的工作空间，在这里设定以后开发时的工作空间，如图 1-17 所示。

图 1-16　MyEclipse 的安装目录文件

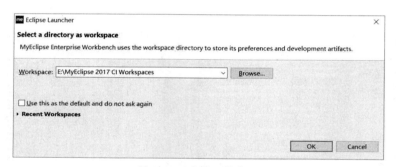

图 1-17　选择工作空间

选择工作空间后，进行加载，片刻后，就可看到 MyEclipse 的主界面了，如图 1-18 所示。

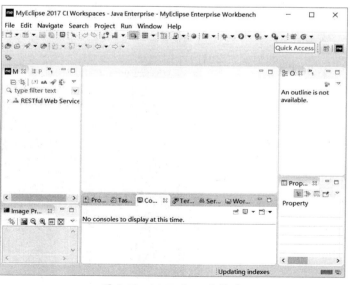

图 1-18　MyEclipse 主界面

注意：下载过程中有选择32位与64位操作系统的选项，按照自己系统的实际情况选择。

之后需要配置编译环境所使用的JDK。单击"Window"选项，选择"Preferences"进行偏好设置，设置主界面如图1-19所示。

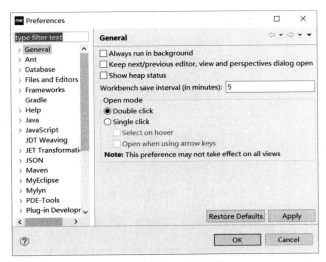

图1-19　偏好设置界面

在左侧选项栏中选择"Java"，然后在子选项中选择"Installed JREs"，可以看到系统目前使用的Java环境是MyEclipse自带的，如图1-20所示。

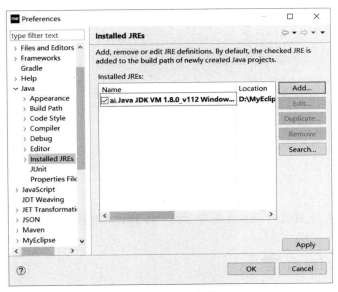

图1-20　JRE配置界面

单击"Add"按钮，选择"Standard VM"选项，然后选择JDK的安装目录，就可以向MyEclipse中添加JDK环境了，如图1-21所示。

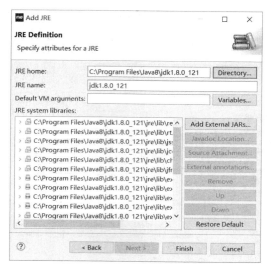

图 1-21　添加新 JRE 环境

添加完成后，勾选 JDK 配置，然后单击"Apply"按钮让设置生效，再单击"OK"按钮结束配置，如图 1-22 所示。

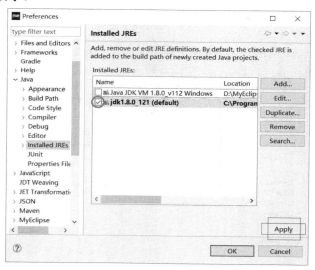

图 1-22　完成 JRE 配置

小贴士：选择本地 JDK 路径后，要勾选添加的 JRE 选项并单击"Apply"按钮。

1.3　第一个 Java 类

打开 MyEclipse，单击"文件"菜单，然后单击"新建"菜单项，这里选择新建一个 Java 工程（Java Project），如图 1-23 所示。

填写新建工程所需要的信息，将创建的工程命名为"HelloWorldProject"，选择刚安装的 JRE 环境，如图 1-24 所示。

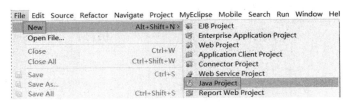

图 1-23　新建 Java 工程

创建完成之后，可以在 Package Explorer 区域看到新建的工程，如图 1-25 所示。

图 1-24　填写新建工程的信息　　　　　　　图 1-25　新建的 Java 工程

右键单击"src"，选择新建一个 Class 类，如图 1-26 所示。

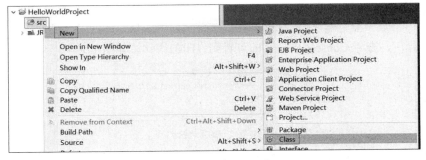

图 1-26　新建 Class 类

在 cn.com.java.text 包下创建一个名为 HelloWorld 的 Class 文件，如图 1-27 所示。

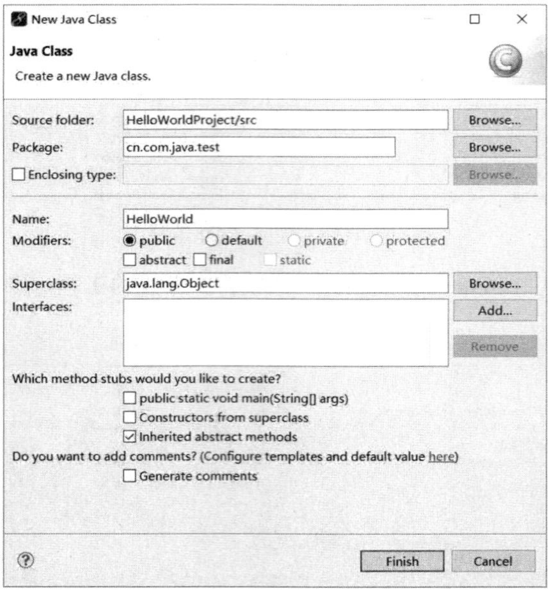

图 1-27　新建 Class 类的信息填写

在新建的 Class 文件的类主体中创建 main 方法，并编写打印"Java，HelloWorld！"的语句，代码如下：

```
package cn.com.java.test;
public class HelloWorld {
    public static void main(String[] args) {
        System.out.println("Java,HelloWorld!");
    }
}
```

在类主体上单击鼠标右键，选择"Run As"运行选项，然后选择"Java Application"，即可让类主体作为一个 Java 应用程序来运行，如图 1-28 所示。

图 1-28　选择运行程序

程序运行后，查看 Console 窗口，即可看到打印的语句，如图 1-29 所示。

图 1-29　程序运行结果

至此，所有的开发准备工作已经完成。

小贴士：如果在运行过程中出现异常，需要观察 Console 给出的异常信息，从而进行修改。

第 2 篇　MyBatis 技术入门

第 2 章　了解 MyBatis

第 3 章　搭建 MyBatis 工作环境

第 4 章　MyBatis 配置文件详解

第 5 章　MyBatis 高级映射

第 6 章　MyBatis 缓存结构

第 7 章　MyBatis 技术拓展

第 2 章　了解 MyBatis

开发 Web 应用，数据的存储和处理往往离不开数据库和 SQL 语句。在使用 Java 开发的 Web 应用中，自然也少不了连接数据库的步骤。在底层连接数据库的时候，一般使用 JDBC 技术，也就是 Java 的一种提供数据库连接和操作 SQL 的底层 API。但是互联网技术正在飞速发展，使用原始 JDBC 已经满足不了项目的开发需求了，这就使得 Hibernate、MyBatis（iBatis）、JPA、JDO 等一些优秀的 ORM（Object Relational Mapping，对象关系映射）框架诞生，它们不仅结合了原生 JDBC 的功能，还使开发简捷化、规范化。本章我们就来了解原始 JDBC 开发的缺点，以及 MyBatis 框架的优势和适用场合。

本章涉及的知识点有：

- 传统 JDBC 技术开发的缺点
- 使用 MyBatis 技术开发的优势
- MyBatis 技术的适用场景

提示：本章读者主要了解 MyBatis 的基本信息，不需要完全理解样例代码。

2.1 传统 JDBC 开发模式的缺陷

JDBC 技术作为 Java Web 的数据库连接核心 API，已经成为 Java Web 开发中不可或缺的工具。但是传统的数据库连接的开发模式是有局限性的，了解其需要优化的地方，有助于理解 MyBatis 框架的优势所在。

2.1.1 JDBC 连接数据库模式分析

JDBC（Java DataBase Connectivity）即"Java 数据库连接"，是一种提供连接数据库、使用 SQL 语句操作数据库数据的技术的标准 Java API。在传统的 JSP/Servlet 开发模式下，一般直接使用 JDBC 进行数据库的连接和操作。

传统开发模式中，在使用 JDBC 进行数据库连接时，一般都在引入相关的数据库驱动 jar 包后，创建一个数据库连接类，该类提供数据库驱动的加载、数据库连接参数配置、连接对象

的获取以及连接对象的关闭操作,代码示例如下:

```java
package cn.com.test.util;
import java.sql.Connection;
import java.sql.DriverManager;
import java.sql.ResultSet;
import java.sql.SQLException;
import java.sql.Statement;
public class DBConnection {
    //定义MySQL的数据库驱动程序
    public static final String DBDRIVER = "org.gjt.mm.mysql.Driver" ;
    //定义MySQL的数据库连接地址
    public static final String DBURL = "jdbc:mysql://localhost:3306/mydata" ;
    //MySQL数据库的连接用户名
    public static final String DBUSER = "root" ;
    //MySQL数据库的连接密码
    public static final String DBPASS = "1234" ;
    static{
        try {
            Class.forName(DBDRIVER);
        } catch (ClassNotFoundException e) {
            e.printStackTrace();
        }
    }
    public static Connection getConnection(){
        Connection conn=null;
        try {
            conn=DriverManager.getConnection(DBURL,DBUSER,DBPASS);
        } catch (SQLException e) {
            e.printStackTrace();
        }
        return conn;
    }
    public static void close(ResultSet rs,Statement st,Connection conn){
        try {
            if(rs!=null){rs.close();}
            if(st!=null){st.close();}
            f(conn!=null){conn.close();}
        } catch (SQLException e) {
            e.printStackTrace();
        }
    }
    public static void close(Statement st,Connection conn){
        close(null,st,conn);
    }
}
```

可以看到，在代码中，数据库驱动程序名称、数据库连接地址、数据库账号及密码全部是"硬编码"到程序中的。所谓的"硬编码"，就是将程序中的外部变量值，使用赋值语句写死在程序中，当需要修改时，要修改源码并重新编译。一般来说，采用"硬编码"的软件项目，其扩展性都非常差。

对于日常开发的项目，在不可控的外部因素下，例如更换数据库所在的服务器导致数据库连接地址发生变化、数据库管理员修改了数据库密码、更换了数据库软件类型（如 MySQL 更改为 Oracle）等情况，都需要对数据库连接类的源代码进行修改、重新编译、打包和上线，这样会浪费很多人力和时间，而且经常变动会导致项目数据不稳定，极易引起软件安全隐患。

最重要的一点是，在每一个操作数据库的类中，都需要引入类似上面的 DBConnection 数据库连接类，然后获取数据库连接，等到操作数据完毕之后，关闭数据库连接。这样对数据库进行频繁连接、开启和关闭操作，会造成数据库资源的浪费，十分影响数据库的性能。

小贴士：仔细思考一下自己平时开发时的数据库连接方式，有什么优点和缺陷？

2.1.2 JDBC 操作 SQL 语句模式分析

在使用传统 JDBC 连接数据库的开发模式下，当需要操作数据库的时候，首先需要创建数据库连接类 DBConnection，并通过 getConnection 方法获取数据库连接对象。在获取数据库连接对象的同时，还要创建一个预编译对象，去加载并预编译 SQL 语句。然后使用数据库连接对象的 prepareStatement 方法将编写好的 SQL 语句预编译。得到预编译对象之后，传入需要操作的参数，并执行 SQL 语句，就可以得到数据库的操作结果。代码示例如下（以添加一条 Teacher 类数据的 add 方法为例）：

```java
public boolean add(Teacher teacher) {
    boolean flag=false;
    Connection conn=null;
    PreparedStatement pst=null;
    try {
        conn=DB.getConnection();
        String sql="insert into teacher (number,name,sex,classname,address) values(?,?,?,?,?)";
        pst=conn.prepareStatement(sql);
        pst.setInt(1, teacher.getNumber());
        pst.setString(2, teacher.getName());
        pst.setString(3, teacher.getSex());
        pst.setString(4, teacher.getClassname());
        pst.setString(5, teacher.getAddress());
        int rows=pst.executeUpdate();
        if(rows>0){flag=true;}
    } catch (SQLException e) {
        e.printStackTrace();
    }finally{
        DB.close(pst,conn);
```

```
    }
    return flag;
}
```

可以看到，在这段代码中，SQL 语句和 preparedStatement 设置的占位符语句，以及各种占位符对应的参数设置，全部是"硬编码"到代码中的。如果修改 SQL 语句和插入的参数，就要对源代码进行修改，然后重新编译、打包和上线，这样十分不利于软件系统的维护与扩展。

下面这段代码为获取 Teacher 类全部对象的 select 方法：

```
public List<Teacher> getTeachers() {
    List<Teacher> list = new ArrayList<Teacher>();
    Connection conn = null;
    Statement st = null;
    ResultSet rs = null;
    try {
        conn = DB.getConnection();
        String sql = "select * from teacher";
        st = conn.createStatement();
        rs = st.executeQuery(sql);
        while (rs.next()) {
            Teacher teacher = new Teacher();
            teacher.setNumber(rs.getInt("number"));
            teacher.setName(rs.getString("name"));
            teacher.setSex(rs.getString("sex"));
            teacher.setClassname(rs.getString("classname"));
            teacher.setAddress(rs.getString("address"));
            list.add(teacher);
        }
    } catch (Exception ex) {
      ex.printStackTrace();
    } finally {
        DB.close(rs, st, conn);
    }
    return list;
}
```

观察上述代码可以看到，从 ResultSet 中遍历结果集数据时，使用"getString"、"getInt"等获取数据的方法，其中的参数即是表字段的名称，这也是一种"硬编码"，当数据库相应的表字段出现变动时（如 sex 列更名为 gender），仍需要对源代码进行修改，然后重新编译、打包和上线，这同样不利于软件系统的维护与扩展。

小贴士：思考一下你自己在平时的开发中，有没有出现"硬编码"的情况？

2.1.3 待优化的问题

经过上述探讨，可以总结出传统 JDBC 开发模式中存在的需要优化的缺陷。

- **连接参数、SQL 语句的硬编码**：将 SQL 语句配置在 XML 或其他非 Java 的配置文件中，这样即使 SQL 发生变化，也不需要重新编译 Java 文件。
- **数据库的频繁连接与断开**：使用数据库连接池来管理数据的连接。
- **查询结果集取数据的硬编码**：使用一种机制，将查询出的结果集自动映射为 Java 对象，无须手动设置。

以上优化问题的解决方案，我们将在下面的 MyBatis 框架的学习过程中逐步了解。

2.2 初识 MyBatis

伟大的物理学家牛顿曾说过："如果说我所看得比笛卡儿更远一点，那是因为站在巨人肩上"，而 MyBatis 就是这一宽厚的肩膀，帮助程序员提高开发效率，更容易开发出高性能的程序。MyBatis 框架弥补了传统 JDBC 开发模式的不足，同时其强大的加载配置、SQL 解析与执行、结果映射等机制，使得项目的开发效率和程序的数据处理性能得到大大的提升，是目前比较成熟、使用率比较高的持久层框架。

2.2.1 MyBatis 介绍

MyBatis 是 Apache 的一个 Java 开源项目，原名为 iBatis（即 Internet 与 abatis 的结合），后因项目托管平台的迁移（由 Google Code 转移至 GitHub）更名为 MyBatis。MyBatis 是一款支持动态 SQL 语句的持久层框架，支持目的是让开发人员将精力集中在 SQL 语句上。

MyBatis 可以将 SQL 语句配置在 XML 文件中，这避免了 JDBC 在 Java 类中添加 SQL 语句的硬编码问题；通过 MyBatis 提供的输入参数映射方式，将参数自由灵活地配置在 SQL 语句配置文件中，解决了 JDBC 中参数在 Java 类中手工配置的问题；通过 MyBatis 的输出映射机制，将结果集的检索自动映射成相应的 Java 对象，避免了 JDBC 中对结果集的手工检索；同时 MyBatis 还可以创建自己的数据库连接池，使用 XML 配置文件的形式，对数据库连接数据进行管理，避免了 JDBC 的数据库连接参数的硬编码问题。

综上所述，MyBatis 的特点是，采用配置文件动态管理 SQL 语句，并含有输入映射、输出映射机制以及数据库连接池配置的持久层框架。

小贴士：MyBatis 是一款优秀的 ORM 框架，与 Hibernate 框架的目的相同，都是为了简化数据库开发，但两者的特点又有明显不同。

2.2.2 MyBatis 整体架构

MyBatis 整体的构造由数据源配置文件、SQL 映射配置文件、会话工厂、会话、执行器以及底层封装对象组成。接下来对这些核心对象进行逐一讲解。

1. 数据源配置文件

对于一个持久层框架，也就是负责连接数据库，并对数据进行操作的一套框架，连接数据库是最重要的一步。MyBatis 框架对于数据库连接的配置信息，采用了配置"数据库连接池"的形式。所谓的"数据库连接池"（又可称作"数据源"），就是让数据库的配置信息从外部的某种配置文件中读取，然后由一个独立处理数据库连接的程序来和数据库进行交互。这样一来，应用程序本身不必关心数据库的配置信息，数据库的配置交由独立的模块管理和配置。

在 MyBatis 中，数据库的数据源是配置在 SqlMapConfig.xml（文件名可更改）配置文件中的，其中配置了数据库驱动、数据库连接地址、数据库用户名和密码、事务管理等参数，如果对数据库连接池有性能的要求，还可以配置连接池的连接数和空闲时间等详细参数。

在项目中，SqlMapConfig.xml 配置文件的大致内容如下（最初级的配置）：

```xml
<?xml version="1.0" encoding="UTF-8"?>
<!DOCTYPE configuration
PUBLIC "-//mybatis.org//DTD Config 3.0//EN"
"http://mybatis.org/dtd/mybatis-3-config.dtd">
<configuration>
    <environments default="development">
        <environment id="development">
            <!-- 使用JDBC事务管理-->
            <transactionManager type="JDBC" />
            <!-- 数据库连接池-->
            <dataSource type="POOLED">
                <property name="driver" value="org.gjt.mm.mysql.Driver"/>
                <property name="url" value="jdbc:mysql://localhost:3306/mydata?characterEncoding=utf-8"/>
                <property name="username" value="root"/>
                <property name="password" value="1234"/>
            </dataSource>
        </environment>
    </environments>
</configuration>
```

值得一提的是，在后期与 Spring MVC 框架的整合中，将会使用 Spring MVC 建立数据库连接池，此时就不用为 MyBatis 单独配置数据库连接池了。

小贴士：不同的数据库，拥有不同的数据库连接驱动，这里需要开发者根据需要配置连接参数。

2. SQL 映射配置文件

在传统的 JDBC 开发模式中，SQL 语句是硬编码在 Java 代码中的。而 MyBatis 框架，将 SQL 配置在独立的配置文件 Mapper.xml（文件名可更改）中，简称"Mapper 配置文件"。在这个配置文件中可以配置任何类型的 SQL 语句，包括 select、update、delete 和 insert 语句。

对于 SQL 语句执行所需要的参数，以及查询语句返回的结果集对象，都可以在 Mapper.xml

配置文件中配置。在输入参数方面，MyBatis 框架会根据配置文件中的参数配置，将组装参数的 Java 对象或 Map 对象中的相关字段与 Mapper.xml 中的参数配置做匹配，将相关数据绑定在需要执行的 SQL 语句上；在查询语句输出结果时，会根据 Mapper.xml 中配置的结果集信息，将从数据库取出的数据字段，一一映射到相应的 Java 对象或 Map 对象中。也就是说，Mapper.xml 配置文件，完成了对 SQL 语句以及输入输出参数的映射配置。

在项目中，Mapper.xml 配置文件的大致内容如下（部分配置）：

```xml
<?xml version="1.0" encoding="UTF-8"?>
<!DOCTYPE mapper
PUBLIC "-//mybatis.org//DTD Mapper 3.0//EN"
"http://mybatis.org/dtd/mybatis-3-mapper.dtd">

<mapper namespace="test">
   <select id="findUserById" parameterType="int" resultType="cn.com.mybatis.model.User">
      SELECT * FROM USER WHERE id=#{id}
   </select>
</mapper>
```

在上述配置信息中，可以在 mapper 标签对中配置很多 SQL 语句。其中的 select 标签对中包含了一段 SQL 查询语句，其中的 parameterType 指定了输入参数的类型，而 resultType 指定了输出结果映射的 Java 对象类型。可以看到其中的 resultType 的参数信息是一个 JavaBean（Java 基本信息封装类），也就是说，这段 select 的结果参数配置表示将单条记录映射成一个 Java 对象。

Mapper.xml 的文件路径，一般会配置在数据源配置文件 SqlMapConfig.xml 中，其会随着数据库配置参数一起被加载。配置方式如下：

```xml
<mappers>
   <mapper resource="sqlmap/UserMapper.xml"/>
   <mapper resource="sqlmap/GoodsMapper.xml"/>
</mappers>
```

SQL 映射配置文件在 MyBatis 框架中是十分重要的，使用 MyBatis 框架的开发人员，每天面对最多的就是各种 Mapper.xml 配置文件。所以，后期将会紧紧围绕着 SQL 映射配置文件来学习。

小贴士：MyBatis 的核心就是基于 SQL 配置的 Mapper 映射文件，所有数据库的操作都会基于该映射文件和配置的 SQL 语句。

3. 会话工厂与会话

准备好了数据库连接池配置文件 SqlMapConfig.xml，以及 SQL 映射配置文件 Mapper.xml 之后，需要相关的程序来读取并加载这些配置文件的信息。而 MyBatis 中处理这些配置信息的核心对象就是"会话工厂"与"会话"。

在 MyBatis 中，"会话工厂"即是 SqlSessionFactory 类。学过设计模式的读者应该对"工厂"

这个抽象词汇不陌生，它是一种会产生某种规范的对象的类。SqlSessionFactory 类会根据 Resources 资源信息加载对象，获取开发人员在项目中配置的数据库连接池配置文件 SqlMapConfig.xml 的信息，从而产生一种可以与数据库交互的会话实例类——SqlSession。就好像一个卫星工厂一样，给厂商一个卫星的详细发射波长规格配置说明书，他们就能生产出能发射该种类型波长的卫星产品。SqlSessionFactory 可以根据数据库配置信息产生出可以连接数据库并与其交互的 SqlSession 会话实例类。

前面提到过，SQL 映射配置文件 Mapper.xml 的路径是配置在 SqlMapConfig.xml 配置文件中的，所以 SqlSessionFactory 类同时也加载了 SQL 语句的配置信息。通过其产生的 SqlSession 会话实例类，可以依照 Mapper 配置文件中的 SQL 配置，对数据库执行增删改查的操作。

小贴士：会话工厂 SqlSessionFactory 会根据配置文件生成相应的可以操作数据库的会话实例类 SqlSession。

2.2.3　MyBatis 运行流程

MyBatis 的整个运行流程，也是紧紧围绕着数据库连接池配置文件 SqlMapConfig.xml，以及 SQL 映射配置文件 Mapper.xml 而开展的。

首先 SqlSessionFactory 会话工厂会通过 Resources 资源信息加载对象获取 SqlMapConfig.xml 配置文件信息，然后产生可以与数据库进行交互的会话实例类 SqlSession。会话实例类 SqlSession 可以根据 Mapper 配置文件中的 SQL 配置，去执行相应的增删改查操作。而在 SqlSession 类内部，是通过执行器 Executor（分为基本执行器和缓存执行器）对数据库进行操作的。执行器 Executor 与数据库交互，依靠的是底层封装对象 Mapped Statement，它封装了从 Mapper 文件中读取的信息（包括 SQL 语句、输入参数、输出结果类型）。通过执行器 Executor 与底层封装对象 Mapped Statement 的结合，MyBatis 就实现了与数据库进行交互的功能。

MyBatis 运行流程结构如图 2-1 所示。

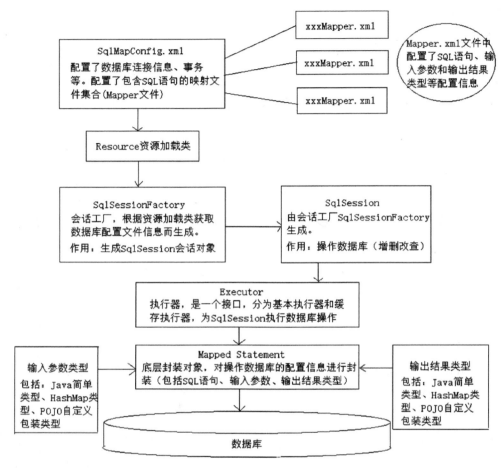

图 2-1 MyBatis 运行流程结构图

理解 MyBatis 的运行流程结构，对接下来的学习很有帮助。

小贴士：在之后的学习过程中，可以反复观察 MyBatis 的运行流程结构图，了解每一个组件在整个架构中扮演的角色。

第 3 章　搭建 MyBatis 工作环境

前面介绍了传统 JDBC 开发模式的缺陷、MyBatis 的初步知识以及整体架构的情况，相信大家对学习 MyBatis 已经有了大致的方向了。俗话说"兴趣是最好的老师"，在对 MyBatis 进行详细讲解之前，我们亲手开发一个基于 MyBatis 的入门程序，获得一定的成就感，这有利于接下来的深入学习。在开发过程中总结遇到的问题，在后续章节的学习中就会慢慢理解并掌握这些知识点。

本章涉及的内容有：

- 动手开发 MyBatis 入门程序
- 数据交互层的传统写法
- 使用 MyBatis 简化数据交互层的写法

3.1　入门程序搭建与测试

下面我们将亲自动手编写一个 MyBatis 入门工程，该工程可以对数据库的某个字段进行查询。开发步骤为：创建工程、引入依赖 jar 包、搭建日志输出环境、配置数据库连接池、创建持久层 Java 对象、编写 Mapper 配置文件、编写可运行的样例代码。

3.1.1　数据库准备

首先需要准备要操作的数据库，这里使用的是 MySQL 数据库，图形化管理界面是 Sqlyog，读者可以自行下载，这里不再赘述。

安装好 MySQL 数据库及 Sqlyog 图形化管理工具之后，打开 Sqlyog，在其中创建一个名为"mybatis_test"的数据库，并在其中创建一张名为 User 的表，各个字段的信息如图 3-1 所示。

Field Name	Datatype	Len
id	int	11
username	varchar	120
password	varchar	50
gender	varchar	5
email	varchar	100
province	varchar	50
city	varchar	50
birthday	date	

图 3-1　User 表字段信息

相应的建表 SQL 语句如下：

```sql
CREATE DATABASE `mybatis_test`;

USE `mybatis_test`;

DROP TABLE IF EXISTS `user`;

CREATE TABLE `user` (
  `id` INT(11) NOT NULL AUTO_INCREMENT,
  `username` VARCHAR(120) COLLATE utf8_bin DEFAULT NULL,
  `password` VARCHAR(50) COLLATE utf8_bin DEFAULT NULL,
  `gender` VARCHAR(5) COLLATE utf8_bin DEFAULT NULL,
  `email` VARCHAR(100) COLLATE utf8_bin DEFAULT NULL,
  `province` VARCHAR(50) COLLATE utf8_bin DEFAULT NULL,
  `city` VARCHAR(50) COLLATE utf8_bin DEFAULT NULL,
  `birthday` DATE DEFAULT NULL,
  PRIMARY KEY (`id`)
) ENGINE=INNODB DEFAULT CHARSET=utf8 COLLATE=utf8_bin;
```

创建好表之后，可以先在里面插入几条测试数据，用于以后的测试：

```sql
INSERT INTO `user`(`id`,`username`,`password`,`gender`,`email`,`province`,`city`,`birthday`)
VALUES
(1,'张三','111','男','1111@126.com','河南省','郑州市','1991-04-23'),
(2,'李四','222','男','2222@126.com','河北省','邯郸市','1989-10-13'),
(3,'刘丽','333','女','3333@126.com','江苏省','苏州市','1994-06-09'),
(4,'李丽','444','女','4444@126.com','四川省','成都市','1992-11-07');
```

接下来就可以开发入门工程了。

小贴士：对于测试数据，可以按照自己的喜好指定一些有意义的数据，而不要是"123"这种无意义的数据。

3.1.2　搭建工程环境

首先打开 MyEclipse 开发工具，选择 File->New File，创建一个 Web 工程，这里将其命名为 MyBatisFirstDemo，如图 3-2 所示。

创建完工程之后，要想使用 MyBatis 框架，就要为其引入依赖 jar 包。目前，MyBatis 的最新版本在 GitHub 上托管，每过一段时间会更新，下载地址为：https://github.com/mybatis/mybatis-3/releases。

这里使用的 MyBatis 的核心 jar 包为 mybatis-3.4.1-jar，即使用的版本是 3.4.1（读者在阅读本书时，可以下载本书所使用版本的 jar 包，方便同步学习）。除了引入 mybatis-3.4.1- jar 包之外,还要准备 MyBatis 的其他依赖 jar 包,并且还要为数据库连接提供驱动,建立日志输出环境。最终,为这个入门程序准备的 jar 包如图 3-3 所示。

图 3-2　创建 WebProject 工程

图 3-3　需要导入的依赖 jar 包

将这些 jar 包放置在创建的 Web 工程下的 WEB-INF/lib 文件夹下,然后全选 jar 包,右键选择"Build Path"选项,再选择"Add To Build Path"项将依赖 jar 包引入工程环境。添加完毕之后的工程如图 3-4 所示。

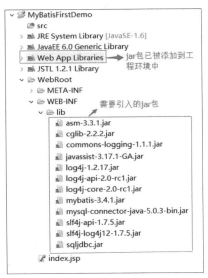

图 3-4　添加完依赖的 Web 工程

添加完依赖 jar 包之后,要为工程准备开发需要的目录结构。一般将目录结构分为源代码目录、配置文件目录和测试目录。

一般 src 文件夹是放置源代码的地方,该工程的代码主要分为三大块:数据库连接、持久层对象、测试主程序。所以首先在 src 下创建三个包,分别是:cn.com.mybatis.datasource、cn.com.mybatis.po 和 cn.com.mybatis.test。

配置文件目录中放置数据库连接池配置文件、日志输出配置文件和 Mapper 映射配置文件。创建一个名为 SqlMapConfig 的 xml 空白文件,作为数据库连接池配置文件;然后创建一个 sqlmap 包,在该包下创建一个名为 UserMapper 的 xml 空白文件,作为处理 User 数据的 SQL 映射文件;最后创建一个名为 log4j 的 properties 空白属性文件,作为日志输出环境的配置文件。

这样，基本的工程目录结构也创建出来了，如图 3-5 所示。

图 3-5　工程目录结构图

至此，入门工程的大环境已经准备完毕，接下来就是编写各个配置文件中的信息以及编写测试样例代码。

小贴士：注意各种文件所放置的位置，思考源文件夹与一般文件夹的区别。

3.1.3　编写日志输出环境配置文件

在开发过程中，最重要的就是在控制台查看程序输出的日志信息，而在程序完成并上线之后，也需要将日常的日志信息导入 log 日志文件中，以方便查找问题。这就需要一款能够导出日志信息到控制台或者文件中的开源工具。这里使用的是 log4j 日志记录工具，它是目前比较流行的输出日志信息的开源工具，该工具非常灵活。所以接下来要为 log4j 日志输出环境配置参数文件。要配置的参数文件就是我们在上一小节创建的名为 log4j 的 properties 空白属性文件。在其中配置以下信息：

```
# Global logging configuration
#在开发环境下日志级别要设成DEBUG,生产环境设为INFO或ERROR
log4j.rootLogger=DEBUG, stdout
# Console output...
log4j.appender.stdout=org.apache.log4j.ConsoleAppender
log4j.appender.stdout.layout=org.apache.log4j.PatternLayout
log4j.appender.stdout.layout.ConversionPattern=%5p [%t] - %m%n
```

其中，第一条配置语句"log4j.rootLogger=DEBUG,stdout"指的是日志输出级别，一共有 7 个级别（OFF、FATAL、ERROR、WARN、INFO、DEBUG、ALL）。一般常用的日志输出级别分别为 DEBUG、INFO、ERROR 及 WARN，分别表示"调试级别"、"标准信息级别"、"错误级别"和"异常级别"。如果需要查看程序运行的详细步骤信息，一般选择"DEBUG"级别，因为该级别在程序运行期间，会在控制台打印出底层运行信息，以及在程序中使用 Log 对象打印出调试信息。如果是日常运行，可以选择"INFO"级别，该级别会在控制台打印出程序运行的主要步骤信息。"ERROR"和"WARN"级别分别代表"不影响程序运行的错误事件"和"潜在的错误情形"。文件中"stdout"这段配置的意思就是将等级为 DEBUG 的日志信息输出到 stdout 参数所指定的输出载体中。

第二条配置语句"log4j.appender.stdout=org.apache.log4j.ConsoleAppender"的含义是，设置名为 stdout 的输出端载体是哪种类型。目前输出载体有 ConsoleAppender（控制台）、FileAppender（文件）、DailyRollingFileAppender（每天产生一个日志文件）、RollingFileAppender（文件大小到达指定大小时产生一个新的文件）以及 WriterAppender（将日志信息以流格式发送到任意指定的地方）。这里要将日志打印到 MyEclipse 的控制台，所以选择 ConsoleAppender。

第三条配置语句"log4j.appender.stdout.layout=org.apache.log4j.PatternLayout"的含义是，名为 stdout 的输出载体的 layout（即界面布局）是哪种类型。目前输出端的界面类型分为 HTMLLayout（以 HTML 表格形式布局）、PatternLayout（可以灵活地指定布局模式）、SimpleLayout（包含日志信息的级别和信息字符串）以及 TTCCLayout（包含日志产生的时间、线程、类别等信息）这几种。这里选择灵活指定其布局类型，即自己去配置布局。

第四条配置语句"log4j.appender.stdout.layout.ConversionPattern=%5p [%t] - %m%n"的含义是，如果 layout 界面布局选择了 PatternLayout 灵活布局类型，要指定的打印信息的具体格式。格式信息配置元素大致如下：

%m 输出代码中指定的消息。

%p 输出优先级，即 DEBUG、INFO、WARN、ERROR 和 FATAL。

%r 输出自应用启动到输出该 log 信息耗费的毫秒数。

%c 输出所属的类目，通常就是所在类的全名。

%t 输出产生该日志事件的线程名。

%n 输出一个回车换行符，Windows 平台为"rn"，UNIX 平台为"n"。

%d 输出日志时的日期或时间，默认格式为 ISO8601，也可以在其后指定格式，比如：%d{yyyy MMM dd HH:mm:ss,SSS}，输出类似：2002 年 10 月 18 日 22:10:28,921。

%l 输出日志事件的发生位置，包括类目名、发生的线程，以及在代码中的行数。

[QC]是 log 信息的开头，可以为任意字符，一般为项目简称。

小贴士：可以尝试配置日志的不同打印级别和打印格式，灵活地学习日志的各项配置。

3.1.4 编写数据库连接池配置文件

编写完日志输出环境配置文件后，就要编写与数据库息息相关的配置文件——数据库连接池配置文件了，这是我们配置的重头戏。数据库连接池配置文件为 xml 文件，这意味着配置格式要符合 xml 格式，所以在编写之前，要指定 xml 的版本信息和编码格式信息：

```
<?xml version="1.0" encoding="UTF-8"?>
```

然后，虽然配置文件遵循 xml 格式，但是，MyBatis 框架在读取该 xml 文件时，并不能保证配置文件中的每一个标签对，以及标签对中的参数值配置完全符合标准。这就要求引入一种"DTD（Document Type Definition）"文档定义类型。所谓"DTD"文档定义类型，是一种信息规范约束，其就是用来检验 xml 文件是否符合约定好的某种规范的。所以，在 xml 声明信息下，加入 MyBatis 的 DTD 文档定义类型的配置信息：

```xml
<?xml version="1.0" encoding="UTF-8"?>
<!DOCTYPE configuration
PUBLIC "-//mybatis.org//DTD Config 3.0//EN"
"http://mybatis.org/dtd/mybatis-3-config.dtd">
```

之后就是配置信息的正文了，因为是入门程序，所以配置的信息是最基本的（该文件其他信息，会在后续章节中陆续讲解）。这里需要配置的是日志模式、数据库事务管理信息以及数据库连接信息。首先所有的配置信息会被包裹在 configuration 标签对中，其中有许多的配置标签，每个配置标签必须严格按照先后顺序配置。

在正文中，首先创建一个 setting 标签对，里面放置一些设置信息。在 setting 标签对中配置日志输出模式 logImpl 为 LOG4J。然后 MyBatis 的环境信息会被配置在 environments 标签对中，里面允许有多个 environment 标签，每一个单独的 environment 标签对代表一个单独的数据库配置环境。在 environment 标签对中，transactionManager 标签配置的是 MyBatis 的事务控制类型，而 dataSource 标签中配置的是数据库连接信息，其中包含多个 property 标签，用于配置数据库驱动信息 driver、数据库连接地址 url、数据库用户名 username、数据库密码 password。

最终入门级 SqlMapConfig 配置文件的完整内容如下：

```xml
<?xml version="1.0" encoding="UTF-8"?>
<!DOCTYPE configuration
PUBLIC "-//mybatis.org//DTD Config 3.0//EN"
"http://mybatis.org/dtd/mybatis-3-config.dtd">
<configuration>
    <settings>
        <setting name="logImpl" value="LOG4J" />
    </settings>
    <!-- 和 Spring 整合后 environments 配置将被废除-->
    <environments default="development">
        <environment id="development">
        <!-- 使用 JDBC 事务管理-->
            <transactionManager type="JDBC" />
        <!-- 数据库连接池-->
            <dataSource type="POOLED">
                <property name="driver" value="org.gjt.mm.mysql.Driver"/>
                <property name="url" value="jdbc:mysql://localhost:3306/
                    mybatis_test?characterEncoding=utf-8"/>
                <property name="username" value="root"/>
                <property name="password" value="1234"/>
            </dataSource>
        </environment>
```

```
    </environments>
</configuration>
```

该配置文件是 MyBatis 与数据库建立连接的核心文件，除此之外该文件还包含 Mapper 映射文件的声明及别名定义等功能，此配置文件是整个 MyBatis 的全局配置文件。不过我们在后面学习 Spring MVC 时可以知道，配置文件中的一大部分信息都可以交给 Spring 来管理。

小贴士：在单独使用 MyBatis 时，需要配置其核心配置文件 SqlMapConfig.xml。而当 MyBatis 与 Spring 整合之后，可以将 MyBatis 中的数据源配置交由 Spring 管理。

3.1.5 编写 SQL 映射配置文件

入门项目整体框架搭建好了，日志输出配置及数据库连接配置都准备好了，接下来要准备的配置文件就与后面要执行的 SQL 语句有关了。在 MyBatis 中，SQL 语句与 Java 类并无直接联系，几乎所有的 SQL 语句都配置在 Mapper 映射文件中，在整个 MyBatis 的运行机制中，会在适当时机加载该配置文件，读取其中配置的 SQL 信息以及输入/输出参数信息。接下来配置该文件（即 UserMapper.xml 文件），为其添加一个 select 语句配置。

首先一定不能忘记声明 xml 的版本和编码格式，然后引入 MyBatis 的 DTD 文档定义类型：

```
<?xml version="1.0" encoding="UTF-8"?>
<!DOCTYPE configuration
PUBLIC "-//mybatis.org//DTD Config 3.0//EN"
"http://mybatis.org/dtd/mybatis-3-config.dtd">
```

之后编写配置文件的正文。首先所有配置都包裹在 mapper 标签对中，mapper 标签有一个 namespace 属性，此属性的作用就是对 SQL 进行分类化管理，实现不同业务的 SQL 隔离。这里值得一提的是，如果使用 mapper 代理方法开发，namespace 有特殊且重要的作用，以后章节中会介绍。接下来编写 SQL 语句配置，众所周知，SQL 语句分为增、删、改、查这几大类型，所以，对应的标签对有 insert、delete、update 及 select。这里配置一个查询语句，所以选择 select 标签。每一个 SQL 配置标签都有 parameterType、parameterMap、resultType、resultClass 及 resultMap 属性，分别代表输入参数类型（一般是基本数据类型或包装类型）、输入参数集合（一般是 Map 集合）、结果类型（基本数据类型或包装类型）、结果类（一般是 Java 类）、结果集合（一般是 Map 集合）。

SQL 映射配置文件的大致内容如下：

```
<?xml version="1.0" encoding="UTF-8"?>
<!DOCTYPE mapper
PUBLIC "-//mybatis.org//DTD Mapper 3.0//EN"
"http://mybatis.org/dtd/mybatis-3-mapper.dtd">

<mapper namespace="test">
    <select id="findUserById" parameterType="int" resultType="cn.com.mybatis.po.User">
```

```
        SELECT * FROM USER WHERE id=#{id}
    </select>
</mapper>
```

首先在 select 标签中可以看到一个值为"findUserById"的 id 属性,我们知道,SQL 映射配置文件中的 SQL 都被解析并封装到 mappedStatement 对象中,为了调取相应的 SQL,需要一个唯一的标识,所以该 id 属性是映射文件中的 SQL 被解析并转换成为 Statement 的 id。

前面在介绍 MyBatis 的时候也提到过,这里的 parameterType 指定输入参数的类型为 int,而 resultType 表示将单条记录映射成一个名为 User 的 Java 对象。在 select 标签对中配置的是 SQL 语句,可以看到,其查询 User 表中 id 为某个值的信息,其中#{}标示一个占位符,而#{id}中的 id 表示接收输入参数的名称,如果输入参数是简单类型(基本数据类型),那么#{}中的值可以是任意数据。

编写完 SQL 映射文件后,为了能让 MyBatis 资源文件加载类解析 Mapper 文件,需要把 Mapper 文件的路径配置在全局配置文件 SqlMapConfig.xml 中。具体的配置位置在 SqlMapConfig.xml 中的 configuration 标签的最后(必须在此处配置,原因后面章节会详细介绍),配置信息如下:

```
<mappers>
<mapper resource="sqlmap/UserMapper.xml"/>
</mappers>
```

至此,所有配置文件已经准备完毕。

小贴士:思考一下 SQL 语句与配置参数的关系。

3.1.6 编写数据交互类与测试用例

接下来编写 Java 类。需要编写三个类,分别是持久化实体类、数据库交互类及测试用例类。

持久化实体类是一个类中的成员变量与数据库表中字段一一相对应的 Java 类。当然,也有仅在程序中使用到的封装一些间接数据的实体类。一般这种类为 JavaBean,即该类满足有一个空的构造方法,可序列化,类中的属性可以用 get/set 方法来获取和设置的条件。在这之前,有一个老的框架叫 EJB,在 EJB 中称含有 get/set 方法的类为 POJO(Plain Old Java Object)类,也就是"普通 Java 对象"。POJO 类也是方便程序员将数据库中的数据信息映射为 Java 类的实体类。当 POJO 类满足有一个空的构造方法,可序列化,类中的属性可以用 get/set 方法来获取和设置时,那么就可以称之为一个 JavaBean。以下对这种实体统称为 JavaBean。这里,创建 User 对应的 JavaBean(在 cn.com.mybatis.po 包下创建):

```
package cn.com.mybatis.po;
import java.io.Serializable;
import java.util.Date;
public class User implements Serializable{
    private int id;
```

```
    private String username;
    private String password;
    private String gender;
    private String email;
    private String province;
    private String city;
    private Date birthday;
    public User(){ }
    public User(int id, String username, String password, String gender,
            String email, String province, String city, Date birthday) {
        super();
        this.id = id;
        this.username = username;
        this.password = password;
        this.gender = gender;
        this.email = email;
        this.province = province;
        this.city = city;
        this.birthday = birthday;
    }
    public int getId() {
        return id;
    }
    public void setId(int id) {
        this.id = id;
    }
    //由于篇幅原因，余下的 get 与 set 方法省略
}
```

可以看到，在该 JavaBean 中，创建了 User 的所有属性信息，以及 get 与 set 方法，并且创建了一个无参构造函数和一个有参构造函数。

接下来编写数据库交互类。上一章我们讲到，资源文件加载类会读取数据库连接池配置文件，然后 SqlSessionFactory 类会获取数据库连接数据和 Mapper 映射规则，从而可以创建出能够与数据库交互的 SqlSession 类。这里就创建一个可以获取 SqlSession（即数据库交互对象）的类，暂且命名该类为 DataConnection：

```
package cn.com.mybatis.datasource;
import java.io.IOException;
import java.io.InputStream;
import org.apache.ibatis.io.Resources;
import org.apache.ibatis.session.SqlSession;
import org.apache.ibatis.session.SqlSessionFactory;
import org.apache.ibatis.session.SqlSessionFactoryBuilder;
public class DataConnection {
    //MyBatis 配置文件
```

```
private String resource="SqlMapConfig.xml";
private SqlSessionFactory sqlSessionFactory;
private SqlSession sqlSession;

public SqlSession getSqlSession() throws IOException{
    InputStream inputStream = Resources.getResourceAsStream(resource);
    //创建会话工厂,传入MyBatis配置文件信息
    sqlSessionFactory=new SqlSessionFactoryBuilder().build(inputStream);
    sqlSession=sqlSessionFactory.openSession();
    return sqlSession;
    }
}
```

在该类中,通过 Resource 资源加载类加载 SqlMapConfig.xml 配置文件,然后获取 SQL 会话工厂 SqlSessionFactory,之后使用会话工厂创建可以与数据库交互的 sqlSession 类的实例对象。

最后,编写测试用例,该类需要从数据库中取出 id 为 1 的用户的数据,并在控制台中打印出来。这里命名该测试类为 MyBatisTest,相关代码如下所示:

```
package cn.com.mybatis.test;
import java.io.IOException;
import java.text.SimpleDateFormat;
import org.apache.ibatis.session.SqlSession;
import org.junit.Test;
import cn.com.mybatis.datasource.DataConnection;
import cn.com.mybatis.po.User;
public class MyBatisTest {
    public DataConnection dataConn=new DataConnection();
    @Test
    public void TestSelect() throws IOException{
        SqlSession sqlSession=dataConn.getSqlSession();
            //sqlSession.selectOne 最终结果与映射文件中所匹配的 resultType 类型
            User user=sqlSession.selectOne("test.findUserById",1);
            System.out.println("姓名:"+user.getUsername());
            System.out.println("性别:"+user.getGender());
            SimpleDateFormat sdf = new SimpleDateFormat("yyyy-MM-dd");
            System.out.println("生日:"+sdf.format(user.getBirthday()));
            System.out.println("所在地:"+user.getProvince()+user.getCity());
            sqlSession.close();
        }
}
```

在 TestSelect 方法中,首先通过 DataConnection 类获取了 sqlSession 会话对象,然后使用 sqlSession 的 SelectOne 方法,该方法有两个参数:第一个参数是 SQL 映射文件 UserMapper.xml 中的 namespace 加上 statement 配置的 id;第二个参数是 SQL 映射文件中所匹配的 parameterType

类型的参数。执行 selectOne 之后的结果为 SQL 映射文件中所匹配的 resultType 类型。然后将取出的 User 的信息打印出来，此时控制台输出如图 3-6 所示。

图 3-6 测试样例输出结果

可以看到，在输出日志中，含有 select 查询语句，并且下面的输出正是向数据库中添加的测试数据中 id 为 1 的数据。最后，不要忘记调用 close 方法关闭 sqlSession 会话。

至此，创建了测试数据库和相关表，新建了测试工程并编写了相关的配置文件及测试代码，入门程序基本上算是编写完成了。下一章将在此工程的基础上，利用 MyBatis 框架的机制，实现对 User 表中的数据进行模糊查询、新增、删除和修改的操作。

提示：要对测试类添加 @Test 注解，才能进行 JUnit 测试。这里引入的是 JUnit 4 的相关环境。

3.2 入门程序数据操作

这一节将在上一节所建工程的基础上，对 User 表中的数据进行模糊查询、新增、删除和修改操作。以上操作涉及 Mapper 文件的 SQL 映射配置，以及在测试用例类中使用 SqlSession 会话实例类执行 SQL 映射文件中的配置。

3.2.1 模糊查询样例

要对数据库中 User 表的数据进行模糊查询，需要通过匹配名字中的某个字来查询该用户。
首先在 UserMapper.xml 配置文件中配置 SQL 映射：

```
<select id="findUserByUsername" parameterType="java.lang.String"
    resultType="cn.com.mybatis.po.User">
  SELECT * FROM USER WHERE username LIKE '%${value}%'
</select>
```

其中的 id 仍然表示映射文件中的 SQL 被解析并转换成为 Statement 的 id，parameterType 指定 SQL 的输入参数的类型为 String，而 resultType 指定结果类型为名为 User 的 JavaBean。

值得注意的是，select 标签对中 SQL 语句的 "${}" 符号，表示拼接 SQL 串，将接收到的参数内容不加任何修饰地拼接在 SQL 中，在 "${}" 中只能使用 value 代表其中的参数。然而，在 Web 项目中，如果没有防范 SQL 注入的机制，要谨慎使用"${}"符号拼接 SQL 语句串，因为可能会引起 SQL 注入的风险。

然后在 MyBatisTest 测试类中，编写一个新的测试方法 TestFuzzySearch，来查询所有名称中含有"丽"字的用户信息：

```
@Test
public void TestFuzzySearch() throws IOException{
    SqlSession sqlSession=dataConn.getSqlSession();
    List<User> userList=sqlSession.selectList("test.findUserByUsername","丽");
    for (int i = 0; i < userList.size(); i++) {
        User u=userList.get(i);
        System.out.println("姓名:"+u.getUsername());
        System.out.println("性别:"+u.getGender());
        SimpleDateFormat sdf = new SimpleDateFormat("yyyy-MM-dd");
        System.out.println("生日:"+sdf.format(u.getBirthday()));
        System.out.println("所在地:"+u.getProvince()+u.getCity());
    }
    sqlSession.close();
}
```

因为是模糊查询，所以得到的查询结果有可能多于一个。这里调用的方法是 SqlSession 的 selectList 方法，该方法可以返回一个数据集合。同理 selectList 方法中的两个参数分别是配置文件中 namespace 加 SQL 映射语句的 id，以及查询参数。这里使用声明成员为 User 类的 List 来接收查询结果集合，然后使用 for 循环遍历该 List，打印出所有符合条件的结果，输出信息如图 3-7 所示。

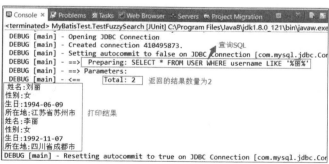

图 3-7　模糊查询结果

可以看到，在控制台输出日志中，最终的模糊查询结果有两个，这两个用户的名称分别为"刘丽"和"李丽"，名称中都包含了"丽"字，可见查询结果是正确的。

小贴士：注意"${}"与"#{}"的区别，思考如何避免使用"${}"来实现该例的模糊查询。

3.2.2　新增样例

编写了普通查询和模糊查询样例之后，接下来编写新增的样例。同样，在 UserMapper.xml

中添加有关新增的 SQL 映射配置。与新增有关的 SQL 语句需要配置在 insert 标签对中：

```xml
<insert id="insertUser" parameterType="cn.com.mybatis.po.User">
    insert into user(username,password,gender,birthday,email,province,city)
        value(#{username},#{password},#{gender},#{birthday,jdbcType=DATE},
        #{email},#{province},#{city})
</insert>
```

由于是新增语句，不需要拿到返回信息，所以这里没有添加返回参数 resultType。因为添加的是用户的整体信息，这里的输入参数 parameterType 为一个 JavaBean 类，即 User 实体类。其中在 SQL 语句配置中，在 birthday 参数中添加了一个 jdbcType，这是为了声明该参数的 Java 类型符合 JDBC 对应的哪种类型，方便在加载 SQL 语句并设置参数时，能够将正确的格式映射到数据库中。

接下来在测试类 MyBatisTest 中添加名为 TestInsert 的方法，向 User 表新插入一条用户数据：

```java
@Test
public void TestInsert() throws Exception{
    SqlSession sqlSession=dataConn.getSqlSession();
    User user=new User();
    user.setUsername("孙佳佳");
    user.setGender("男");
    user.setPassword("5555");
    user.setEmail("5555@126.com");
    SimpleDateFormat sdf=new SimpleDateFormat("yyyy-MM-dd");
    user.setBirthday(sdf.parse("1991-02-16"));
    user.setProvince("湖北省");
    user.setCity("武汉市");
    sqlSession.insert("test.insertUser",user);
    sqlSession.commit();
    sqlSession.close();
}
```

在该方法中，使用了 SqlSession 类的 insert 方法插入用户数据。该方法的参数对应的是 SQL 映射配置文件中的 namespace 加上 SQL 配置的 id 信息，以及要插入的封装好的 User 用户信息类。因为是更新类语句，所以插入语句执行之后，要执行相应的 commit 方法，以提交更新操作。

这里需要注意的是，没有给 User 设置 id 属性，原因是在数据库建表的时候对 id 主键设置的是自增策略，所以 id 会被赋值为自增的新数据。

测试方法运行后，控制台输出的结果如图 3-8 所示。

可以看到，执行了 insert 语句，并且将 User 类中封装的数据全部设置进去了。最后 Updates 表示被改变成功的条目数为 1 条，这表示数据插入操作是成功的。查看数据库就可以看到刚刚插入的新的信息。

对于有些业务，需要返回新增之后该条目所对应的主键信息。如刚刚插入的那条数据，在数据库中查看到 id 为 5，那么如何在插入之后不执行查询语句而立即获取 id 信息呢？

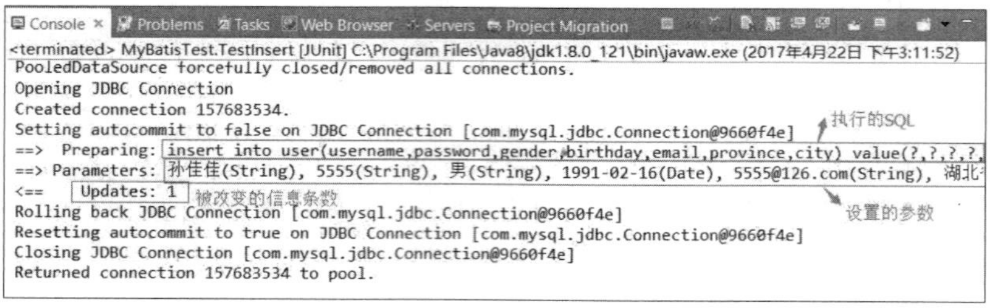

图 3-8　新增方法运行日志

对于 MySQL 的自增主键，在执行 insert 语句之前，MySQL 会自动生成一个自增主键。在 insert 执行之后，通过 MySQL 的函数 SELECT LAST_INSERT_ID()来获取刚插入记录的自增主键（即取出最后一个主键）。

所以，在映射文件中可以配置以下信息：

```xml
<insert id="insertUser" parameterType="cn.com.mybatis.po.User">
    <selectKey keyProperty="id" order="AFTER" resultType="java.lang.Integer">
        SELECT LAST_INSERT_ID()
    </selectKey>
    insert into user(username,password,gender,birthday,email,province,city)
        value(#{username},#{password},#{gender},#{birthday,jdbcType=DATE},
        #{email},#{province},#{city})
</insert>
```

在 insert 标签中添加 selectKey 标签对，其中放置了一个 SQL 函数 SELECT LAST_INSERT_ID()，用于查询 MySQL 的最后一个自增主键。其中 order 参数表示该 SQL 函数相对于 insert 语句的执行时间，是在其之前（before）还是之后（after）。resultType 即是该 SQL 函数执行的结果对应的数据类型。程序执行完 insert 之后，就可以在测试类中，从 user 对象中直接拿到该 id 的信息（取出的主键信息会放置在输入参数 user 对象中）。

还有一种获取自增主键的方式，就是在 insert 标签中添加属性"useGeneratedKeys"和"keyProperty"，其中 useGeneratedKeys 表示使用自增主键，而 keyProperty 是 Java 对象的属性名。配置方式如下：

```xml
<insert id="insertUser" parameterType="cn.com.mybatis.po.User"
    useGeneratedKeys="true" keyProperty="id">
    insert into user(username,password,gender,birthday,email,province,city)
        value(#{username},#{password},#{gender},#{birthday,jdbcType=DATE},
        #{email},#{province},#{city})
</insert>
```

进行完上面的设置，MyBatis 执行完 insert 语句后，会自动将自增长 id 值赋给对象 User 的属性 id，然后在逻辑处理层就可以通过 User 的 get 方法获得该 id。

关于非自增的主键信息的获取，例如 uuid 类型和 Oracle 的序列主键 nextval，它们都是在 insert 之前生成的，其实就是执行了 SQL 的 uuid()及 nextval()方法，所以 SQL 映射文件的配置与上面的配置类似，依然使用 selectKey 标签对，order 被设置为 before（因为是在 insert 之前执行），resultType 根据主键实际类型设定。

uuid 样例配置如下：

```xml
<selectKey keyProperty="id" order="BEFORE" resultType="java.lang.String">
        SELECT uuid()
</selectKey>
```

Oracle 序列配置如下：

```xml
<selectKey keyProperty="id" order="BEFORE" resultType="java.lang.String">
      SELECT 序列名.nextval()
</selectKey>
```

至此，新增样例测试完毕。

小贴士：在日常开发业务中，有许多需要和 id 属性进行关联的其他数据，所以使用"selectKey"取出刚插入信息的主键是很常见的操作。

3.2.3　删除与修改样例

对于删除和修改，同样需要在 UserMapper.xml 配置文件中编写相关的 SQL 配置：

```xml
<!-- 删除用户 -->
<delete id="deleteUser" parameterType="java.lang.Integer">
    delete from user where id=#{id}
</delete>
<!-- 修改用户 -->
<update id="updateUserName" parameterType="cn.com.mybatis.po.User">
    update user set username=#{username} where id=#{id}
</update>
```

删除和修改的配置分别包裹在 delete 和 update 标签对中，传入的参数类型由 parameterType 来指定。这里配置删除指定 id 的用户信息，以及修改用户的姓名。在测试类 MyBatisTest 中分别新增 TestDelete 和 TestUpdate 方法：

```java
@Test
public void TestDelete() throws Exception{
    SqlSession sqlSession=dataConn.getSqlSession();
    sqlSession.delete("test.deleteUser",5);
    sqlSession.commit();
    sqlSession.close();
}

@Test
public void Testupdate() throws Exception{
    SqlSession sqlSession=dataConn.getSqlSession();
    User user=new User();
    user.setId(4);
    user.setUsername("孙丽");
```

```
sqlSession.update("test.updateUserName",user);
sqlSession.commit();
sqlSession.close();
}
```

执行 delete 方法后，在控制台输出结果如图 3-9 所示。

图 3-9　删除方法执行结果

可以看到，执行了 delete 方法后，被改变的条数为 1，也就是说成功删除了 id 为 5 的用户的数据。

执行 update 方法后，在控制台输出结果如图 3-10 所示。

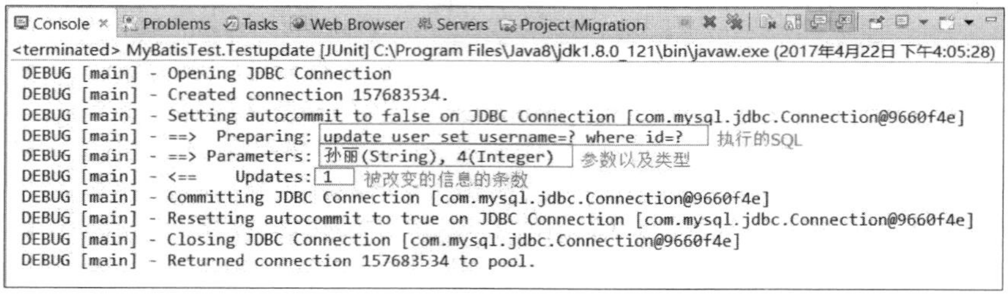

图 3-10　更新方法执行结果

可以看到，执行了 update 方法后，被改变的条数为 1，也就是说成功将 id 为 5 的用户的名称修改为"孙丽"。

至此，入门程序的所有编写及开发工作全部完成。

提示：通过入门程序，通过整体的开发流程，读者可以自己思考 MyBatis 的运行机制及特点。

前面通过搭建环境，编写配置文件以及测试类，完成了 MyBatis 的入门程序。通过该入门程序，应该可以初步了解 MyBatis 的开发流程及特点。下面来梳理一下在编写入门程序时使用到的重要知识点，以便大家可以更好地理解入门程序，为后面的深入学习打下基础。

- 关于 parameterType：在上面的入门程序中，在执行 SQL 配置时，需要指定输入参数的类型。parameterType 就是用来在 SQL 映射文件中指定输入参数类型的。使用 parameterType 可以指定参数为基本数据类型（如 int、float 等）、包装数据类型（Integer 类、Double 类）以及用户自己编写的 JavaBean 封装类。
- 关于 resultType：在加载 SQL 配置，并绑定指定输入参数和运行 SQL 之后，会得到数据库返回的相应结果，此时使用 resultType 来指定数据库返回的信息对应 Java 的数据类型。resultType 是 SQL 配置中指定输出结果类型的其中一种配置条件，在 SQL 映射文件中可指定的输出参数的类型为基本数据类型（如 int、float 等）、包装数据类型（Integer 类、Double 类）以及用户自己编写的 JavaBean 等的封装类。

- **关于"#{}"**：在 SQL 配置文件中，输入参数需要用占位符来标识对应的位置。在传统 JDBC 的编程中，占位符用"？"来表示，然后在加载 SQL 之前按照"？"的位置设置参数。而"#{}"在 MyBatis 中也代表一种占位符，该符号接受输入参数，在大括号中编写参数名称来接受对应参数。"#{}"接受输入参数的类型可以是简单类型、普通 JavaBean 或者 HashMap。当接受简单类型时，"#{}"中可以写"value"或者其他任意名称。如果接受的是 JavaBean，它会通过 OGNL 读取对象中的属性值，通过"属性1.属性2.属性3……"的方式获取对象属性值。

- **关于"${}"**：在 SQL 配置中，有时候需要拼接 SQL 语句。例如在模糊查询的时候，就需要在查询条件的两侧拼接两个"%"字符串，这个时候使用"#{}"是不行的。在 MyBatis 中，"${}"在 SQL 配置文件中代表一个"拼接符号"，可以在原有 SQL 语句上拼接新的符合 SQL 语法的语句。但是要注意的是，使用"${}"拼接符号拼接 SQL 语句，会引起 SQL 注入，所以一般不建议使用"${}"。"${}"接受输入参数的类型可以是简单类型、普通 JavaBean 或者 HashMap。当接受简单类型时，"#{}"中只能写"value"，而不能写其他任意名称。如果接受的是 JavaBean，它会通过 OGNL 读取对象中的属性值，通过"属性1.属性2.属性3……"的方式获取对象属性值。

- **关于"selectOne"与"selectList"**：在加载 SQL 映射文件中的某个 SQL 配置时，可以调用 SqlSession 类提供的方法。在使用查询语句时，如果查询的数据是唯一的，也就是只有一条数据，那么可以使用"selectOne"方法进行查询。如果查询的数据可能多于一条，那么可以使用"selectList"方法进行查询。

- **MyBatis 使用场景**：通过编写该入门程序，大家不难看出，进行 MyBatis 开发时，我们的大部分精力都放在了 SQL 映射配置文件上。没错，MyBatis 的特点就是以 SQL 语句为核心的不完全的 ORM（关系型映射）框架。与 Hibernate 相比，Hibernate 的学习成本比较高，而 SQL 语句并不需要开发人员完成，只需要调用相关 API 即可。这对于开发效率是一个优势，但是缺点是没办法对 SQL 语句进行优化和修改。而 MyBatis 虽然需要开发人员自己配置 SQL 语句，MyBatis 来实现映射关系，但是这样的项目可以适应经常变化的项目需求。所以，使用 MyBatis 的场景是，对 SQL 优化要求比较高，或是项目需求或业务经常变动。

第 4 章 MyBatis 配置文件详解

上一章讲解了一个 MyBatis 入门程序的开发，在开发中创建了 WebProject 工程，编写了一系列配置文件，还编写了测试用例加载在配置文件中配置的 SQL 信息。这一章就来仔细地了解 MyBatis 的几个重要的配置文件的内容。了解清楚每一个配置文件的内容，就可以将工程的整体构造配置得更加清晰、明了。

本章涉及的知识点有：

- 数据库配置文件 SqlMapConfig
- SQL 映射配置中输入映射的配置
- SQL 映射配置中输出映射的配置
- SQL 映射配置中动态 SQL 语句的配置

提示：本章的样例代码是在入门程序的基础上编写的。

4.1 SqlMapConfig 配置文件详解

在创建 Web 工程时，最重要的一步就是配置工程的全局参数信息，以及数据库连接信息。对于 MyBatis，最核心的全局配置文件就是 SqlMapConfig.xml，其中不仅包含了数据库连接信息，同时还包含了 Mapper 映射文件的加载路径、全局参数以及类型别名等一系列 MyBatis 的核心配置信息。SqlMapConfig 中的配置信息必须严格按照格式标准进行配置。表 4-1 列出了各个配置项的名称、含义及描述。

表 4-1 MyBatis 全局配置文件配置信息

配置名称	配置含义	配置简介
configuration	包裹所有配置标签	整个配置文件的顶级标签
properties	属性	该标签可以引入外部配置的属性，也可以自己配置。该配置标签所在的同一个配置文件中的其他配置均可引用此配置中的属性

续表

配置名称	配置含义	配置简介
setting	全局配置参数	用来配置一些改变运行时行为的信息，例如是否使用缓存机制，是否使用延迟加载，是否使用错误处理机制等。并且可以设置最大并发请求数量、最大并发事务数量，以及是否启用命名空间等
typeAliases	类型别名	用来设置一些别名来代替 Java 的长类型声明（如 java.lang.int 变为 int），减少配置编码的冗余
typeHandlers	类型处理器	将 SQL 中返回的数据库类型转换为相应 Java 类型的处理器配置
objectFactory	对象工厂	实例化目标类的工厂类配置
plugins	插件	可以通过插件修改 MyBatis 的核心行为，例如对语句执行的某一点进行拦截调用
environments	环境集合属性对象	数据库环境信息的集合。在一个配置文件中，可以有多种数据库环境集合，这样可以使 MyBatis 将 SQL 同时映射至多个数据库
environment	环境子属性对象	数据库环境配置的详细配置
transactionManager	事务管理	指定 MyBatis 的事务管理器
dataSource	数据源	使用其中的 type 指定数据源的连接类型，在标签对中可以使用 property 属性指定数据库连接池的其他信息
mappers	映射器	配置 SQL 映射文件的位置,告知 MyBatis 去哪里加载 SQL 映射配置

下面按照 MyBatis 的全局配置文件中的配置顺序，给出一个配置了全部参数的样例配置文件供大家参考：

```xml
<?xml version="1.0" encoding="UTF-8"?>
<!DOCTYPE configuration
PUBLIC "-//mybatis.org//DTD Config 3.0//EN"
"http://mybatis.org/dtd/mybatis-3-config.dtd">
<configuration>
    <!-- 1.properties 属性引入外部配置文件 -->
    <properties resource="org/mybatis/example/config.properties">
        <!-- property 里面的属性全局均可使用 -->
        <property name="username" value="root"/>
        <property name="password" value="1234"/>
    </properties>
    <!-- 2.全局配置参数 -->
    <settings>
        <!-- 设置是否启用缓存 -->
        <setting name="cacheEnabled" value="true"/>
        <!-- 设置是否启用懒加载 -->
        <setting name="lazyLoadingEnabled" value="true"/>
    </settings>
```

```xml
<!-- 3.别名设置 -->
<typeAliases>
    <typeAlias alias="student" type="cn.com.mybatis.student"/>
    <typeAlias alias="teacher" type="cn.com.mybatis.teacher"/>
    <typeAlias alias="integer" type="java.lang.Integer"/>
</typeAliases>
<!-- 4.类型转换器 -->
<typeHandlers>
    <!-- 一个简单类型转换器 -->
    <typeHandler handler="org.mybatis.example.ExampleTypeHandler"/>
</typeHandlers>
<!-- 5.对象工厂 -->
<objectFactory type="org.mybatis.example.ExampleObjectFactory">
    <!-- 对象工厂注入的参数 -->
    <property name="someProperty" value="100"/>
</objectFactory>
<!-- 6.插件 -->
<plugins>
    <plugin interceptor="org.mybatis.example.ExamplePlugin">
        <property name="someProperty" value="100"/>
    </plugin>
</plugins>
<!-- 7.environments 数据库环境配置-->
<!-- 和 Spring 整合后 environments 配置将被废除-->
<environments default="development">
    <environment id="development">
        <!-- 使用 JDBC 事务管理-->
        <transactionManager type="JDBC" />
        <!-- 数据库连接池-->
        <dataSource type="POOLED">
            <property name="driver" value="${driver}"/>
            <property name="url" value="${url}"/>
            <property name="username" value="${username}"/>
            <property name="password" value="${password}"/>
        </dataSource>
    </environment>
</environments>

<!-- 加载映射文件 -->
<mappers>
    <mapper resource="sqlmap/UserMapper.xml"/>
    <mapper resource="sqlmap/OtherMapper.xml"/>
</mappers>
</configuration>
```

接下来将逐一对其中的参数进行详细讲解。

提示：对于不经常使用的参数，只需要了解有该参数即可，在开发时若需要配置，可查询文档进行配置，无须死记硬背。

4.1.1　properties 配置分析

在 SqlMapConfig 配置文件中，properties 标签中的数据可以供整个配置文件中的其他配置使用。properties 标签可以引入一个可动态变换的外部配置，如一个传统的 Java 配置文件，亦或是一个 properties 参数配置文件。当然，在 properties 标签内部也可以放置 property 标签，来配置子元素信息。对于配置文件中的其他配置，可以通过 property 子标签的 name 属性来取得相应的 value 值。

一个 properties 标签配置样例如下（引入了一个 db.properties 文件）：

```
<properties resource="org/mybatis/example/db.properties">
  <property name="username" value="root"/>
  <property name="password" value="1234"/>
</properties>
```

可以看到，其中引入了一个 db.properties 文件，该文件配置样例如下：

```
driver=com.mysql.jdbc.Driver
jurl=jdbc:mysql://localhost:3306/mydb?characterEncoding=utf-8
username=root
password=1234
```

db.properties 配置文件中配置了数据库的详细连接信息，properties 标签这样引入它避免了数据库信息的"硬编码"。当需要连接其他数据库时，只需要更改要连接的数据库的配置文件的路径即可。

当然 properties 标签也可以包含 property 子标签，该子标签中的值也可以被配置文件中的其他配置使用，属于一种全局参数。可以看到，这里虽然引入了 db.properties 文件，但是其中的 username 和 password 还可以重新在 property 子标签中配置，这个时候取的就是 property 子标签中的 value 值。这样配置是因为有时候有些模块的数据库连接的用户可能需要以不同的角色登录，这样可以在 property 子标签中动态分配数据库连接的用户名 username 和密码 password。

在 properties 标签中引入的配置文件信息以及 property 子标签中配置的信息，在其他标签中可以使用 "${}" 占位符的方式来获取，在 "${}" 中填写引入的配置文件中参数的 name 或者 property 子标签的 name，样例配置中的数据源信息配置其实就是获取 properties 标签中的配置信息：

```
<dataSource type="POOLED">
    <property name="driver" value="${driver}"/>
    <property name="url" value="${url}"/>
    <property name="username" value="${username}"/>
```

```
        <property name="password" value="${password}"/>
</dataSource>
```

另外，在 MyBatis 3.4.2 之后，还可以在"${}"占位符中设置一个默认值。当然，首先要在 properties 标签中设置一个启用占位符默认值的配置，该配置如下：

```
<properties resource="org/mybatis/example/db.properties">
    <!-- 其他属性... -->
    <property name="org.apache.ibatis.parsing.PropertyParser.enable-default-value" value="true"/>
</properties>
```

然后在其他属性引用 properties 标签中的参数时，可以这样设置一个默认值：

```
<dataSource type="POOLED">
    <!-- 其他属性... -->
    <property name="username" value="${username:root}"/>
</dataSource>
```

即在所需引入的属性名的后面添加":"引号，然后紧跟着填写当 username 不存在或为空时的默认值。

提示：由于在日常开发中数据库可能会发生变动，所以应避免将数据库配置信息硬编码。当然，过于集中的配置也不利于维护，所以这里单独为数据库配置一个 properties 文件，当需要更改数据库信息时，只需要更改 properties 文件即可。

4.1.2 setting 配置分析

setting 配置也是 MyBatis 全局配置文件中比较重要的配置，它影响 MyBatis 框架在运行时的一些行为。setting 配置缓存、延迟加载、结果集控制、执行器、分页设置、命名规则等一系列控制性参数，与 MyBatis 的运行性能息息相关。所有的 setting 配置都被包裹在 settings 标签对中，setting 可配置的参数如表 4-2 所示。

表 4-2　setting 配置参数

属性名	含义	简介	有效值	默认值
cacheEnabled	是否使用缓存	是整个工程中所有映射器配置缓存的开关，即是一个全局缓存开关	true|false	true
lazyLoadingEnabled	是否开启延迟加载	控制全局是否使用延迟加载。当有特殊关联关系需要单独配置时，可以使用 fetchType 属性来覆盖此配置	true|false	false

续表

属性名	含义	简介	有效值	默认值
aggressiveLazyLoading	是否按需加载属性	开启时，不论调用什么方法加载某个对象，都会加载该对象的所有属性，关闭之后只会按需加载	true|false	false
multipleResultSetsEnabled	是否允许单一语句返回多结果集	即 Mapper 配置中一个单一的 SQL 配置是否能返回多个结果集	true|false	true
useColumnLabel	使用列标签代替列名	设置是否使用列标签代替列名	true|false	true
useGeneratedKeys	是否支持 JDBC 自动生成主键	设置之后，将会强制使用自动生成主键的策略	true|false	false
autoMappingBehavior	指定 MyBatis 自动映射字段或属性的方式	有三种方式，NONE 时将取消自动映射；PARTIAL 时只会自动映射没有定义结果集的结果映射；FULL 时会映射任意复杂的结果集	NONE, PARTIAL, FULL	PARTIAL
autoMappingUnknownColumnBehavior	设置当自动映射时发现未知列的动作	有三种动作，NONE 时不做任何操作；WARNING 时会输出提醒日志；FAILING 时会抛出 SqlSeesionException 异常表示映射失败	NONE, WARNING, FAILING	NONE
defaultExecutorType	设置默认的执行器	有三种执行器，SIMPLE 为普通执行器；REUSE 执行器会重用预处理语句；BATCH 执行器将重用语句并执行批量更新	SIMPLE, REUSE, BATCH	SIMPLE
defaultStatementTimeout	设置超时时间	该超时时间即数据库驱动连接数据库时，等待数据库回应的最大秒数	任意正整数	无
defaultFetchSize	设置驱动的结果集获取数量（fetchSize）的提示值	为了防止从数据库查询出来的结果过多，而导致内存溢出，可以通过设置 fetchSize 参数来控制结果集的数量	任意正整数	无

续表

属性名	含义	简介	有效值	默认值
safeRowBoundsEnabled	允许在嵌套语句中使用分页（RowBound，即行内嵌套语句）	如果允许在 SQL 的行内嵌套语句中使用分页，就设置该值为 false	true|false	false
safeResultHandlerEnabled	允许在嵌套语句中使用分页（ResultHandler，即结果集处理）	如果允许对 SQL 的结果集使用分页，就设置该值为 false	true|false	true
mapUnderscoreToCamelCase	是否开启驼峰命名规则（camel case）映射	表明数据库中的字段名称与工程中 Java 实体类的映射是否采用驼峰命名规则校验	true|false	false
localCacheScope	MyBatis 利用本地缓存机制（Local Cache）防止循环引用（circular references）和加速重复嵌套查询	默认值为 SESSION，这种情况下会缓存一个会话中执行的所有查询。若设置值为 STATEMENT，本地会话仅用在语句执行上，对相同 SqlSession 的不同调用将不会共享数据	SESSION | STATEMENT	SESSION
jdbcTypeForNull	JDBC 类型的默认设置	当没有为参数提供特定的 JDBC 类型时，为空值指定 JDBC 类型。某些驱动需要指定列的 JDBC 类型，多数情况直接用一般类型即可，比如 NULL、VARCHAR 或 OTHER	常用 NULL、VARCHAR、OTHER	OTHER
lazyLoadTriggerMethods	指定哪个对象的方法触发一次延迟加载	配置需要触发延迟加载的方法的名字，该方法就会触发一次延迟加载	一个用逗号分隔的方法名称列表	equals,clone,hashCode,toString
defaultScriptingLanguage	动态 SQL 默认语言	指定动态 SQL 生成的默认语言	一个类型别名或者一个类的全路径名	org.apache.ibatis.scripting.xmltags.XMLLanguageDriver

续表

属性名	含义	简介	有效值	默认值
callSettersOnNulls	是否在空值情况下调用 Set 方法	指定当结果集中值为 null 时是否调用映射对象的 setter（map 对象时为 put）方法，这对于有 Map.keySet() 依赖或 null 值初始化时是有用的。注意基本类型（int、boolean 等）是不能设置成 null 的	true|false	false
returnInstanceForEmptyRow	返回空实体集对象	当返回行的所有列都是空时，MyBatis 默认返回 null。当开启这个设置时，MyBatis 会返回一个空实例。请注意，它也适用于嵌套的结果集（从 MyBatis3.4.2 版本开始）	true|false	false
logPrefix	日志前缀	指定 MyBatis 增加到日志名称的前缀	任意字符串	无
logImpl	日志实现	指定 MyBatis 所用日志的具体实现，未指定时将自动查找	SLF4J | LOG4J | LOG4J2 | JDK_LOGGING | COMMONS_LOGGING | STDOUT_LOGGING | NO_LOGGING	无
proxyFactory	代理工厂	指定 MyBatis 创建具有延迟加载能力的对象所用到的代理工具	CGLIB | JAVASSIST	JAVASSIST
vfsImpl	vfs 实现	指定 vsf 的实现	自定义 VFS 的实现的类全限定名，以逗号分隔	无
useActualParamName	使用方法签名	允许使用方法签名中的名称作为语句参数名称。要使用该特性，工程必须采用 Java 8 编译，并且加上 -parameters 选项（从 MyBatis3.4.1 版本开始）	true|false	false

续表

属性名	含义	简介	有效值	默认值
configurationFactory	配置工厂	指定提供配置实例的类。返回的配置实例用于加载反序列化的懒加载参数。这个类必须有一个签名的静态配置getconfiguration()方法（从MyBatis3.2.3版本开始）	一个类型别名或者一个类的全路径名	无

一个完整的 settings 配置元素样例如下：

```xml
<settings>
  <setting name="cacheEnabled" value="true"/>
  <setting name="lazyLoadingEnabled" value="true"/>
  <setting name="multipleResultSetsEnabled" value="true"/>
  <setting name="useColumnLabel" value="true"/>
  <setting name="useGeneratedKeys" value="false"/>
  <setting name="autoMappingBehavior" value="PARTIAL"/>
  <setting name="autoMappingUnknownColumnBehavior" value="WARNING"/>
  <setting name="defaultExecutorType" value="SIMPLE"/>
  <setting name="defaultStatementTimeout" value="25"/>
  <setting name="defaultFetchSize" value="100"/>
  <setting name="safeRowBoundsEnabled" value="false"/>
  <setting name="mapUnderscoreToCamelCase" value="false"/>
  <setting name="localCacheScope" value="SESSION"/>
  <setting name="jdbcTypeForNull" value="OTHER"/>
  <setting name="lazyLoadTriggerMethods" value="equals,clone,hashCode,toString"/>
</settings>
```

大家不必特别记住每一条配置的写法，只需要大致了解 setting 包含了哪些设置，然后在开发中需要时，再回头查看 setting 的文档即可。

提示：setting 配置常用来实现缓存、延迟加载和分页设置。

4.1.3　typeAliases 配置分析

在 MyBatis 的 SQL 映射配置文件中，常使用 paramterType、resultType 之类的参数设置 SQL 语句的输入/输出参数，一般参数都是一个 Java 类型的数据，有基本数据类型或封装类型，但是一般都要声明该类型的全路径名称，例如"java.lang.String"、"java.util.HashMap"或者"cn.com.mybatis.po.User"。如：

```xml
<select id="findUserByUsername" parameterType="java.lang.String"
    resultType="cn.com.mybatis.po.User">
```

```
    SELECT * FROM USER WHERE username LIKE '%${value}%'
</select>
```

那么，是否可以像在 Java 类中一样，在某个地方声明该类的全路径名称，然后在使用时仅使用该类型的别名呢？通过设置 MyBatis 的全局配置文件 SqlMapConfig 中的 typeAliases 属性，就可以为 SQL 映射文件中的输入/输出参数设置类型别名，然后在 SQL 映射配置文件中指定输入/输出参数类型时使用别名。配置示例如下：

```
<typeAliases>
  <typeAlias alias="user" type="cn.com.mybatis.po.User"/>
  <typeAlias alias="str" type="java.lang.String"/>
</typeAliases>
```

此时在 SQL 映射配置文件中可以使用别名来指定输入/输出参数的类型：

```
<select id="findUserByUsername" parameterType="str" resultType="user">
    SELECT * FROM USER WHERE username LIKE '%${value}%'
</select>
```

当然，一般会将 JavaBean 类型的封装类放置在一个包下面（例如入门程序的 cn.com.mybatis.po 包），一个一个配置别名很烦琐，所以 MyBatis 提供了批量定义别名的方法，指定包名即可，程序会为该包下的所有包装类加上别名。定义别名的规范就是对应包装类的类名首字母变为小写。配置样例如下：

```
<typeAliases>
  <package name="cn.com.mybatis.po"/>
</typeAliases>
```

别名也可以使用注解来实现，实现方式就是在需要指定别名的类声明头添加"@Alias"注解，其中的参数就是该类对应的别名。配置样例如下：

```
@Alias("user")
public class User {
    ...
}
```

MyBatis 已经为 Java 的常见类型默认指定了别名，可以直接使用。这里要注意的是，有一些基本数据类型和包装数据类型的名称一样（除了包装类型中首字母大写的类），故在基本数据类型的前面加了下画线"_"作为区分。表 4-3 所列是 MyBatis 中常见类型对应的别名。

表 4-3 常见类型别名

别名	映射的类型
_byte	byte
_long	long
_short	short
_int	int
_integer	int

续表

别名	映射的类型
_double	double
_float	float
_boolean	boolean
string	java.lang.String
byte	java.lang.Byte
long	java.lang.Long
short	java.lang.Short
int	java.lang.Integer
integer	java.lang.Integer
double	java.lang.Double
boolean	java.lang.Boolean
date	java.util.Date
decimal	java.math.BigDecimal
bigdecimal	java.math.BigDecimal
object	java.lang.Object
map	java.util.Map
hashmap	java.util.HashMap
list	java.util.List
arraylist	java.util.ArrayList
collection	java.util.Collection
iterator	java.util.Iterator

所以，当需要为映射参数配置别名时，就可以使用 typeAliases 属性。

提示：在日常开发中经常使用实体类型的别名来简化配置文件，以便提高开发效率。

4.1.4　typeHandlers 配置分析

在 MyBatis 的 SQL 映射配置文件中，为 SQL 配置的输入参数最终要从 Java 类型转换成数据库识别的类型，而从 SQL 的查询结果集中获取的数据，也要从数据库的数据类型转换为对应的 Java 类型。在 MyBatis 中，使用"类型处理器（TypeHandler）"将从数据库获取的值以合适的方式转换为 Java 类型，或者将 Java 类型的参数转换为数据库对应的类型。在 MyBatis 中有许多类型处理器（都是常见的类型转换，这里不再介绍），但是即使这样也不是总能满足开发需要，有时还需要配置自己的类型处理器。typeHandlers 标签就是用来声明自己的类型处理器的。

使用 typeHandlers 标签配置一个自己的类型处理器，一般有三个步骤：编写类型处理器类，在 MyBatis 全局配置文件中配置该类型处理器，在 SQL 映射配置文件中使用。

下面编写一个将 JDBC 的 timestamp 类型与 Date 类型相互转换的类型处理器配置示例。首先编写类型处理器类，一般要实现 org.apache.ibatis.type.TypeHandler 接口，接口的泛型指定要转换的 Java 参数类型（若不指定则默认为 Object 类）。实现 TypeHandler 接口主要改写以下 4

个方法：

```java
public void setParameter(PreparedStatement ps, int i, String parameter, JdbcType jdbcType)
public String getResult(ResultSet rs, String columnName)
public String getResult(ResultSet rs, int columnIndex)
public String getResult(CallableStatement cs, int columnIndex)
```

其中，setParameter 方法是在为 SQL 配置传入参数时（新增、删除、修改及条件查询）执行的操作，可以在将参数传入数据库之前在该方法中对数据类型做处理。另外三个 getResult 方法则在数据库返回结果时，将结果信息转换为相应的 Java 类型。它们之间的区别是，前两个 getResult 方法供普通 select 方法使用（一个根据字段名，一个根据字段下标来获取数据），最后一个 getResult 方法供存储过程使用（根据字段下标获取数据）。下面是一个自定义的类型处理器类的完整代码：

```java
package cn.com.mybatis.test;

import java.sql.CallableStatement;
import java.sql.Date;
import java.sql.PreparedStatement;
import java.sql.ResultSet;
import java.sql.SQLException;
import java.text.SimpleDateFormat;
import org.apache.ibatis.type.JdbcType;
import org.apache.ibatis.type.TypeHandler;

public class DateTypeHandler implements TypeHandler<Date>{
    //转换日期类型的辅助类
    SimpleDateFormat sdf=new SimpleDateFormat("yyyy-MM-dd HH:mm:ss");
    @Override
    public void setParameter(PreparedStatement ps, int i, Date parameter,
        JdbcType jdbcType) throws SQLException {
        //指定传入的 Java 参数对应 JDBC 中的数据库类型
        System.out.println("其他逻辑");
        ps.setDate(i, parameter);
        System.out.println("其他逻辑");
    }
    @Override
    public Date getResult(ResultSet rs, String columnName) throws SQLException {
        System.out.println("其他逻辑");
        return rs.getDate(columnName);
    }
    @Override
    public Date getResult(ResultSet rs, int columnIndex) throws SQLException {
```

```java
        System.out.println("其他逻辑");
        return rs.getDate(columnIndex);
    }
    @Override
    public Date getResult(CallableStatement cs, int columnIndex) throws SQLException {
        System.out.println("其他逻辑");
        return cs.getDate(columnIndex);
    }
}
```

之后在 MyBatis 的全局配置文件 SqlMapConfig 中使用 typeHandlers 标签来注册类型处理器：

```xml
<typeHandlers>
  <typeHandler handler="cn.com.mybatis.test.DateTypeHandler"
               javaType="java.util.Date" jdbcType="TIMESTAMP"/>
</typeHandlers>
```

然后在 SQL 映射文件 xxxMapper.xml 中的 SQL 语句中添加自定义的类型处理器的处理配置：

```
insert into user(username,password,regdate)
Values
(#{username},#{password},#{regdate, javaType=date, jdbcType=TIMESTAMP,
typeHandler=cn.com.mybatis.test.DateTypeHandler})
```

如果设置了参数"regdate"，就会将 Java 的 Date 类型转换为数据库需要的 timestamp 类型。另外，对于查询结果，如果定义了 resultMap 来设置结果集对象的映射，同样可以在标签内指定 javaType、jdbcType 和 typeHandler 的名称。

其实，在编写自己的类型处理器时，可以不实现 TypeHandler 接口，转而继承另一个类 org.apache.ibatis.type.BaseTypeHandler，它是 MyBatis 的一个标准基础类型处理器类。BaseTypeHandler 本身已经实现了 TypeHandler 接口，并继承了 TypeReferance 抽象类，在它内部简单地实现了 TypeHandler 接口中定义的 4 个方法的部分功能。继承 BaseTypeHandler 类之后，可以通过改写 setNonNullParameter、getNullableResult 方法（三个）来实现类型处理器：

```
public abstract void setNonNullParameter(PreparedStatement ps, int i, T parameter, JdbcType jdbcType)
public abstract T getNullableResult(ResultSet rs, String columnName)
public abstract T getNullableResult(ResultSet rs, int columnIndex)
public abstract T getNullableResult(CallableStatement cs, int columnIndex)
```

因为 BaseTypeHandler 继承 TypeReferance 抽象类，所以它本身也是一个抽象类，类中的 4 个方法也为抽象方法。

小贴士：MyBatis 内部的类型处理器大部分都是继承上面的 4 个方法来实现的。

4.1.5 objectFactory 配置分析

根据前面学过的知识我们知道，SQL 映射配置文件中的 SQL 语句所得到的查询结果，被动态映射到 resultType 或其他处理结果集的参数配置对应的 Java 类型，其中就有 JavaBean 等封装类。而 objectFactory（对象工厂）就是用来创建实体对象的类。

在 MyBatis 中，默认的 objectFactory 要做的就是实例化查询结果对应的目标类，有两种方式可以将查询结果的值映射到对应的目标类，一种是通过目标类的默认构造方法，另外一种就是通过目标类的有参构造方法。

有时候在 New 一个新对象时（构造方法或者有参构造方法），在得到对象之前需要处理一些逻辑，或者在执行该类的有参构造方法时，在传入参数之前，要对参数进行一些处理，这时就可以创建自己的 objectFactory 来加载该类型的对象。

如果想改写默认的对象工厂，可以继承 DefaultObjectFactory 来创建自己的对象工厂，从而改写相关的 4 个方法，如：

```
public class MyObjectFactory extends DefaultObjectFactory {
  //处理默认构造方法
  public Object create(Class type) {
    return super.create(type);
  }
  //处理有参构造方法
  public Object create(Class type, List<Class> constructorArgTypes, List<Object> constructorArgs) {
    return super.create(type, constructorArgTypes, constructorArgs);
  }
  //处理参数
  public void setProperties(Properties properties) {
    super.setProperties(properties);
  }
  //判断集合类型参数
  public <T> boolean isCollection(Class<T> type) {
    return Collection.class.isAssignableFrom(type);
  }
}
```

编写好自己的对象工厂之后，在 MyBatis 的全局配置文件 SqlMapConfig.xml 中添加以下配置，这样才能使对象工厂生效：

```
<objectFactory type="org.mybatis.example.MyObjectFactory">
  <property name="email" value="undefined"/>
</objectFactory>
```

其中的 property 参数，会在加载全局配置文件 SqlMapConfig.xml 时通过 setProperties 方法被初始化到 MyObjectFactory 中，作为该类的全局参数使用。

这里为了让大家深入理解 objectFactory 对象工厂，我们编写一个实例化购物车 ShoppingCart 类的对象工厂 CartObjectFactory，它的功能就是在执行购物车 ShoppingCart 类的构造方法之前，执行 ShoppingCart 类的 init 方法来计算购物车的总金额。ShoppingCart 类代码如下：

```java
package cn.com.mybatis.po;

public class ShoppingCart {
    private int productId;
    private String productName;
    private int number;
    private double price;
    private double totalAmount;
    public ShoppingCart(){}//无参构造方法
    //有参构造方法
    public ShoppingCart(int productId, String productName, int number,
            double price, double totalAmount) {
        super();
        this.productId = productId;
        this.productName = productName;
        this.number = number;
        this.price = price;
        this.totalAmount = totalAmount;
    }
    //getter 与 setter 方法省略
    public void init(){
        //计算商品的总金额
        this.totalAmount=this.number*this.price;
    }
}
```

然后定义 CartObjectFactory 对象工厂类，继承 DefaultObjectFactory 类，并重写 create 方法，在该方法中检测如果加载的是 ShoppingCart 类型，就加载其 init 方法：

```java
package cn.com.mybatis.test;

import java.util.List;
import org.apache.ibatis.reflection.factory.DefaultObjectFactory;
import cn.com.mybatis.po.ShoppingCart;
public class CartObjectFactory extends DefaultObjectFactory{
    @Override
    public <T> T create(Class<T> type) {
        return super.create(type);
    }
    @Override
    //DefaultObjectFactory 的 create(Class type)方法也会调用此方法
    //所以，只需要在此方法中添加逻辑即可
```

```java
    public <T> T create(Class<T> type, List<Class<?>> constructorArgTypes,
List<Object> constructorArgs){
        T ret= super.create(type, constructorArgTypes, constructorArgs);
        //判断加载的类的类型，然后执行 init 方法
        if(ShoppingCart.class.isAssignableFrom(type)){
            ShoppingCart entity=(ShoppingCart)ret;
            entity.init();
        }
        return ret;
    }
}
```

最后在 SqlMapConfig.xml 全局配置文件中配置该自定义对象工厂即可：

```xml
<objectFactory type="cn.com.mybatis.test.CartObjectFactory"/>
```

下面编写一个测试类，测试在获取到 sqlSession 对象之后（其实就是加载 SqlMapConfig.xml 全局配置文件），初始化配置的自定义对象工厂，然后实例化一个 ShoppingCart 类，并给其有参构造函数传入参数类型和参数值。我们看一下是否执行了 init 方法：

```java
package cn.com.mybatis.test;

import java.io.IOException;
import java.util.ArrayList;
import java.util.List;
import org.apache.ibatis.session.SqlSession;
import cn.com.mybatis.datasource.DataConnection;
import cn.com.mybatis.po.ShoppingCart;
public class ObjectFactoryTest {
    public static DataConnection dataConn=new DataConnection();

    public static void main(String[] args) throws IOException {
        SqlSession sqlSession=dataConn.getSqlSession();
        CartObjectFactory e = new CartObjectFactory();
        //设置参数类型 list 和参数值 List
        List constructorArgTypes=new ArrayList();
        constructorArgTypes.add(int.class);
        constructorArgTypes.add(String.class);
        constructorArgTypes.add(int.class);
        constructorArgTypes.add(double.class);
        constructorArgTypes.add(double.class);
        List constructorArgs=new ArrayList();
        constructorArgs.add(1);//productId
        constructorArgs.add("牙刷");//productName
        constructorArgs.add(12);//number
        constructorArgs.add(5.0);//price
        constructorArgs.add(0.0);//totalAmount
```

```
        ShoppingCart sCart = (ShoppingCart) e.create(ShoppingCart.class,
constructorArgTypes, constructorArgs);
        System.out.println(sCart.getTotalAmount());
            sqlSession.close();
    }
}
```

可以看到，商品信息中一共有 12 把牙刷，每一把 5 元，那么一共应该为 60 元。运行该测试类，得到结果如图 4-1 所示。

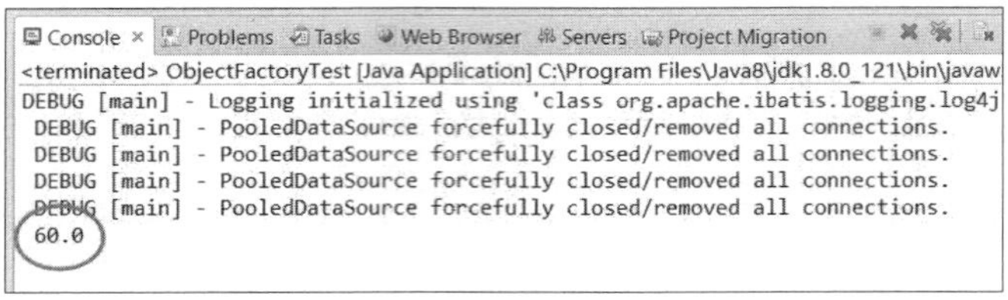

图 4-1　对象工厂测试结果

结果如预料的那样，也就是对象工厂在执行 ShoppingCart 类的有参构造方法时，执行了 init 方法，计算了商品的总价格。

通过上面的讲述，我们知道，objectFactory 自定义对象类被定义在工程中，在 MyBatis 全局配置文件 SqlMapConfig.xml 中配置。当 Resource 资源类加载 SqlMapConfig.xml 文件，并创建出 SqlSessionFactory 时，会加载配置文件中的自定义 objectFactory，并设置配置标签中包裹的 property 参数。

小贴士：在 SqlMapConfig.xml 中，objectFactory 中的 property 子参数是通过 objectFactory 类的 setProperties 方法设置进去的。

4.1.6　plugins 配置分析

在某种情况下，需要在执行程序的过程中对某一点进行拦截，并在拦截后做出一系列处理，此时就需要使用一种"拦截器"。在 MyBatis 中，对某种方法进行拦截调用的机制，被称为"plugin（插件）"。使用 plugin 可以很好地对方法的调用进行监控，而且还可以修改或重写方法的行为逻辑。MyBatis 允许使用 plugin 来拦截的方法有：

```
Executor (update, query, flushStatements, commit, rollback, getTransaction, close,
isClosed)
ParameterHandler (getParameterObject, setParameters)
ResultSetHandler (handleResultSets, handleOutputParameters)
StatementHandler (prepare, parameterize, batch, update, query)
```

其中，Executor 是 MyBatis 对外提供的一个操作接口类，其中包含了 query（查询）、update（修改）、commit（提交）、rollback（回滚）等核心方法。ParameterHandler、ResultSetHandler 及 StatementHandler 分别是处理参数、结果集、预编译状态的接口，里面的一些方法也可以使用 plugin 进行拦截。值得一提的是，plugin 可以操纵 MyBatis 的框架核心方法。在修改 plugin 时可能会影响框架的稳定性，所以在编写 plugin 时要十分谨慎。

实现一个 plugin 很简单，只需要继承 Interceptor 接口，并且指定需要拦截的方法的签名信息即可。如下是一个基础拦截器的实现：

```java
package cn.com.mybatis.test;

import java.util.Properties;
import org.apache.ibatis.executor.Executor;
import org.apache.ibatis.mapping.MappedStatement;
import org.apache.ibatis.plugin.Interceptor;
import org.apache.ibatis.plugin.Intercepts;
import org.apache.ibatis.plugin.Invocation;
import org.apache.ibatis.plugin.Plugin;
import org.apache.ibatis.plugin.Signature;
import org.apache.ibatis.session.ResultHandler;
import org.apache.ibatis.session.RowBounds;
@Intercepts({
    @Signature(
        type=Executor.class,
        method="query",
        args={MappedStatement.class,Object.class,RowBounds.class,ResultHandler.class}
    )
})
public class QueryPlugin implements Interceptor{
    @Override
    public Object intercept(Invocation invocation) throws Throwable {
        return invocation.proceed();
    }
    @Override
    public Object plugin(Object target) {
        return Plugin.wrap(target, this);
    }
    @Override
    public void setProperties(Properties properties) {

    }
}
```

这里，在插件的类头部添加了"@Intercepts"拦截器注解，该注解声明此类是一个插件类。在 Intercepts 注解中，可以声明多个"@Signature"签名信息注解，每个注解中的参数分别为拦截的方法所属接口类型（type）、拦截的方法名称（method）及需要的参数信息（args）。其中 intercept 方法是一个对目标方法进行拦截的抽象方法，而 plugin 方法的作用是将拦截器插入目标对象，setProperties 方法的作用是将全局配置文件中的参数注入插件类中。这里在样例插件中对

Executor 的 query 方法进行了拦截调用。

编写了插件类后，还要在 MyBatis 的全局配置文件中配置该插件，这样才能使插件起到拦截作用：

```xml
<plugins>
  <plugin interceptor="cn.com.mybatis.test.QueryPlugin">
    <property name="someProperty" value="100"/>
  </plugin>
</plugins>
```

此时就可以拦截 Executor 的 query 方法了，也即是默认执行的查询方法，可以在重写的插件类的 intercept 方法中添加拦截逻辑。

插件使用的场景有：日志记录、权限控制、缓存控制等。

注意：使用 plugin 拦截和覆盖 MyBatis 的核心方法时，一定要小心谨慎，否则可能会影响 MyBatis 的核心功能。

4.1.7　environments 配置分析

在 MyBatis 全局配置文件中，environments 是放置有关数据库连接数据的配置标签，所有与外部数据库进行交互的数据都配置在该标签中。在 environments 标签中可以配置多个数据库连接环境，以便 SQL 语句可以适用于多个数据库环境。

在 environments 中可以配置一个个单独的 environment，它们代表多个数据库环境的配置信息。每一个 environment 都包含事务管理器（transactionManager）和数据源（DataSource）信息。如下是一个完整的 environments 配置：

```xml
<environments default="development">
  <environment id="development">
    <transactionManager type="JDBC">
      <property name="..." value="..."/>
    </transactionManager>
    <dataSource type="POOLED">
      <property name="driver" value="${driver}"/>
      <property name="url" value="${url}"/>
      <property name="username" value="${username}"/>
      <property name="password" value="${password}"/>
    </dataSource>
  </environment>
</environments>
```

事务管理器（transactionManager）有两种类型：分别是 JDBC 和 MANAGED。配置为 JDBC，相当于直接使用 JDBC 的提交和回滚设置。配置为 MANAGED，则不提交和回滚连接，而是由容器来管理事务的生命周期。在默认情况下，MANAGED 会关闭连接，但是可以动态指定

closeConnection 参数，当设置为"false"时，在 MANAGED 类型下不会自动关闭连接：

```
<transactionManager type="MANAGED">
  <property name="closeConnection" value="false"/>
</transactionManager>
```

后期将 Spring MVC 与 MyBatis 进行整合时，由于 Spring 的框架机制，其自带的管理器会覆盖 MyBatis 的配置，此时要单独设置事务管理器。

关于数据源（DateSource），在 MyBatis 中有三种内建的数据源类型：分别是"UNPOOLED"、"POOLED"与"JNDI"。其中，UNPLOOED 设置每次请求时打开和关闭连接，而 POOLED 可以设置一个管理数据库连接的资源池，用来合理控制数据库的连接与关闭次数，利用"池"的概念将 JDBC 连接对象组织起来。而 JNDI 则配置连接外部数据源（如服务器提供的数据源）的信息。

在 DataSource 中配置以 JDBC 标准连接数据库所需要的各项参数信息，根据 DataSource 的不同，可以设置如表 4-4 所示的信息。

表 4-4 DataSource 配置信息

属性名称	作用	数据源类型
driver	JDBC 驱动名称，可以使用"."为驱动添加其他属性（如 driver.encoding=UTF8）	UNPOOLED|POOLED
url	数据库的连接地址	UNPOOLED|POOLED
username	连接数据库的用户名	UNPOOLED|POOLED
password	连接数据库的密码	UNPOOLED|POOLED
defaultTransactionIsolationLevel	默认连接事务的隔离级别	UNPOOLED|POOLED
poolMaximumActiveConnections	数据库最大活动连接数	UNPOOLED|POOLED
poolMaximumIdleConnections	数据库最大空闲连接数	UNPOOLED|POOLED
poolMaximumCheckoutTime	连接的最大失效时间（默认为 20 000 ms）	UNPOOLED|POOLED
poolTimeToWait	对数据库进行连通检测（ping）时，如果数据库的连接等待时间过长，它会给连接池打印状态日志并重新尝试获取一个连接（默认为 20 000 ms）	UNPOOLED|POOLED
poolPingQuery	用来检测数据库是否可以连通查询，默认是"NO PING QUERY SET"	UNPOOLED|POOLED
poolPingEnabled	是否开启数据库联通检测	UNPOOLED|POOLED
poolPingConnectionsNotUsedFor	配置 poolPingQuery 的使用频率,默认是 0	UNPOOLED|POOLED
initial_context	用来设置在 initialContext 中寻找上下文。此属性为可选，若不设置，data_source 配置将会直接在 initialContext 中寻找	JNDI
data_source	引用外部数据源信息的具体路径	JNDI
env.xxx	通过前缀"env."将后面的属性直接传给上下文（例如 env.encoding=UTF-8）	JNDI

当然，也可以自己设置数据源，通过实现 DataSourceFactory 接口来实现（也可以引入其他第三方数据源）。

前面提到 MyBatis 支持配置多个数据库连接环境,那么在多个数据库中执行 SQL 语句时,某些规则是不一样的,如果要兼容各个数据库厂商的 SQL 语言规则,则还需要配置"databaseIdProvider"参数。如果希望 SQL 支持多个数据库厂商的规则,可以在 MyBatis 全局配置文件中添加以下配置:

```xml
<databaseIdProvider type="DB_VENDOR" />
```

提示:可以通过实现 DatabaseIdProvider 接口,并在 MyBatis 全局配置文件中注册,来创建自己的 DatabaseIdProvider。

4.1.8 mappers 配置分析

前面讲过,MyBatis 是基于 SQL 映射配置的框架,SQL 语句都写在 Mapper 配置文件中,那么当构建 SqlSession 类之后,是需要读取 Mapper 配置文件中的 SQL 配置的。mappers 标签就是用来配置需要加载的 SQL 映射配置文件的路径的。

mappers 标签下有许多 mapper 标签,每一个 mapper 标签中配置的都是一个独立的 Mapper 映射配置文件的路径。有以下几种配置方式:

第一种,使用相对路径进行配置:

```xml
<mappers>
  <mapper resource="org/mybatis/mappers/UserMapper.xml"/>
  <mapper resource="org/mybatis/mappers/ProductMapper.xml"/>
  <mapper resource="org/mybatis/mappers/ManagerMapper.xml"/>
</mappers>
```

第二种,使用绝对路径进行配置:

```xml
<mappers>
  <mapper url="file:///var/mappers/UserMapper.xml"/>
  <mapper url="file:///var/mappers/ProductMapper.xml"/>
  <mapper url="file:///var/mappers/ManagerMapper.xml"/>
</mappers>
```

第三种,使用接口信息进行配置:

```xml
<mappers>
  <mapper class="org.mybatis.mappers.UserMapper"/>
  <mapper class="org.mybatis.mappers.ProductMapper"/>
  <mapper class="org.mybatis.mappers.ManagerMapper"/>
</mappers>
```

第四种,使用接口所在包进行配置:

```xml
<mappers>
```

```
<package name="org.mybatis.mappers"/>
</mappers>
```

配置了 mappers 信息后，MyBatis 就知道去哪里加载 Mapper 映射文件。在 MyBatis 中，mapper 配置是 MyBatis 全局配置文件中比较重要的配置。

提示：在日常开发中，可以根据项目中 Mapper 的配置偏好，选择整合配置文件的配置方式。

4.2 Mapper 映射文件

Mapper 顾名思义就是"映射"的意思，Mapper 文件就是 MyBatis 中 SQL 语句的配置文件，其会在运行时加载 SQL 语句并映射相应参数。前面详细介绍了 MyBatis 的全局配置文件 SqlMapConfig.xml，其中最后一项就是 mapper 文件的资源路径的配置，因为创建 SqlSessionFactory 时会加载全局配置文件 SqlMapConfig.xml，这说明 Mapper 映射文件在会话创建伊始就被加载了，所以在整个工程的运行期间，Mapper 映射文件有着举足轻重的作用。接下来我们将详细介绍 Mapper 文件的配置信息，包括输入/输出映射配置，以及动态 SQL 配置等。

提示：在日常使用 MyBatis 框架进行数据库交互开发时，Mapper 配置文件的定义显得十分关键。

4.2.1 映射文件总体介绍

Mapper 映射文件，主要就是用来配置 SQL 映射语句的，根据不同的 SQL 语句性质，要使用不同的标签来包裹。在 Mapper 中使用的标签如表 4-5 所示。

表 4-5 Mapper 配置文件标签一览

标签名称	标签作用
insert	用来映射插入语句
update	用来映射更新语句
delete	用来映射删除语句
select	用来映射查询语句
resultMap	用来将从数据库结果集取出的数据映射到相应的实体对象的相应字段中
sql	配置可以被其他语句引用的 SQL 语句块
cache	给定命名空间的缓存配置
cache-ref	其他命名空间缓存配置的引用
parameterMap	参数映射，该配置现已被废弃

下面是一个 insert 标签配置样例：

```
<insert id="insertUser" parameterType="cn.com.mybatis.po.User">
    insert into user(username,password,gender,birthday,email,province,city)
        value(#{username},#{password},#{gender},#{birthday,jdbcType=DATE},
        #{email},#{province},#{city})
</insert>
```

下面是一个 update 标签配置样例：

```xml
<update id="updateUserName" parameterType="cn.com.mybatis.po.User">
    update user set username=#{username} where id=#{id}
</update>
```

下面是一个 delete 标签配置样例：

```xml
<delete id="deleteUser" parameterType="java.lang.Integer">
    delete from user where id=#{id}
</delete>
```

下面是一个 select 标签配置样例：

```xml
<select id="findUserById" parameterType="int" resultType="cn.com.mybatis.po.User">
    select * from user where id=#{id}
</select>
```

在以上样例语句中，paramterType 为输入参数类型，resultType 为输出参数类型。SQL 语句中的"#{}"是占位符，其如同 JBDC 的预编译 SQL 中的"?"，只是在该配置中会将"#{}"中的内容自动传递到预处理语句中。

在 insert、update、delete 及 select 配置标签中可以配置很多属性，具体可以配置的属性如下：

```xml
<select
  id="selectPerson"
  parameterType="int"
  parameterMap="deprecated"
  resultType="hashmap"
  resultMap="personResultMap"
  flushCache="false"
  useCache="true"
  timeout="10000"
  fetchSize="256"
  statementType="PREPARED"
  resultSetType="FORWARD_ONLY">
<insert
  id="insertAuthor"
  parameterType="domain.blog.Author"
  flushCache="true"
  statementType="PREPARED"
  keyProperty=""
  keyColumn=""
  useGeneratedKeys=""
```

```xml
  timeout="20">
<update
  id="updateAuthor"
  parameterType="domain.blog.Author"
  flushCache="true"
  statementType="PREPARED"
  timeout="20">
<delete
  id="deleteAuthor"
  parameterType="domain.blog.Author"
  flushCache="true"
  statementType="PREPARED"
  timeout="20">
```

每一个属性所代表的含义如表 4-6 所示。

表 4-6　各属性的含义

属性名	含义	所属标签
id	SQL 映射配置的唯一标识，可以代表 SQL 配置	select
parameterType	可选属性，用来传入 SQL 配置中需要的参数类型的类名或别名	select
resultType	可选属性，用来配置 SQL 语句执行后期望得到的结果数据类型，配置的是结果类型的类名或别名。此属性不能与 resultMap 同时使用	select
resultMap	用来引入外部结果集配置，该结果集配置对应 SQL 结果中的每个字段名称，即将映射到 Java 对象中的哪个属性。此属性不能与 resultType 同时使用	select
flushCache	设置语句调用时，是否清空本地缓存和二级缓存，默认为 false	select
useCache	设置语句调用时，执行结果是否保存二级缓存，对 select 元素默认为 false	select
timeout	在抛出异常前，驱动程序等待数据库回应的最大秒数	select
fetchSize	设置驱动程序每次批量返回结果的行数	select
statementType	设置 MyBatis 的 Statement 类型。可以配置为 STATEMENT、PREPARED 或 CALLABLE 中的一个，表示使用 Statement、PreparedStatement 或 CallableStatement 类型。默认配置为 PREPARED	select
resultSetType	设置 MyBatis 的结果集类型。可以配置为 FORWARD_ONLY、SCROLL_SENSITIVE 或 SCROLL_INSENSITIVE 中的一个。默认无设置	select
databaseId	在配置 databaseIdProvider 的情况下，MyBatis 会加载所有不带 databaseId 或者匹配当前 databaseId 的语句	select
resultOrdered	在嵌套查询语句中使用，如果设置为 true，则表示 SQL 执行结果为嵌套结果或者分组	select

续表

属性名	含义	所属标签
resultSets	当有多个结果集的时候使用，会为 SQL 执行后返回的每个结果集设定一个名称，以逗号分隔	select
useGeneratedKeys	设置 MyBatis 使用 JDBC 的 getGeneratedKeys 方法来获取由数据库内部生成的主键（自增主键）。默认值为 false	insert|update
keyProperty	代表主键。MyBatis 会将生成的主键赋给这个列。联合主键使用逗号隔开	insert|update
keyColumn	仅对特定数据库生效,当主键列不是表中的第一列时需要设置该属性。如果希望得到多个生成的列，也可以是以逗号分隔的属性名称列表	insert|update

在 Mapper 配置文件中最常用的就是上面几种配置标签和相关属性。下面会对一些重要的标签和属性进行详细介绍。

提示：这里请思考 Mapper 配置文件中的标签和相关属性与 SQL 配置和实体类之间的关系。

4.2.2 Mapper 配置输入映射

在增、删、改、查配置标签中，有许多 SQL 配置是需要传递参数的。在 MyBatis 的 SQL 映射配置文件 Mapper.xml 中，输入参数属性配置在 paramterType 中。对于 paramterType 属性，可以配置的基本数据类型有 int、double、float、short、long、byte、char、boolean，基本数据包装类有 Byte、Short、Integer、Long、Float、Double、Boolean、Character，还有 Java 复杂数据类型 JavaBean 或其他自定义的封装类。

下面是 parameterType 属性映射基本数据类型、基本数据包装类及自定义包装类（如 JavaBean）的例子：

```xml
<delete id="deleteUser" parameterType="int">
   delete from user where id=#{id}
</delete>

<delete id="deleteUser" parameterType="java.lang.Integer">
   delete from user where id=#{id}
</delete>

<delete id="deleteUser" parameterType="cn.com.mybatis.po.User">
   delete from user where username=#{username}
</delete>
```

前面的"int"和"Integer"映射对应的 Java 数据类型参数，最后一个映射 Java 封装类 User 的一个成员属性"username"。

当需要为传输参数指定一个特殊的数据库类型时，可以在"#{}"中添加对该类型对应的数据库 JDBC 类型的描述，以便 MyBatis 在映射时进行相应的转换：

```
#{number,javaType=int,jdbcType=NUMERIC}
```

上面这句配置说明了名为"number"的字段对应的 Java 类型为基本数据类型 int，对应的数据库 JDBC 类型为 NUMERIC。

前面提到过"Handler（类型处理器）"，当该类型对应的某列为空时，需要设置处理这种类型参数的 Handler，例如：

```
#{age,javaType=int,jdbcType=NUMERIC,typeHandler=AgeTypeHandler}
```

对于一些需要保留精度的数值类型参数，可以为其添加保留小数点位数的设置，可以添加 numericScale 属性，为该参数设置小数点后保留的位数（如 2 就是保留两位），例如：

```
#{price,javaType=double,jdbcType=DECIMAL,numericScale=2}
```

这句配置指定"price（价格）"参数保留小数点后两位。

MyBatis 也支持使用存储过程的配置。当使用存储过程时，需要设置一个参数"mode"，其值有 IN（输入参数）、OUT（输出参数）和 INOUT（输入/输出参数）。一个存储过程，可以有多个 IN 参数，至多有一个 OUT 或 INOUT 参数。样例如下：

```
<select id="selectSomeThing" statementType="CALLABLE" parameterType="hashmap">
  <![CDATA[
{ call proc_for_input(#{information, mode=IN, jdbcType=VARCHAR}) }
  ]]>
</select>
```

使用"#{}"时 MyBatis 会创建预处理语句属性，用于安全地设置对应的值。而当需要在 SQL 中插入一个不会被改变的字符串，或想要拼接 SQL 语句时（例如 order by），可以使用"${}"的方式来进行拼接，例如可以从外部控制一个查询结果如何排序（其中 orderColumn 可以是 id、username 等 User 的各个列）：

```
<select id="getAllUser" parameterType="java.lang.String" resultType="cn.com.mybatis.po.User">
    select * from user order by ${orderColumn}
</select>
```

MyBatis 在加载 SQL 配置语句中"${}"的字符串内容时，不会改变或转义该字符串。

提示：使用"${}"接受用户传来的字符串并将其拼接到 SQL 语句中是不安全的，会引发 SQL 注入攻击，所以在使用时，应该保证其中的内容不是由用户传递过来的。尽管这样，还是尽量不要使用"${}"在 SQL 上拼接字符串。

4.2.3　Mapper 输入映射样例

上一节介绍了 MyBatis 的 Mapper 配置文件中的输入映射配置,有关基本数据类型和基本数据包装类的样例这里不再赘述。下面编写一个"自定义包装类"输入映射的工程样例，以便大家更深入地理解包装类型的输入映射。

提示：这里的样例代码是在第 3 章的入门程序的基础上编写的。

1.需求

实现用户的综合查询，传入的查询条件可能会比较复杂（可能包含用户信息、购物车信息及其他与用户行为相关的信息）。

2.定义查询包装类

在前面定义了一个名为 User 的 JavaBean，其中的字段与数据库中的字段是一一对应的。后期可能在某些业务上需要为 User 添加一些不属于数据库的字段，这个时候在原来的 User 类上做修改，就会影响 User 作为数据库映射对象的功能，所以这里创建一个 UserInstance 类，继承 User 类，如下：

```
package cn.com.mybatis.po;
public class UserInstance extends User{
    //其他属性
}
```

这样就可以在 UserInstance 类中添加新的属性而不会影响 User 的映射。

然后定义查询包装类，因为查询的时候要使用该类，根据上面的需求，该类中要有用户信息、购物车信息及与用户有关的其他信息，所以这里将用户信息类 UserInstance 与其他条件类（购物车 JavaBean 等）统一包装在一个类中，将该类作为查询条件。这里创建名为 UserQueryInfo 的包装类：

```
package cn.com.mybatis.po;
public class UserQueryInfo {
    //在这里包装需要的查询条件
    //用户查询条件
    private UserInstance userInstance;
    public UserInstance getUserInstance() {
        return userInstance;
    }
    public void setUserInstance(UserInstance userInstance) {
        this.userInstance = userInstance;
    }
    //包装其他的查询条件，如购物车、商品信息等
    //……
}
```

然后使用这个封装类为 SQL 映射配置参数。

3. 配置 Mapper 文件

在 UserMapper.xml 中配置 SQL 查询语句映射：

```xml
<select id="findUserList" parameterType="cn.com.mybatis.po.UserQueryInfo"
  resultType="cn.com.mybatis.po.UserInstance">
    select * from user where user.gender=#{userInstance.gander} and
user.username like '%${userInstance.username}%'
</select>
```

这里的"#{userInstance.gander}"对应 UserQueryInfo 包装类中的 userInstance 对象，而 gander 就是指 userInstance 对象的"性别"属性。顾名思义，后面的"${userInstance.username}"指的是包装类中的 userInstance 对象的 username（用户名）属性。

在 MyBatisTest 类中编写测试方法来测试包装类参数查询配置：

```java
//用户信息综合查询
@Test
public void testFindUserList() throws Exception{
    SqlSession sqlSession=dataConn.getSqlSession();
    //创建包装对象，设置查询条件
    UserQueryInfo userQueryInfo=new UserQueryInfo();
    UserInstance userInstance=new UserInstance();
    userInstance.setGender("男");
    userInstance.setUsername("张三");
    userQueryInfo.setUserInstance(userInstance);

    //调用 userMapper 的方法
    List<UserInstance>
userList=sqlSession.selectList("test.findUserList",userQueryInfo);
    for (int i = 0; i < userList.size(); i++) {
        UserInstance user=(UserInstance)userList.get(i);
        System.out.println(user.getId()+":"+user.getUsername());
    }
    sqlSession.close();
}
```

运行结果如图 4-2 所示。

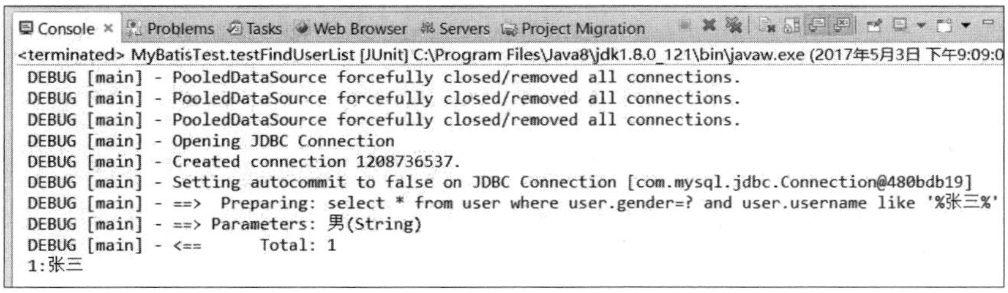

图 4-2 查询包装类测试结果

以上就是自定义包装类输入参数的使用样例。可以根据开发的需要，将一些参数封装为一个综合查询类。

提示：HashMap 作为输入参数的传输方式它的配置与上面类似，在这里不再赘述，大家可以自己尝试编写样例。

4.2.4　Mapper 配置输出映射

在 MyBatis 的 Mapper 映射文件中，SQL 语句查询后返回的结果，会映射到配置标签的输出映射属性对应的 Java 类型。Mapper 的输出映射有两种配置，分别是 resultType 和 resultMap。下面分别介绍这两种输出映射配置。

1. resultType

resultType 除了像 parameter 一样支持基本数据类型、基本数据包装类之外，也支持自定义包装类（如 JavaBean）。关于自定义包装类，如果从数据库查询出来的列名与包装类中的属性名全都不一致，则不会创建包装类对象，如果数据库查询出来的列名与包装类中的属性名至少有一个一致，那么就会创建包装类对象。

观察以下两个 SQL 映射配置：

```xml
<select id="findUserById" parameterType="int" resultType="cn.com.mybatis.po.User">
    select * from user where id=#{id}
</select>

<select id="findUserNameById" parameterType="int" resultType="java.lang.String">
    select username from user where id=#{id}
</select>
```

可以发现，当查询结果只有一行一列时，使用的是基本数据类型（int、double 等）或者基本数据包装类（Integer、String 等）。而当查询结果不止一行一列时，需要使用自定义包装类来接受结果集。

再来观察以下两个 SQL 映射配置：

```xml
<select id="findUserById" parameterType="int" resultType="cn.com.mybatis.po.User">
    select * from user where id=#{id}
</select>

<select id="findAllUser" parameterType="java.lang.String" resultType="cn.com.mybatis.po.User">
    select username from user where gender = #{gender}
</select>
```

可以看到，一个是带条件查询，以主键 id 为条件，查询出的结果一定是唯一的一条数据。而下面的查询语句以性别为条件，查询出来的一定是一条或多条数据。但是 resultType 都是只配置了 User 类，这说明，在 MyBatis 中，不管输出的是 JavaBean 单个对象还是一个列表（list

中包含 JavaBean），在 Mapper 映射文件中 resultType 指定的类型是一样的。

但是在相应的 Mapper 方法中，加载该 SQL 配置时，如果输出单个对象，则方法返回值是单个 JavaBean 对象类型，如果输出一个列表，则方法的返回值为 List<JavaBean>。后期使用动态代理对象进行增、删、改、查操作时，代理对象会根据 mapper 方法的返回值类型确定调用 selectOne（返回单个对象调用）还是 selectList （返回集合对象调用）。

最后，如果没有合适的 JavaBean 接受结果集数据，resultType 还可以输出 HashMap 类型的数据，将输出的字段名称作为 map 的 key，value 为字段值。如果是集合，那是因为 list 里面嵌套了 HashMap。

提示：一般来说，resultType 所指的输出类型是一种 Java 的原始或包装类型，并且从数据库取出的字段名称无须任何转换。

2. resultMap

如果在 SQL 映射文件中配置的 SQL 语句返回的结果为多个值，且没有一个完全与返回结果值一一匹配的封装类去接收，或者此时寄希望于使用一个容器接收结果数据，到业务层再按情况处理它们。为此，MyBatis 提供了一种 SQL 结果集输出映射类型，即 resultMap。可以通过定义一个 resultMap 在列名和 Java 包装类属性名之间创建映射关系。

使用 resultMap 可以定义一个结果集配置，该配置声明了 SQL 查询结果集中的每一个字段与 type 中指定的 Java 实体类的哪个属性名对应，以及该配置最终生成的类型格式。下面是一个 resultMap 的样例：

```xml
<resultMap type="cn.com.mybatis.po.User" id="userResultMap">
    <id column="_id" property="id"/>
    <result column="_username" property="username"/>
</resultMap>

<select id="findUserByResultMap" parameterType="int" resultMap="userResultMap">
    select id _id,username _username from user where id=#{value}
</select>
```

这里对于 select 配置，使用 resultMap 进行输出映射，其中"userResultMap"就是一个 resultMap 配置的 id，表明该 SQL 配置的结果集要指向那个 resultMap 配置。如果 resultMap 在其他的 Mapper 配置文件中，则需要在 id 前面加那个 Mapper 配置文件的 namespace。

使用 id 为"userResultMap"的 resultMap 配置将 select id id_,username _username from user 和 User 类中的属性进行映射。id 属性是 resultMap 的唯一标识，而 type 是最终所映射的 Java 对象类型，可以使用别名。在 resultMap 标签对中，id 标签指的是查询结果集中的唯一标识（比如 User 的唯一标识就是 id），result 标签指的是对普通列的定义（User 类中的其他非主键属性），其 column 指的是查询出的列名（如这里的_id 和_username 别名），然后对应的 property 是 type 所指定的 Java 包装类中的属性名，最终 resultMap 会对 column 和 property 进行映射（对应关系），这样最终就会拿到一个填充了查询结果的 User 类。

提示：一般来说，数据库的结果集中的列名与 Java 实体类中属性的名称是不同的，所以需要 resultMap 来对列名进行转换才能映射至 Java 实体类，有时还需要指定相应的数据类型。

接下来介绍一下 resultMap 配置中的一些稍微复杂的属性。

第一个属性是"关联的嵌套结果",该属性的标签名称为"association"。在 resultMap 中,当映射 type 为 Java 包装类时,可能会遇到包装类中含有其他 Java 包装类的属性,这里 resultMap 提供了 association 标签来定义结果集中包含的结果集。这里给出一个示例,该示例就是在查询购物车时关联了购物车的用户信息,其中购物车 ShoppingCart 的包装类是这样定义的:

```
package cn.com.mybatis.po;
public class ShoppingCart{
    //购物车 id
    private int scartid;
    //购物车商品名
    private String pname;
    //购物车关联的用户
    private User user;
    //购物车其他属性...
    //get 和 set 方法省略
}
```

在对查询结果进行映射时包含了一个用户的映射配置:

```xml
<resultMap id="shoppingResult" type="cn.com.mybatis.po.ShoppingCart">
  <id property="scartid" column="cart_id"/>
  <result property="pname" column="product_name"/>
  <association property="user" javaType="cn.com.mybatis.po.User">
    <id property="id" column="user_id"/>
    <result property="username" column="user_username"/>
    <result property="gender" column="user_gender"/>
    <result property="email" column="user_email"/>
  </association>
</resultMap>

<select id="queryShoppingCart" parameterType="int" resultMap="shoppingResult">
  select
    S.id          as cart_id,
    S.name        as product_name,
    S.userid      as cart_user_id,
    U.id          as user_id,
    U.username    as user_username,
    U.gender      as user_gender,
    U.email       as user_email
  from shoppingcart S left outer join user U on S.userid = U.id
  where S.id = #{id}
</select>
```

最终通过 resultMap 拿到的查询结果,是一个包含 user 对象信息的 ShoppingCart 包装类。

当然,如果之前定义好了 user 的 resultMap,那么可以在查询结果集配置中引入外部的

resultMap 来使用，配置方式一样，也是使用"association"标签，只不过多设置一个 resultMap 的属性指向外部的 resultMap 标签的 id。配置样例如下（这里为了简便，"cn.com.mybatis.po.User"使用别名"User"代替）：

```xml
<resultMap id="shoppingResult" type="cn.com.mybatis.po.ShoppingCart">
  <id property="scartid" column="cart_id"/>
  <result property="pname" column="product_name"/>
  <association property="user" column="cart_user_id" javaType="User" resultMap="userResult"/>
</resultMap>

<resultMap id="userResult" type="User">
    <id property="id" column="user_id"/>
    <result property="username" column="user_username"/>
    <result property="gender" column="user_gender"/>
    <result property="email" column="user_email"/>
</resultMap>
```

第二个属性是"集合的嵌套结果"，该属性的标签名称为"collection"。在一些查询结果包装类中，包含一些 List 集合属性，使用 collection 标签可以声明该 List 集合中属性的类型，便于 MyBatis 对包装类中的集合类型属性进行映射。比如下面的 SQL 映射配置，取出了某一个商品信息以及该商品的评价列表，其中商品包装类 Product 的定义如下：

```java
package cn.com.mybatis.po;
public class Product{
    //商品id
    private int pid;
    //商品名称
    private String pname;
    //商品的评价信息
    private List<Reply> replys;
     //商品其他属性
    //get 和 set 方法省略
}
```

此时用户列表就是一个 List，所以在定义结果映射配置时，使用 collection 来定义用户结果集合（这里为了简便，"cn.com.mybatis.po.Reply"使用别名"Reply"代替）：

```xml
<resultMap id="productResult" type="cn.com.mybatis.po.Product">
  <id property="pid" column="product_id"/>
  <result property="pname" column="product_name"/>
  <collection property="replys" select="queryReplyByProductId" column="product_id" ofType="Reply"/>
</resultMap>

<select id="queryProductInfo" parameterType="int" resultMap="productResult">
```

```
  select
    P.id           as product_id,
    P.name         as product_name
  from product P WHERE P.id = #{id}
</select>

<select id="queryReplyByProductId" parameterType="int" resultType="Reply">
  select * from reply R WHERE R.pid = #{ProductId}
</select>
```

可以看到，商品 Product 与商品评价 Reply 会进行关联，一个商品评价 Reply 的 pid 只对应一个商品 Product 的 id，而一个商品 Product 的 id 可对应多个商品评价 Reply 的 pid，是一对多的关系。

通过配置"集合的嵌套结果"，就可以将查询结果中的包装类的集合类型的属性嵌套到结果集中。通过上面的配置最终得到一个包含 Reply 的 List 的商品包装类 Product。

当然同"association"标签一样，"collection"标签也可以引入外部的 resultMap 配置。如果"queryReplyByProductId"配置的 SQL 查询结果中使用了别名（或数据库字段名与 Reply 类属性名不对应），此时需要返回一个名为"replyResult"的 resultMap，那么"productResult"中的 collection 可以这样配置：

```
<resultMap id="productResult" type="cn.com.mybatis.po.Product">
  <id property="pid" column="product_id"/>
  <result property="pname" column="product_name"/>
  <collection property="replys" ofType="Reply" resultMap="replyResult" columnPrefix="reply_">
</resultMap>

<resultMap id="replyResult" type="Reply">
    <id property="id" column="id"/>
    <result property="username" column="username"/>
    <result property="info" column="info"/>
</resultMap>
```

其中 columnPrefix 指的是，为外部引入的 resultMap 中的每一个元素的 column 属性加上一个前缀（这里加的是"reply_"，因为 SQL 查询结果中的别名就带有前缀"reply_"），这适用于使用公用 resultMap 而又不想改变它的原有结构（因为其他不带前缀的映射结果也可能调用这个公用 resultMap）的场景。

提示：注意 resultMap 中存在的标签种类，以及每种标签代表的含义和作用。

3. discriminator

在 MyBatis 的 SQL 查询结果集中，有时候需要根据某个字段的值，来决定关联哪种结果集，此时就需要使用"discriminator（鉴别器）"来实现。举个例子，在一些游戏的数据库中，有关玩家的表中存有玩家的基本信息，但是每个玩家可以在游戏中选择不同的职业，每个职业也有其不同的属性，此时要根据玩家的不同职业标志位，在加载玩家基本信息的同时，加载相关职业的属性信息。

下面的示例展示了加载战士职业的玩家信息和加载法师职业的玩家信息公用一个 resultMap 的情况，此时 resultMap 会根据 "professiontype" 字段的不同，而映射不同的 resultMap 信息：

```xml
<resultMap id="GamePlayerResult" type="cn.com.mybatis.po.GamePlayer">
  <id property="id" column="id" />
  <result property="username" column="name"/>
  <result property="uGender" column="gender"/>
  <result property="uLevel" column="level"/>
  <association property="professionalAttributes" javaType="java.util.HashMap">
      <discriminator javaType="int" column="profession_type">
        <!--1 战士-->
        <case value="1" resultMap="warriorResult"/>
        <!--2 法师-->
        <case value="2" resultMap="magicianResult"/>
      </discriminator>
  </association>
</resultMap>

<resultMap id="warriorResult" type="java.util.HashMap">
  <!--剑气值-->
  <result property="swordValue" column="sword_value"/>
  <!--战斗力-->
  <result property="fightingPower" column="fighting_power"/>
</resultMap>

<resultMap id="magicianResult" type="java.util.HashMap">
  <!--法术范围-->
  <result property="SpellRange" column="Spell_range"/>
  <!--法强-->
  <result property="SpellPower" column="Spell_power"/>
</resultMap>

<select id="queryWarriorGamePlayer" parameterType="int" resultMap="GamePlayerResult">
    select GP.id,GP.name,GP.gender,GP.level,
      GP.ptype as profession_type,
      W.svalue as sword_value,
      W.power as fighting_power
    from gameplayer GP LEFT JOIN warrior_info W on GP.id = W.gpid
    where GP.id = #{id}
</select>

<select id="queryMagicianGamePlayer" parameterType="int" resultMap=
"GamePlayerResult">
```

```xml
    select GP.id,GP.name,GP.gender,GP.level,
      GP.ptype as profession_type,
      M.range as spell_range,
      M.power as spell_power
    from gameplayer GP LEFT JOIN magician_info M on GP.id = M.gpid
    where GP.id = #{id}
</select>
```

可以看到，当"professiontype"字段结果为 1 时，加载的是战士职业的 resultMap，而当字段结果为 2 时，加载的是法师职业的 resultMap。这样可以根据情况映射不同的结果数据。

下面使用一个测试类来执行刚才配置的 SQL，其中 id 为 1 的玩家职业为战士，id 为 2 的玩家职业为魔法师：

```java
//玩家信息综合查询
@Test
public void testGamePlayerInfo() throws Exception{
    SqlSession sqlSession=dataConn.getSqlSession();
    //调用 userMapper 的方法
    GamePlayer wgp=sqlSession.selectOne("test.queryWarriorGamePlayer",1);
    System.out.println("玩家 ID: "+wgp.getId()+"||玩家昵称: "+wgp.getUsername()
            +"||玩家性别: "+wgp.getuGender()+"||玩家等级"+wgp.getuLevel());
    System.out.println("玩家职业属性: ");
    Map wMap=wgp.getProfessionalAttributes();//获取职业属性
    System.out.println("剑气值: "+wMap.get("swordValue"));
    System.out.println("战斗力: "+wMap.get("fightingPower"));

    GamePlayer mgp=sqlSession.selectOne("test.queryMagicianGamePlayer",2);
    System.out.println("玩家 ID: "+mgp.getId()+"||玩家昵称: "+mgp.getUsername()
            +"||玩家性别: "+mgp.getuGender()+"||玩家等级"+mgp.getuLevel());
    System.out.println("玩家职业属性: ");
    Map mMap=mgp.getProfessionalAttributes();//获取职业属性
    System.out.println("法术范围: "+mMap.get("SpellRange"));
    System.out.println("法术强度: "+mMap.get("SpellPower"));
    sqlSession.close();
}
```

执行结果如图 4-3 所示。

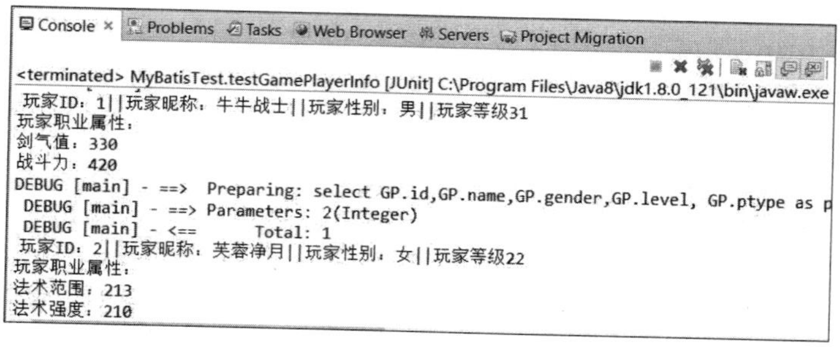

图 4-3 鉴别器属性测试结果

由执行结果可以看出，分情况加载了 id 为 1 和 2 的玩家职业信息，这里"discriminator（鉴别器）"实现了按照映射字段的不同分情况映射结果字段。

提示：这里样例涉及的数据库表和 Java 实体类由于篇幅原因不予展示。读者若要练习，可以根据自己的设计进行模拟。

4.2.5　Mapper 自动映射

之前在<select>查询配置中配置结果集映射时使用过 resultType 属性，当在 resultType 中定义一个 Java 包装类（例如 User 类）时，如果 SQL 语句查询的结果中有列名与该 Java 包装类中的属性名一致，则该字段就会被映射到该属性上。这里其实就用到了 MyBatis 的"自动映射"功能，当 SQL 语句查询出结果时，如果对应输出配置的 Java 包装类中有相同名称的属性，且拥有 set 方法，则该结果就会被自动映射。

实际上，MyBatis 的自动映射功能是建立在 resultMap 基础之上的。resultType 属性自动映射的原理是，当 SQL 映射输出配置为 resultType 时，MyBatis 会生成一个空的 resultMap，然后指定这个 resultMap 的 type 为指定的 resultType 的类型，接着 MyBatis 检测查询结果集中字段与指定 type 类型中属性的映射关系，对结果进行自动映射。

在 MyBatis 全局配置文件中，在 setting 标签内设置自动映射模式：

```xml
<setting name="autoMappingBehavior" value="PARTIAL"/>
```

在 MyBatis 中，自动映射有三种模式，分别是"NONE"、"PARTIAL"与"FULL"。其中"NONE"表示不启用自动映射，"PARTIAL"表示只对非嵌套的 resultMap 进行自动映射，而"FULL"表示对所有的 resultMap 都进行自动映射。默认的自动映射模式为"PARTIAL"。

在 SQL 查询结果中，如果只有部分字段与输入配置类型中的属性名称不一样，则可以仅在 resultMap 中指定不一样的字段对应的输出类型的属性，其他的则会直接进行自动映射。在下面的例子中，Java 包装类中用户名属性为 username，而在 t_user 表中用户名的字段名为 name，这里需要手动映射 name 字段，其他的属性可以通过默认的自动映射机制来映射：

```xml
<resultMap type="cn.com.mybatis.po.User" id="UserResult">
  <result property="username" column="name" />
</resultMap>
<select id="findUserById" parameterType="java.lang.Long" resultMap="UserResult">
  select id,name,email from t_user where id=#{id}
</select>
```

最终得到的 User 类中，包含了手动映射的 username 属性和自动映射的 id、email 属性。

如果在某些 resultMap 中不想使用自动映射，则可以单独在该 resultMap 中设置 autoMapping 属性为 false（可选值为 true 或 false），此时该 resultMap 仅映射开发人员指定的映射字段：

```xml
<select id="findUserById" parameterType="java.lang.Long" resultMap="UserResult" autoMapping="false">
```

```
    select id,name,email from t_user where id=#{id}
</select>
```

这里 autoMapping 属性会忽略全局配置文件中 "autoMappingBehavior" 映射模式。

值得注意的是，要慎重使用 "FULL" 模式，因为该模式不管 resultMap 是嵌套的还是非嵌套的，都会进行自动映射，这可能会造成某些嵌套属性与查询结果的字段名一致而误被自动映射，如下面的示例：

```xml
<resultMap id="replyResult" type="cn.com.mybatis.po.Reply">
  <association property="user" resultMap="userResult"/>
</resultMap>

<resultMap id="userResult" type="cn.com.mybatis.po.User">
    <result property="username" column="name"/>
</resultMap>

<select id="queryReplyInfo" parameterType="java.lang.Long" resultMap=
"replyResult">
  select
    R.id,
    R.title,
    R.info,
    U.name
  from reply R left join t_user U on R.user_id = U.id
  where R.id = #{id}
</select>
```

该示例加载了一个评论 Reply 和该评论的作者 User 的信息，User 并不要求映射 id 属性，可是此时如果设置自动映射模式为 "FULL"，那么就会将从结果中取出的评论 Reply 的 id 值赋给嵌套的 resultMap 中 User 的 id，造成数据混乱。

提示：如果 Java 包装类使用驼峰命名规则，则不要忘记在全局配置文件中将 mapUnderscoreToCamelCase 属性设置为 true，否则自动映射机制无法将 SQL 查询出的非驼峰命名方式的字段名与 Java 包装类中的属性进行自动映射。

4.2.6 Mapper 配置动态 SQL 语句

在 Mapper 配置文件中，有时候需要根据一些查询条件来选择不同的 SQL 语句，或者将一些使用频率极高的 SQL 语句单独配置，在需要的地方引用。MyBatis 提供了一种可以根据条件动态配置 SQL 语句，以及单独配置 SQL 语句块的机制。

当查询语句的查询条件由于输入参数的不同而无法确切定义时，可以使用 "<where>" 标签对来包裹需要动态指定的 SQL 查询条件，而在 "<where>" 标签对中，可以使用 "<if test="..."> " 条件来分情况设置 SQL 查询条件。下面的样例设置了，当输入参数的 Java 包装类中含有的条件不同时，查询条件可动态变化：

```xml
<select id="findUserList" parameterType="cn.com.mybatis.po.UserQueryVo"
                        resultType="cn.com.mybatis.po.User">
    select * from user
    <where>
        <if test="UserQueryVo!=null">
            <if test="UserQueryVo.gender!=null and UserQueryVo.gender!=''">
                and user.sex=#{UserQueryVo.gender}
            </if>
            <if test="UserQueryVo.username!=null and UserQueryVo.username!= ''">
                and user.username like '%${UserQueryVo.username}%'
            </if>
        </if>
    </where>
</select>
```

上面的输入参数为封装了查询条件的包装类，在查询条件中使用了动态配置，当性别 gender、username 不为空时，将其作为查询条件之一，若其中一个为空，不将其作为查询条件。值得注意的是，当使用"<where>"标签对包裹 if 条件语句时，将会忽略查询条件中的第一个"and"（这样才能组成一个可执行的 SQL 语句）。

另外，可以将复用性比较强的 SQL 语句封装成"SQL 片段"，在需要使用该 SQL 片段的映射配置中声明一下，即可引入该 SQL 语句。一般声明一个 SQL 片段的格式如下：

```xml
<sql id="query_user_where">
    <!-- 要复用的 SQL 语句 -->
</sql>
```

其中 id 是 SQL 片段的唯一标识，是不可重复的。另外，SQL 片段是支持动态 SQL 语句的，但是要注意，在 SQL 片段中不支持动态 SQL 语句的"<where>"标签。

下面的示例将上面的 SQL 语句的查询条件封装为一个"SQL 片段"，然后可供所有 SQL 映射配置使用：

```xml
<select id="findUserList" parameterType="cn.com.mybatis.po.UserQueryVo"
                        resultType="cn.com.mybatis.po.User">
    select * from user
    <where>
        <include refid="query_user_where"></include>
        <!-- 在这里可能还要引用其他的 SQL 片段 -->
    </where>
</select>

<!-- 用户信息综合查询总数 -->
<select id="findUserCount" parameterType="cn.com.mybatis.po.UserQueryVo"
resultType="int">
    select count(*) from user
```

```xml
        <where>
            <include refid="query_user_where"></include>
            <!-- 在这里可能还要引用其他的 SQL 片段 -->
        </where>
</select>
```

除了自身所在的 Mapper 文件，每个 SQL 映射配置还可以引入外部 Mapper 文件中的 SQL 片段，只需要在 refid 属性中填写的 SQL 片段的 id 名前添加其所在 Mapper 文件的 namespace 信息即可（如 test.query_user_where）。

有些时候查询语句中可能包含多个查询信息，例如查询多个 id（如 id 为 2、4 和 6）的 User 用户，会这样写 SQL 语句：

```
select * from user where id=2 or id=4 or id=6
```

或

```
select * from user where id in (2,4,6)
```

而此时如果在 Mapper 文件中配置这样的语句，则需要向 SQL 配置传递一个数组或者 List 类型的输入参数，然后 MyBatis 使用"<foreach>"标签去遍历并解析这些数组或 List 中的值。

下面的示例实现了上面查询 id 为 2、4 和 6 的用户信息的 SQL 映射配置。同样这里输入参数是一个 Java 包装类，其属性为一个包含多个 id 信息的 List 集合：

```java
public class UserQueryVo {
    //多个 id
    private List<Integer> ids;
    public List<Integer> getIds() {
        return ids;
    }
    public void setIds(List<Integer> ids) {
        this.ids = ids;
    }
}
```

在 Mapper 中配置一个包含 foreach 查询条件的动态 SQL 片段，并在查询 SQL 映射中引入它：

```xml
<sql id="query_user_where">
    <if test="ids!=null">
        <!-- 实现下边的 SQL 拼接
        where (id=1 or id=3 or id=5)-->
        <foreach collection="ids" item="user_id" open="and (" close=")" separator="or">
            <!-- 每次遍历要拼接的串 -->
            id=#{user_id}
        </foreach>
```

```
        </if>
</sql>

<!-- 用户信息综合查询 -->
<select id="findUserList" parameterType="cn.com.mybatis.po.UserQueryVo"
                          resultType="cn.com.mybatis.po.User">
    select * from user
    <where>
        <include refid="query_user_where"></include>
        <!-- 在这里可能还要引用其他的 SQL 片段 -->
    </where>
</select>
```

上面示例使用 foreach 遍历传入的 ids 查询参数，在 foreach 标签中，collection 指定输入对象中的集合属性，item 为每次遍历生成的对象名，open 为开始遍历时要拼接的串，close 为结束遍历时要拼接的串，separator 为遍历的两个对象中间需要拼接的串。该示例使用 foreach 标签拼接出了"where (id=2 or id=4 or id=6)"效果。

当然，实现"where id in (2,4,6)"效果的配置与此类似，只要将拼接前缀 open 属性改成"and id in("，中间拼接属性 separator 改为"，"，标签对中的拼接主体改为"#{user_id}"即可：

```
<foreach collection="ids" item="user_id" open="and id in(" close=")"
separator=",">
    <!-- 每次遍历要拼接的串 -->
    #{user_id}
</foreach>
```

注意：在 SQL 片段里的 "and" 用来拼接已有一个或多个查询条件的语句，当此语句为第一个查询条件时，会因为 "<where>" 的存在而屏蔽第一个 "and"。

第 5 章　MyBatis 高级映射

在前面章节中讲解了一个 MyBatis 入门程序的开发，以及配置文件的内容。在开发中编写了一些查询语句，并且研究了各种输入/输出参数的封装与映射。但是之前接触的都是最基础的表关系之间数据的交互，因为 MyBatis 是一个基于数据库映射的框架，所以本章重点讲解如何使用 MyBatis 处理多张数据库表之间的关联关系。

本章涉及的知识点有：

- 一对一查询
- 一对多查询
- 多对多查询
- 延迟加载

提示：本章的样例代码在入门程序的基础上编写。

5.1 建立测试数据模型

讲解 MyBatis 的高级映射，需要使用一系列数据库表及业务关系，所以先来准备测试数据。通过构建测试数据，能够更加理解数据库的映射关系。

5.1.1 业务模型分析

我们模拟一个银行批量购买理财产品的业务。用户在网银理财购买页面勾选多款理财产品（如 10 款），然后网银系统生成一个批次号，该批次号对应这一批（如 10 款）的理财产品数据，一批中的每一款理财产品会有一个产品号，对应该款理财产品的信息。

批量转账的业务逻辑涉及 4 张表，分别是用户表、批次表、批次明细表和理财产品表。这 4 张表之间的关系如图 5-1 所示。

这里的 customer 表对应购买理财产品的用户信息表，batch 表存放购买的一批理财产品的批次信息，然后 batchdetail 表为批次明细表，它是一张中间表，指定对应的一批购买包含了哪些理财产品，对应的理财产品属于哪个购买批次。最后 finacial_products 表中存储了每一个理财产品的详细信息。

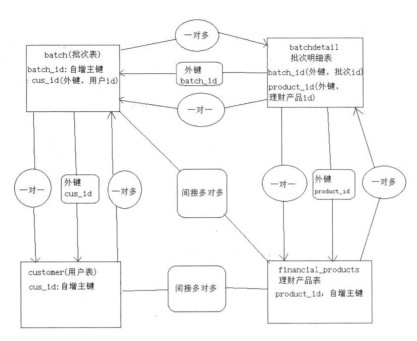

图 5-1　理财产品批量购买业务表关系图

理解了业务关系，各个表之间的对应关系就好理解了。一个用户可以购买好几个批次的理财产品，而一批理财产品只能是一个用户购买的，所以 customer 表和 batch 表之间是一对多的关系，batch 和 customer 表之间是一对一的关系。由于一个批次中含有多个理财产品，一款理财产品也可能从属于多个批次（例如张三购买了一批理财产品，其中有三款，包含一款名为"汇新富"的理财产品。而李四也购买了一批理财产品，其中有 5 款，其中也包含名为"汇新富"的理财产品），所以 batch 与中间表 batchdetail 之间为一对多的关系，financial_products 与中间表 batchdetai 之间也为一对多的关系，而中间表与 batch 之间和 financial_products 之间都是一对一的关系，batch 与 financial_products 之间是多对多的关系。由于一个用户可以购买多个理财产品，而一个理财产品也可能被多个用户选购，所以 customer 和 financial_products 之间为多对多的关系。

提示：通过对业务的理解，可以更加明了几张测试表之间的关系。

5.1.2　根据业务创建测试表

理解了测试模型的业务和数据库之间的关系，下面来创建这些表，在测试数据库中执行以下语句来创建测试表：

```
CREATE TABLE `finacial_products` (
  `product_id` INT(11) NOT NULL AUTO_INCREMENT,
  `name` VARCHAR(32) NOT NULL COMMENT '理财产品名称',
  `price` FLOAT(10,1) NOT NULL COMMENT '理财产品定价',
  `detail` TEXT COMMENT '理财产品描述',
```

```sql
  `pic` VARCHAR(64) DEFAULT NULL COMMENT '理财产品图片',
  `invasttime` DATETIME NOT NULL COMMENT '理财产品收益日期',
  PRIMARY KEY (`product_id`)
) ENGINE=INNODB AUTO_INCREMENT=4 DEFAULT CHARSET=utf8;

CREATE TABLE `customer` (
  `cus_id` INT(11) NOT NULL AUTO_INCREMENT,
  `username` VARCHAR(32) NOT NULL COMMENT '用户名称',
  `acno` VARCHAR(32) NOT NULL COMMENT '卡号',
  `gender` VARCHAR(4) NOT NULL COMMENT '性别',
  `phone` VARCHAR(256) DEFAULT NULL COMMENT '电话',
  PRIMARY KEY (`cus_id`)
) ENGINE=INNODB AUTO_INCREMENT=27 DEFAULT CHARSET=utf8;

CREATE TABLE `batch` (
  `batch_id` INT(11) NOT NULL AUTO_INCREMENT,
  `cus_id` INT(11) NOT NULL COMMENT '创建批次用户id',
  `number` VARCHAR(32) NOT NULL COMMENT '批次编码',
  `createtime` DATETIME NOT NULL COMMENT '创建批次时间',
  `note` VARCHAR(100) DEFAULT NULL COMMENT '备注',
  PRIMARY KEY (`batch_id`),
  KEY `FK_batch_1` (`cus_id`),
  CONSTRAINT `FK_batch_id` FOREIGN KEY (`cus_id`) REFERENCES `customer` (`cus_id`) ON DELETE NO ACTION ON UPDATE NO ACTION
) ENGINE=INNODB AUTO_INCREMENT=6 DEFAULT CHARSET=utf8;

CREATE TABLE `batchdetail` (
  `id` INT(11) NOT NULL AUTO_INCREMENT,
  `batch_id` INT(11) NOT NULL COMMENT '批次id',
  `product_id` INT(11) NOT NULL COMMENT '理财产品id',
  `product_num` INT(11) DEFAULT NULL COMMENT '理财产品购买数量',
  PRIMARY KEY (`id`),
  KEY `FK_batchdetail_1` (`batch_id`),
  KEY `FK_batchdetail_2` (`product_id`),
  CONSTRAINT `FK_batchdetai_1` FOREIGN KEY (`batch_id`) REFERENCES `batch` (`batch_id`) ON DELETE NO ACTION ON UPDATE NO ACTION,
  CONSTRAINT `FK_batchdetai_2` FOREIGN KEY (`product_id`) REFERENCES `finacial_products` (`product_id`) ON DELETE NO ACTION ON UPDATE NO ACTION
) ENGINE=INNODB AUTO_INCREMENT=5 DEFAULT CHARSET=utf8;
```

在数据库中成功创建这些表之后，自己添加一些测试数据，就可以进行高级映射实践了。

注意，有关联关系的表之间的主外键关系。

5.2 一对一查询

在上一节创建的测试表及数据的基础上，分别使用 resultType 和 resultMap 来编写一个一对一查询的示例。任务是，查询一个购买批次的信息以及创建该批次的用户。

首先要查询的主表是 batch 批次表，然后通过 batch 的外键 cus_i 关联 customer 用户表中的数据，所以 SQL 可以这样写：

```
SELECT
  BATCH.*,
  CUSTOMER.username,
  CUSTOMER.acno
FROM
  BATCH,
  CUSTOMER
WHERE BATCH.cus_id = CUSTOMER.cus_id
```

确定了主要的查询 SQL 后，接下来分别使用 resultType 和 resultMap 实现这个一对一查询示例。

提示：在日常开发中，总是先确定业务的具体 SQL，再将此 SQL 配置在 Mapper 文件中。

5.2.1 使用 resultType 实现

首先创建批次表 batch 对应的 Java 实体类 Batch，其中封装的属性信息为相应数据库的字段：

```java
package cn.com.mybatis.po;

import java.util.Date;
public class Batch {
    private int batch_id;
    private int cus_id;
    private String number;
    private Date createtime;
    private String note;
    //get 和 set 方法省略……
}
```

查询的结果如图 5-2 所示。

图 5-2　批次与用户关系数据库查询结果图

由于最终查询的结果是由 resultType 指定的，也就是只能映射一个确定的 Java 包装类，上面的 batch 类只包含了批次信息，没有包含订购该批次的用户的信息。所以创建一个最终映射类，以 batch 为父类，然后追加用户信息：

```java
package cn.com.mybatis.po;

public class BatchCustomer extends Batch{
    private String username;
    private String acno;
    //get 和 set 方法省略
}
```

然后在 UserMapper.xml 映射文件中定义 select 类型的查询语句 SQL 配置，将之前设计好的 SQL 语句配置进去，然后指定输出参数属性为 resultType，类型为 BatchCustomer 这个 Java 包装类。具体配置如下：

```xml
<select id="findBatchCustomer" resultType="cn.com.mybatis.po.BatchCustomer">
    SELECT
    BATCH.*,
    CUSTOMER.username,
    CUSTOMER.acno
    FROM
    BATCH,
    CUSTOMER
    WHERE BATCH.cus_id = CUSTOMER.cus_id
</select>
```

然后在测试类中编写测试方法，获取 sqlSession 会话对象，再调用在 Mapper 文件中配置的 id 为"findBatchCustomer"的 SQL 查询配置，获得一个包含 BatchCustomer 类的 List 集合，遍历这个集合即可得到每个订单和订单对应的用户信息。测试代码如下：

```java
@Test
public void testBatchCustomer() throws Exception{

    SqlSession sqlSession=dataConn.getSqlSession();

    //调用 userMapper 的方法
    List<BatchCustomer> bcList=sqlSession.selectList("findBatchCustomer");
    if(bcList!=null){
        BatchCustomer batchCustomer = null;
        SimpleDateFormat sdf = new SimpleDateFormat("yyyy-MM-dd HH:mm:ss");
        for (int i = 0; i < bcList.size(); i++) {
            batchCustomer = bcList.get(i);
            System.out.println("卡号为"+batchCustomer.getAcno()+"的名为"
                    +batchCustomer.getUsername()+"的客户:\n 于"
                    +sdf.format(batchCustomer.getCreatetime())+"采购了批次号为"
                    +batchCustomer.getNumber()+"的一批理财产品");
```

```
        }
    }
    sqlSession.close();
}
```

运行测试方法，测试结果如图 5-3 所示。

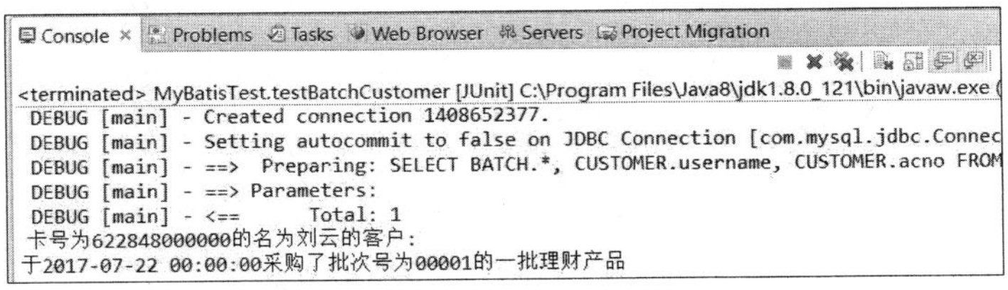

```
□ Console ×  □ Problems  □ Tasks  □ Web Browser  □ Servers  □ Project Migration
<terminated> MyBatisTest.testBatchCustomer [JUnit] C:\Program Files\Java8\jdk1.8.0_121\bin\javaw.exe (
DEBUG [main] - Created connection 1408652377.
DEBUG [main] - Setting autocommit to false on JDBC Connection [com.mysql.jdbc.Connec
DEBUG [main] - ==>  Preparing: SELECT BATCH.*, CUSTOMER.username, CUSTOMER.acno FROM
DEBUG [main] - ==> Parameters:
DEBUG [main] - <==      Total: 1
卡号为6228480000000的名为刘云的客户：
于2017-07-22 00:00:00采购了批次号为00001的一批理财产品
```

图 5-3　一对一查询测试结果图

与之前在数据库中直接查询的结果对比，一对一查询映射是成功的。

提示：该例仅用于测试，在日常开发中，要避免进行没有条件的查询，那会十分消耗查询性能。

5.2.2　使用 resultMap 实现

使用 resultMap 可以将数据库字段映射到名称不一样的相应实体类属性，重要的是，可以映射实体类中包裹的其他实体类。使用 resultMap 实现一对一查询映射的思路就是，创建一个批次信息包装类 BatchItem，里面除了包含批次的属性外，还包含一个 Customer 实体类，该实体类封装了订购批次用户的信息。在 resultMap 中将查询出来的批次信息映射到 BatchItem 批次类，然后将关联查询出来的用户信息映射到 BatchItem 批次类的 Customer 实体类属性。

首先创建一个封装了批次属性和 Customer 实体类的 BatchItem 批次类：

```java
package cn.com.mybatis.po;

import java.util.Date;
public class BatchItem {
    private int batch_id;
    private int cus_id;
    private String number;
    private Date createtime;
    private String note;
    private Customer customer;
    //get 与 set 方法省略
}
```

SQL 语句依然没有变化，但是使用的输出映射属性改为了 resultMap，其中的映射类型是 id 为 BatchInfoMap 的 resultMap 配置。

```xml
<resultMap type="cn.com.mybatis.po.BatchItem" id="BatchInfoMap">
```

```xml
            <id column="batch_id" property="batch_id"/>
            <result column="cus_id" property="cus_id"/>
            <result column="number" property="number"/>
            <result column="createtime" property="createtime" javaType="java.util.Date"/>
            <result column="note" property="note"/>
            <association property="customer" javaType="cn.com.mybatis.po.Customer">
                <id column="cus_id" property="cus_id"/>
                <result column="username" property="username"/>
                <result column="acno" property="acno"/>
                <result column="gender" property="gender"/>
                <result column="phone" property="phone"/>
            </association>
    </resultMap>

    <select id="findBatchCustomerToMap" resultMap="BatchInfoMap">
          SELECT
            BATCH.*,
            CUSTOMER.username,
            CUSTOMER.acno
          FROM
            BATCH,
            CUSTOMER
          WHERE BATCH.cus_id = CUSTOMER.cus_id
    </select>
```

在 resultMap 配置中，不仅配置了 batch 批次的属性信息映射，还使用 association 映射关联了查询的单个 Customer 对象的信息。

编写测试类，测试使用 resultMap 实现的一对一查询映射：

```java
@Test
public void testBatchCustomerToMap() throws Exception{

    SqlSession sqlSession=dataConn.getSqlSession();

    //调用 userMapper 的方法
    List<BatchItem> bcList=sqlSession.selectList("findBatchCustomerToMap");
    if(bcList!=null){
        BatchItem batchItem = null;
        Customer customer = null;
        SimpleDateFormat sdf = new SimpleDateFormat("yyyy-MM-dd HH:mm:ss");
        for (int i = 0; i < bcList.size(); i++) {
            batchItem = bcList.get(i);//取出批次对象
            customer = batchItem.getCustomer();//取出该批次的用户信息
            System.out.println("卡号为"+customer.getAcno()+"的名为"
                    +customer.getUsername()+"的客户：\n 于"
                    +sdf.format(batchItem.getCreatetime())+"采购了批次号为"
```

```
                    +batchItem.getNumber()+"的一批理财产品");
        }
    }
    sqlSession.close();
}
```

得到 batchItem 对象后，可以在它的属性中直接获取订购该批次理财产品的用户对象，然后通过该用户对象获取相关的用户信息。

测试结果同 resultType 的测试结果一样，这里不再赘述。

小结：实现一对一查询，可以使用 resultType，也可以使用 resultMap。使用 resultType 实现时较为简单，如果对应的 Java 实体类中没有包括 SQL 查询出来的列名对应的属性，需要在该实体类中增加列名对应的属性，即可完成映射。所以，如果没有查询结果方面的特殊要求建议使用 resultType。

使用 resultMap 时，对映射输出数据需要单独定义 resultMap，实现过程有些烦琐。如果对查询结果有特殊的要求（比如 JavaBean 里面又含有其他 JavaBean），使用 resultMap 可以实现将关联的查询映射到 JavaBean 的属性中。

5.3 一对多查询

上一节对订购的批次信息以及对应的订购用户进行了一对一查询，这一节要在上一节的基础上，增加对每个批次从属的理财产品信息的查询（注意，这里查询的是一批中有哪些理财产品，而不查询每个理财产品的详细信息）。

小贴士：在日常开发中一对多查询是最常见的，也是业务中十分重要的部分。

5.3.1 实体类定义与 Mapper 编写

通过前面的表关系分析，我们知道一条批次信息对应多款理财产品信息，属于一对多的关系。首先来看查询 SQL 语句：

```
SELECT
  BATCH.*,
  CUSTOMER.username,
  CUSTOMER.acno,
  BATCHDETAIL.product_id,
  BATCHDETAIL.product_num
FROM
  BATCH,
  CUSTOMER,
  BATCHDETAIL
WHERE BATCH.cus_id = CUSTOMER.cus_id AND BATCHDETAIL.batch_id=BATCH.batch_id
```

该 SQL 查询出了一个订购批次中，订购了 id 为 1 的理财产品，数量（product_num）为多少。直接从数据库中查询的结果如图 5-4 所示。

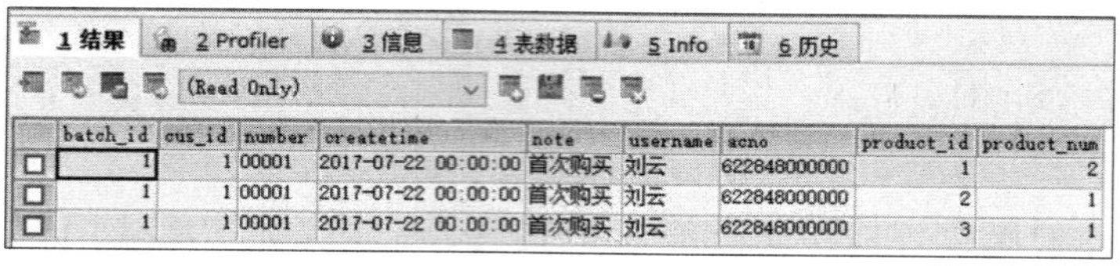

batch_id	cus_id	number	createtime	note	username	acno	product_id	product_num
1	1	00001	2017-07-22 00:00:00	首次购买	刘云	622848000000	1	2
1	1	00001	2017-07-22 00:00:00	首次购买	刘云	622848000000	2	1
1	1	00001	2017-07-22 00:00:00	首次购买	刘云	622848000000	3	1

图 5-4　一对多数据库查询结果

如果这里仅仅使用 resultType 定义一个 Java 封装类，该类包含以上 SQL 查询出来的所有字段作为 Java 实体类的属性，查询出 3 条数据。但是为了数据层次分明，并且只需返回唯一的批次信息，那么就要求，在查询一个批次订单信息后，只映射出一个实体类，在该实体类中可以获取多个理财产品的订购信息。能满足以上条件的输出映射属性就是 resultMap。

修改原先创建的 BatchItem 实体类，在其中添加一个名为 batchDetails 的 List 类型的参数属性，该属性即是批次中包含的多个理财产品的订购信息：

```
package cn.com.mybatis.po;

import java.util.Date;
import java.util.List;

public class Batch {
   private int batch_id;
   private int cus_id;
   private String number;
   private Date createtime;
   private String note;
   private Customer customer;//用户信息
   //批次中包含的理财产品订购信息
   private List<BatchDetail> batchDetails;
   //get 和 set 方法省略
}
```

理财产品的订购信息实体类如下：

```
package cn.com.mybatis.po;

public class BatchDetail {
   private int id;
   private int batch_id;
   private int product_id;
   private int product_num;
   //get 和 set 方法省略
}
```

定义好了实体类，接下来在 Mapper 映射文件中编写 SQL 配置以及对应的 resultMap 结果映射集。观察刚修改过的 Batch 类，实际上就多了一个名为 batchDetails 的 List 集合，所以，新建一个 resultMap，使用 extends 标签继承上面一对一查询中的名为 BatchInfoMap 的 resultMap，然后在新的 resultMap 中加上使用 collocation 标签定义的集合属性即可：

```xml
<resultMap type="cn.com.mybatis.po.BatchItem" id="BatchAndBatchDetailResultMap"
        extends="BatchInfoMap">
    <collection property="batchDetails" ofType="cn.com.mybatis.po.BatchDetail">
        <!-- id:订单明细的唯一标识 -->
        <id column="id" property="id"/>
        <result column="batch_id" property="batch_id"/>
        <result column="product_id" property="product_id"/>
        <result column="product_num" property="product_num"/>
    </collection>
</resultMap>

<select id="findBatchAndBatchDetail" resultMap="BatchAndBatchDetailResultMap">
    SELECT
      BATCH.*,
      CUSTOMER.username,
      CUSTOMER.acno,
      BATCHDETAIL.product_id,
      BATCHDETAIL.product_num
    FROM
      BATCH,
      CUSTOMER,
      BATCHDETAIL
    WHERE BATCH.cus_id = CUSTOMER.cus_id
        AND BATCHDETAIL.batch_id=BATCH.batch_id
</select>
```

可以看到，在 resultMap 结果映射集中，不仅映射了 batch 批次的属性信息，还包含了使用 association 关联查询的一个 Customer 用户信息，和一个使用 collocation 关联查询的 batchdetails 集合信息。

注意，collection 中的配置与实体类中 List 属性的关系。

5.3.2 测试查询结果

接下来编写测试代码，取出每批次的批次信息、创建该批次的用户信息以及该批次包含的理财产品订购信息：

```java
@Test
public void testfindBatchAndBatchDetail() throws Exception{
    SqlSession sqlSession=dataConn.getSqlSession();
    //调用 userMapper 的方法
```

```
BatchItem batchItem=sqlSession.selectOne("findBatchAndBatchDetail");
if(batchItem!=null){
    SimpleDateFormat sdf = new SimpleDateFormat("yyyy-MM-dd HH:mm:ss");
    Customer customer = batchItem.getCustomer();//取出该批次的用户信息
    //取出该批次订购的理财产品信息
    List<BatchDetail> batchDetails = batchItem.getBatchDetails();
    System.out.println("卡号为"+customer.getAcno()+"的名为"
            +customer.getUsername()+"的客户:\n 于"
            +sdf.format(batchItem.getCreatetime())+"采购了批次号为"
            +batchItem.getNumber()+"的一批理财产品,详情如下: ");
    BatchDetail batchDetail = null;
    if(batchDetails!=null){
        for (int i = 0; i < batchDetails.size(); i++) {
            batchDetail = batchDetails.get(i);
            System.out.println("id为"+batchDetail.getProduct_id()
                    +"的理财产品"+batchDetail.getProduct_num()+"份");
        }
    }
}
sqlSession.close();
```

运行测试程序,结果如图 5-5 所示。

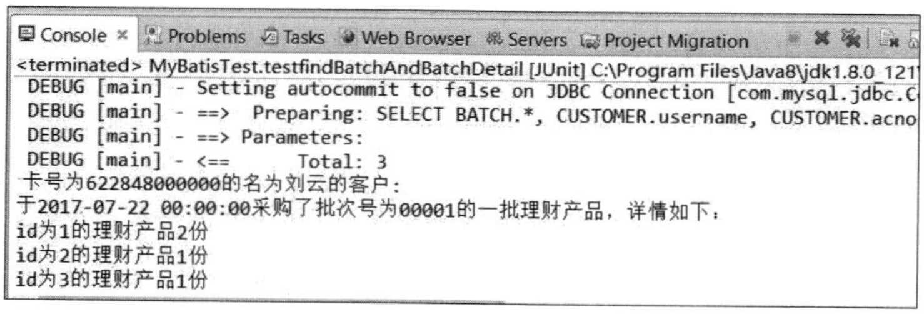

图 5-5　一对多测试代码查询结果

可以看到,成功地映射出了批次信息、创建批次的用户信息以及该批次订购的理财产品摘要信息。

注意:这里使用到了两个比较重要的映射配置: association 与 collocation,一个映射单一实体对象,一个映射集合对象。

5.4　多对多查询

之前提到过,一个用户一批次可以选购多个理财产品,而一个理财产品也可能被多个用户选购,所以用户和理财产品之间的关系为多对多关系。这一次就来查询测试数据中所有用户以及用户对应的批次订单中所有理财产品的详细信息。

5.4.1 实体类定义与 Mapper 编写

之前的数据库测试数据中只有一个名为"刘云"的用户，这里在测试数据中再添加一个名为"张丽丽"的用户，然后为其也添加一个批次订单，该批次中包含两种理财产品。查询所有用户以及用户对应的批次订单中所有理财产品的详细信息的 SQL 语句为：

```
SELECT
  BATCH.*,
  CUSTOMER.username,
  CUSTOMER.acno,
  BATCHDETAIL.product_id,
  BATCHDETAIL.product_num,
  FINACIAL_PRODUCTS.name,
  FINACIAL_PRODUCTS.detail,
  FINACIAL_PRODUCTS.price
FROM
  BATCH,
  CUSTOMER,
  BATCHDETAIL,
  FINACIAL_PRODUCTS
WHERE BATCH.cus_id = CUSTOMER.cus_id
AND BATCHDETAIL.batch_id=BATCH.batch_id
AND FINACIAL_PRODUCTS.product_id=BATCHDETAIL.product_id;
```

在数据库中执行查询的结果如图 5-6 所示。

batch_id	cus_id	number	createtime	note	username	acno	product_id	product_num	name	detail	price
1	1	00001	2017-07-22	首次购买	刘云	6228480000000	1	2	一起富	投资少，风险小	21B	5000.0
1	1	00001	2017-07-22	首次购买	刘云	6228480000000	2	1	惠聚富	收益稳健	12B	10000.0
1	1	00001	2017-07-22	首次购买	刘云	6228480000000	3	1	安富尊容	年收益率提升5%	20B	15000.0
2	3	00002	2017-03-11	委托购买	张丽丽	6228488333333	1	2	一起富	投资少，风险小	21B	5000.0
2	3	00002	2017-03-11	委托购买	张丽丽	6228488333333	2	1	惠聚富	收益稳健	12B	10000.0

图 5-6 多对多数据库查询结果

可以看到查询出了两个用户和他们订购的一批次的理财产品信息。这里为了避免拿到的数据重复，仍然使用 Java 实体集嵌套的模式，只获取每一个用户的一批次以及对应理财产品详细信息的一个 Java 实体集即可。所以，选择的输入映射属性自然是 resultMap。

由于这一次是以用户为主体查询，所以 Java 映射实体对象选择在原来的 Customer 类中拓展，除了原有的用户的基本属性外，新增 List<Batch>类型的批次订单列表属性 batchList，将用户创建的批次订单映射到 batchList 属性。然后在 Batch 中添加 List<BatchDetail>类型的订单明细列表属性 batchDetails，其会将订单的明细映射到 orderdetials 属性。最后在 BatchDetail 中添加 FinacialProduct 类的 product 属性，将订单明细所对应的理财产品映射到 product 属性。

以下是修改后的 Customer 用户类，它包含用户信息以及用户下的所有批次信息：

```
package cn.com.mybatis.po;
import java.util.List;
```

```java
public class Customer {
    private int cus_id;
    private String username;
    private String acno;
    private String gender;
    private String phone;
    private List<Batch> batchList;
    //get 和 set 方法省略
}
```

以下是修改后的 Batch 批次信息类，它包含单个批次信息以及批次明细列表：

```java
package cn.com.mybatis.po;
import java.util.Date;
import java.util.List;
public class Batch {
    private int batch_id;
    private int cus_id;
    private String number;
    private Date createtime;
    private String note;
    private List<BatchDetail> batchDetails;
    //get 和 set 方法省略
}
```

以下是修改后的 BatchDetail 批次明细类，它包含单个批次明细和对应的理财产品引用：

```java
package cn.com.mybatis.po;
import java.util.List;
public class BatchDetail {
    private int id;
    private int batch_id;
    private int product_id;
    private int product_num;
    private FinacialProduct finacialProduct;
    //set 和 get 方法省略
}
```

以下是新增的 FinacialProduct 产品明细类，它包含理财产品的各种属性：

```java
package cn.com.mybatis.po;
import java.util.Date;
public class FinacialProduct {
    private int id;
    private String name;
    private double price;
    private String detail;
```

```
    private String imgpath;
    private Date invattime;
    //set 和 get 方法省略
}
```

然后在 Mapper 映射文件中定义查询语句配置和输出映射集合 resultMap：

```xml
<resultMap type="cn.com.mybatis.po.Customer" id="UserAndProductsResultMap">
        <!-- 客户信息 -->
        <result column="username" property="username"/>
        <result column="acno" property="acno"/>

        <!--批次订单信息，一个客户对应多个订单-->
        <collection property="batchList" ofType="cn.com.mybatis.po.Batch">
            <id column="batch_id" property="batch_id"/>
            <result column="cus_id" property="cus_id"/>
            <result column="number" property="number"/>
            <result column="createtime" property="createtime" javaType="java.
                util.Date"/>
            <result column="note" property="note"/>

            <collection property="batchDetails" ofType="cn.com.mybatis.po.
                BatchDetail">
                <!-- id:订单明细的唯一标识 -->
                <id column="id" property="id"/>
                <result column="batch_id" property="batch_id"/>
                <result column="product_id" property="product_id"/>
                <result column="product_num" property="product_num"/>

                <association property="finacialProduct" javaType="cn.com.mybatis.
                    po.FinacialProduct">
                    <id column="product_id" property="id"/>
                    <result column="name" property="name"/>
                    <result column="price" property="price"/>
                    <result column="detail" property="detail"/>
                </association>
            </collection>
        </collection>
</resultMap>

<select id="findUserAndProducts" resultMap="UserAndProductsResultMap">
        SELECT
          BATCH.*,
          CUSTOMER.username,
          CUSTOMER.acno,
          BATCHDETAIL.product_id,
          BATCHDETAIL.product_num,
```

```
            FINACIAL_PRODUCTS.name,
            FINACIAL_PRODUCTS.detail,
            FINACIAL_PRODUCTS.price
        FROM
            BATCH,
            CUSTOMER,
            BATCHDETAIL,
            FINACIAL_PRODUCTS
        WHERE BATCH.cus_id = CUSTOMER.cus_id
        AND BATCHDETAIL.batch_id=BATCH.batch_id
        AND FINACIAL_PRODUCTS.product_id=BATCHDETAIL.product_id;
</select>
```

可以看到，输出映射对应一个名为"UserAndProductsResultMap"的 resultMap 配置。其中映射的主体是 Customer 用户类，使用 collection 配置声明了集合类型的批次订单列表属性 batchList。然后在 batchList 中的每一个 Batch 类中，又使用 collection 配置声明了集合类型的订单明细列表属性 batchDetails。最后在 batchDetails 中的每一个 BatchDetail 类中，又使用 association 配置声明了单个实体集类型的理财产品详细信息 finacialProduct。

注意，collection 与 association 中的配置与实体类中 Bean 属性的关系。

5.4.2 测试查询结果

接下来编写测试类，查询测试库中所有用户（其实只有 2 个）订购的所有批次的（其实每个用户只有一个批次）所有理财产品的详细信息。测试代码如下：

```
@Test
public void testfindCustomerAndProducts() throws Exception{
    SqlSession sqlSession=dataConn.getSqlSession();
    //调用 userMapper 的方法,获取所有用户信息(以及从属批次信息)
    List<Customer> customerList=sqlSession.selectList("findUserAndProducts");
    if(customerList!=null){
        SimpleDateFormat sdf = new SimpleDateFormat("yyyy-MM-dd HH:mm:ss");
        Customer customer = null;
        for (int i = 0; i < customerList.size(); i++) {
            customer = customerList.get(i);
            //1.获取用户基本信息
                System.out.println("卡号为"+customer.getAcno()+"的名为"
            +customer.getUsername()+"的客户:");
            //2.获取用户下的所有批次订单信息
            List<Batch> batchList=customer.getBatchList();
            Batch batch = null;
            for (int j = 0; j < batchList.size(); j++) {
                batch = batchList.get(j);
                System.out.println("于"
```

```
            +sdf.format(batch.getCreatetime())+"采购了批次号为"
            +batch.getNumber()+"的一批理财产品,详情如下: ");
        //3.获取一个批次的明细
        List<BatchDetail> batchDetails = batch.getBatchDetails();
        BatchDetail batchDetail = null;
        FinacialProduct finacialProduct = null;
        for (int k = 0; k < batchDetails.size(); k++) {
        batchDetail = batchDetails.get(k);
        System.out.println("id为"+batchDetail.getProduct_id()
            +"的理财产品"+batchDetail.getProduct_num()+"份。");
        //4.获取每个批次明细中的理财产品详细信息
        finacialProduct = batchDetail.getFinacialProduct();
        System.out.println("该理财产品的详细信息为: \n"
            +"产品名称:"+finacialProduct.getName()
            +"|产品价格:"+finacialProduct.getPrice()
            +"|产品简介:"+finacialProduct.getDetail());
        }
        }
        System.out.println("*****************************************");
        }
    }
    sqlSession.close();
}
```

运行测试代码,结果如图5-7所示。

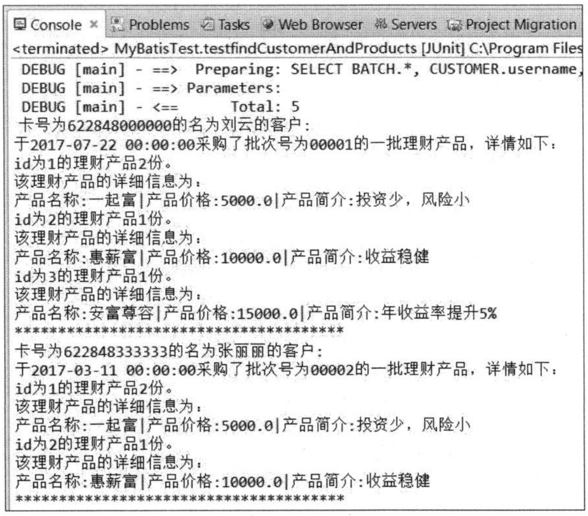

图5-7 多对多数据库查询结果

可以看到,利用Mapper内配置的resultMap映射出了多个用户对应的多个理财产品信息。

提示:注意数据库表之间的关系,以及多个Java实体类之间的包含关系。理解了这些,对于配置复杂的resultMap映射集合十分有帮助。

5.5 延迟加载

什么是延迟加载？从字面意义上来讲，是对某种信息推迟加载。在 MyBatis 中，通常会进行多表联合查询，但是有的时候并不会立即用到所有的联合查询结果。例如先查询一个理财产品批次订单下的明细，而不直接展示每列明细对应的理财产品的详细信息，等到用户需要取出某理财产品详细信息的时候，再进行单表查询。此时就需要一种机制，当需要理财产品详细信息的时候再查询，这种"按需查询"的机制，就可以使用延迟加载来实现。

之前使用 resultMap 查询了一个用户的信息，以及用户下的批次订单和订单包括的理财详细信息，使用 association、collection 实现一对一及一对多映射，而 association、collection 就具备延迟加载功能。

延迟加载可以做到，先从单表查询，需要时再从关联表关联查询。这样大大提高了数据库的性能，因为查询单表要比关联查询多张表速度快。

下面使用 association 实现延迟加载。要做的就是查询批次订单并且关联查询用户信息。

小贴士：善于利用延迟加载可以大大提高系统的查询效率。

5.5.1 Mapper 映射配置编写

首先在 Mapper 映射文件中定义只查询所有批次订单信息的 SQL 配置：

```xml
<select id="findBatchUserLazyLoading" resultMap="BatchUserLazyLoadingResultMap">
    SELECT * FROM BATCH
</select>
```

上面的 SQL 语句查询所有批次订单的信息，而每个批次订单中会关联查询用户，但由于希望延迟加载用户信息，所以会在 id 为 "BatchUserLazyLoadingResultMap" 的 resultMap 对应的结果集配置中进行配置：

```xml
<!-- 延迟加载的 resultMap -->
<resultMap id="BatchUserLazyLoadingResultMap" type="cn.com.mybatis.po.BatchItem">
    <!-- 对订单信息进行映射配置 -->
    <id column="batch_id" property="batch_id"/>
    <result column="cus_id" property="cus_id"/>
    <result column="number" property="number"/>
    <result column="createtime" property="createtime" javaType="java.util.Date"/>
    <result column="note" property="note"/>
    <!-- 实现延迟加载用户信息 -->
    <association property="customer" javaType="cn.com.mybatis.po.Customer"
        select="findCustomerById" column="cus_id">
    </association>
</resultMap>
```

可以看到，这里的列对应 BatchItem 实体类中的列，我们还记得 BatchItem 中除了包含批次订单自己的信息外，还有一个 Customer 类属性，该属性用来封装该批次订单对应的创建用户。这里使用 association 进行关联，其中使用 select 及 column 实现延迟加载用户信息。select 用来指定延迟加载所需要执行的 SQL 语句，也就是指定 Mapper.xml 配置文件中的某个 select 标签对的 id。而 column 是指订单信息中关联用户信息查询的列，这里关联的是用户的主键，即 cus_id。需要加载用户信息时，该 association 的实现效果大致等同于以下 SQL 语句：

```
SELECT batch.*,
(SELECT username FROM customer WHERE batch.cus_id=cus.id) username,
(SELECT acno FROM customer WHERE batch.cus_id=cus.id) acno
FROM batch;
```

最后配置延迟加载要执行的获取用户信息的 SQL：

```xml
<select id="findCustomerById" parameterType="int" resultType="cn.com.mybatis.po.Customer">
    SELECT * FROM CUSTOMER WHERE cus_id=#{id}
</select>
```

上面的配置会被用来延迟加载的 resultMap 中的 association 调用，输入参数就是 association 中 column 中定义的字段信息。

在编写测试方法之前，首先开启延迟加载功能。这需要在 MyBatis 的全局配置文件 SqlapConfig.xml 配置文件中配置 setting 属性，将延迟加载（lazyLoadingEnable）的开关设置成"true"。由于是按需加载，所以还需要将积极加载改为消极加载，即将积极加载关闭（aggressiveLazyLoading 改为 false）。具体配置如下：

```xml
<configuration>
    <!--其他配置... -->

    <!-- settings-->
    <settings>
        <!-- 打开延迟加载的开关 -->
        <setting name="lazyLoadingEnable" value="true"/>
        <!-- 将积极加载改为消极加载(即按需加载) -->
        <setting name="aggressiveLazyLoading" value="false"/>
    </settings>

    <!--其他配置... -->
</configuration>
```

小贴士：注意延迟加载与 Mapper 中定义的 association 之间的配合。

5.5.2 测试延迟加载效果

然后编写测试方法，查询所有的订单信息，当需要查询用户信息时进行延迟加载。测试方

法如下:

```
@Test
public void testFindBatchCustomerLazyLoading() throws Exception{
    SqlSession sqlSession=dataConn.getSqlSession();
    //调用 userMapper 的方法，获取所有订单信息(未加载关联的用户信息)
    List<BatchItem>
batchItemList=sqlSession.selectList("findBatchUserLazyLoading");
    BatchItem batchItem = null;
    Customer customer = null;
    for (int i = 0; i < batchItemList.size(); i++) {
        batchItem = batchItemList.get(i);
        System.out.println("订单编号："+batchItem.getNumber());
        //执行 getCustomer 时才会去查询用户信息，这里实现了延迟加载
        customer=batchItem.getCustomer();
        System.out.println("订购用户姓名:"+customer.getUsername());
    }
    sqlSession.close();
}
```

执行方法，在控制台中打印的结果如图 5-8 所示。

图 5-8　延迟加载测试结果

该测试方法实现了延迟加载，实际上执行了以下步骤：

第一步，执行对应的 mapper 方法（即执行 Mapper 文件中 id 为 findBatchUserLazyLoading 的 SQL 配置），只查询 batch 批次订单的信息（单表）。

第二步，在程序中遍历上一步骤查询出的 List<BatchItem>，当调用 BatchItem 中的 getCustomer 方法时，开始进行延迟加载。

第三步，进行延迟加载，调用 Mapper 映射文件中 id 为 findCustomerbyId 的 SQL 配置获取用户信息。

综上所述，使用延迟加载方法，先执行简单的查询 SQL（最好查询单表，也可以关联查询），再按需要加载关联查询的其他信息。

补充：关于在 MyBatis 全局配置文件中配置延迟加载的参数，前一章介绍过，这里带大家再强化一下：

lazyLoadingEnabled 设置全局性懒加载，可设置的值为"true"和"false"。如果设为"false"，则所有相关联的数据都会被初始化加载，否则会延迟加载相关联的数据。

aggressiveLazyLoading 设置积极加载，可设置的值为"true"和"false"。当设置为"true"时，懒加载的对象可能被任何懒属性全部加载。否则，每个属性都按需加载。

5.6 Mapper 动态代理

什么是 Mapper 动态代理？一般创建 Web 工程时，从数据库取数据的逻辑会放置在 DAO 层（Date Access Object，数据访问对象）。使用 MyBatis 开发 Web 工程时，通过 Mapper 动态代理机制，可以只编写数据交互的接口及方法定义，和对应的 Mapper 映射文件，具体的交互方法实现由 MyBatis 来完成。这样大大节省了开发 DAO 层的时间。

实现 Mapper 代理的方法并不难，只需要遵循一定的开发规范即可。即新建一个 interface 接口，接口名称保持与某个 mapper.xml 配置文件相同，接口中方法定义的方法名和方法参数，以及方法返回类型，都与 mapper.xml 配置文件中的 SQL 映射的 id 及输入/输出映射类型相同，而 mapper 的 namespace 指定 interface 接口的路径，此时就可以使用 SqlSession 类获取 Mapper 代理（即一个 interface 接口类型的对象）来执行 SQL 映射配置。

小贴士：使用 Mapper 代理可以省去 DAO 层的实现类，从而提升开发效率。

5.6.1 Mapper 代理实例编写

为了让大家深入理解 Mapper 代理，我们编写一个使用 Mapper 代理查询用户信息的示例。首先新建一个 Mapper 配置文件，名为 CustomerMapper.xml，其中包含了对 Customer 的增、删、改、查的 SQL 配置（namespace 中的路径为即将创建的 mapper 代理接口的路径）：

```xml
<?xml version="1.0" encoding="UTF-8"?>
<!DOCTYPE mapper
PUBLIC "-//mybatis.org//DTD Mapper 3.0//EN"
"http://mybatis.org/dtd/mybatis-3-mapper.dtd">

<mapper namespace="cn.com.mybatis.mapper.CustomerMapper">
    <!-- 查询用户 -->
    <select id="findCustomerById" parameterType="int" resultType="cn.com.mybatis.po.Customer">
        SELECT * FROM CUSTOMER WHERE cus_id=#{cus_id}
    </select>
    <!-- 新增用户 -->
    <insert id="insertCustomer" parameterType="cn.com.mybatis.po.Customer">
        INSERT INTO CUSTOMER(username,acno,gender,phone)
            value(#{username},#{acno},#{gender},#{phone})
    </insert>
    <!-- 删除用户 -->
    <delete id="deleteCustomer" parameterType="java.lang.Integer">
        DELETE FROM CUSTOMER WHERE cus_id=#{cus_id}
    </delete>
```

```xml
<!-- 修改用户 -->
<update id="updateCustomerAcNo" parameterType="cn.com.mybatis.po.Customer" >
    UPDATE CUSTOMER SET acno = #{acno} WHERE cus_id=#{cus_id}
</update>
</mapper>
```

如果需要使用 CustomerMapper.xml 的 Mapper 代理，首先需要定义一个 interface 接口，名称也为 CustomerMapper。然后在里面新建四个方法定义，分别对应 CustomerMapper.xml 中的 Customer 的增、删、改、查的 SQL 配置，然后将 Customer 中的 namespace 定义为 CustomerMapper 接口的路径，这样在业务类中就可以使用 Mapper 代理了。接口定义代码如下：

```java
package cn.com.mybatis.mapper;
import cn.com.mybatis.po.Customer;
public interface CustomerMapper {
    //根据 id 查询用户信息
    public Customer findCustomerById(int id) throws Exception;

    //添加用户信息
    public void insertCustomer(Customer customer) throws Exception;

    //删除用户信息
    public void deleteCustomer(int id) throws Exception;

    //修改用户信息
    public void updateCustomerAcNo(Customer customer) throws Exception;
}
```

5.6.2 测试动态代理效果

在测试方法中，使用 SqlSession 类的 getMapper 方法，并将要加载的 Mapper 代理的接口类传递进去，就可以获得相关的 Mapper 代理对象，使用 Mapper 代理对象可以对用户信息进行增、删、改、查。测试代码如下：

```java
@Test
public void testFindCustomerOnMapper() throws Exception{
    SqlSession sqlSession=dataConn.getSqlSession();
    //获取 Mapper 代理
    CustomerMapper customerMapper=sqlSession.getMapper(CustomerMapper.class);
    //执行 Mapper 代理对象的查询方法
    Customer customer=customerMapper.findCustomerById(1);
    System.out.println("用户姓名:"+customer.getUsername()+"|"
        +"卡号: "+customer.getAcno());
    sqlSession.close();
}
```

运行测试方法，测试结果如图 5-9 所示。

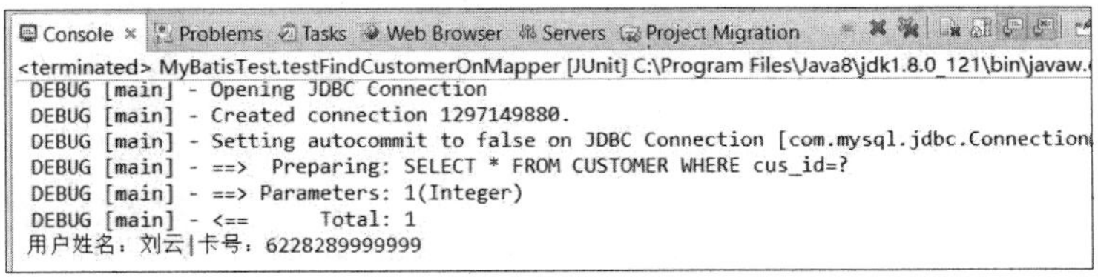
Console × Problems Tasks Web Browser Servers Project Migration
<terminated> MyBatisTest.testFindCustomerOnMapper [JUnit] C:\Program Files\Java8\jdk1.8.0_121\bin\javaw.
DEBUG [main] - Opening JDBC Connection
DEBUG [main] - Created connection 1297149880.
DEBUG [main] - Setting autocommit to false on JDBC Connection [com.mysql.jdbc.Connection
DEBUG [main] - ==> Preparing: SELECT * FROM CUSTOMER WHERE cus_id=?
DEBUG [main] - ==> Parameters: 1(Integer)
DEBUG [main] - <==   Total: 1
用户姓名：刘云|卡号：6228289999999

图 5-9　Mapper 代理测试结果

可以看到，成功查询出了 id 为 1 的用户信息，这里使用的就是 Mapper 代理。实际上，SqlSession 类的 getMapper 方法的原理就是，根据 Mapper 代理接口的类型及 Mapper.xml 文件的内容，创建一个 Mapper 接口的实现类，其中实现了具体的增、删、改、查方法。如上面例子中的：

```
Customer customer=customerMapper.findCustomerById(1);
```

实际上就等同于原来的：

```
Customer customer=sqlSession.selectOne("findCustomerById",1);
```

使用 Mapper 代理可以让开发更加简洁，使查询结构更加清晰，工程构造更加规范。

小贴士： 可以通过查看源码思考 Mapper 代理的原理。

第 6 章　MyBatis 缓存结构

在 Web 系统中，最重要的操作就是查询数据库中的数据。但是有些时候查询数据的频率非常高，这是很耗费数据库资源的，往往会导致数据库查询效率较低，影响客户的操作体验。于是，我们可以将一些变动不大且访问频率高的数据，放置在一个缓存容器中，用户下一次查询时就从缓存容器中获取结果。MyBatis 拥有自己的缓存结构，可以用来缓解数据库压力，加快查询速度。本章就着重讲解 MyBatis 的几种缓存结构。

MyBatis 提供一级缓存和二级缓存的机制。一级缓存是 SqlSession 级别的缓存。在操作数据库时，每个 SqlSession 类的实例对象中有一个数据结构（HashMap）可以用于存储缓存数据。不同的 SqlSession 类的实例对象缓存的数据区域（HashMap）是互不影响的。二级缓存是 Mapper 级别的缓存，多个 SqlSession 类的实例对象操作同一个 Mapper 配置文件中的 SQL 语句，多个 SqlSession 类的实例对象可以共用二级缓存，二级缓存是跨 SqlSession 的。

MyBatis 的缓存模式如图 6-1 所示。

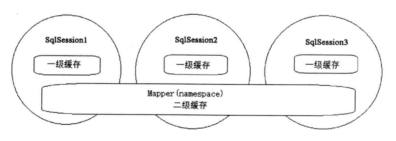

图 6-1　MyBatis 缓存模式图

可以看到，每个 SqlSession 类的实例对象自身有一个一级缓存，而查询同一个 Mapper 映射文件的 sqlSession 类的实例对象之间又共享同一个二级缓存。

本章涉及的知识点有：

- 一级查询缓存
- 二级查询缓存

提示：本章的样例代码在入门程序的基础上编写，相关表数据为上一章的批次订单模型数据。

6.1 一级查询缓存

一级查询缓存存在于每一个 SqlSession 类的实例对象中,当第一次查询某一个数据时,SqlSession 类的实例对象会将该数据存入一级缓存区域,在没有收到改变该数据的请求之前,用户再次查询该数据,都会从缓存中获取该数据,而不是再次连接数据库进行查询。

6.1.1 一级缓存原理阐述

一级缓存的工作原理如图 6-2 所示(这里以查询用户的操作为例)。

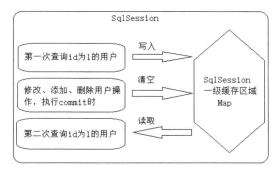

图 6-2 一级缓存工作原理图

该图阐述了一个 SqlSession 类的实例对象下的一级缓存的工作原理。当第一次查询 id 为 1 的用户信息时,sqlSession 首先到一级缓存区域查询,如果没有相关数据,则从数据库查询。然后 sqlSession 将该查询结果保存到一级缓存区域。在下一次查询时,如果 sqlSession 执行了 commit 操作(即执行了修改、添加和删除),则会清空它的一级缓存区域,以此来保证缓存中的信息是最新的,避免脏读现象发生。如果在这期间 sqlSession 一直没有执行 commit 操作修改数据,那么下一次查询 id 为 1 的用户信息时,sqlSession 在一级缓存中就会发现该信息,然后从缓存中获取用户信息。

小贴士:一级缓存是基于 SqlSession 类的实例对象的。

6.1.2 一级缓存测试示例

下面编写一个示例来测试 MyBatis 的一级缓存机制。首先不需要在配置文件中配置一级缓存的相关数据,因为 MyBatis 默认支持一级缓存。

首先,使用同一个 sqlSession 对象,对 id 为 1 的用户查询两次。测试方法如下:

```
@Test
public void testFindCustomerCache1() throws Exception{
    SqlSession sqlSession=dataConn.getSqlSession();

    //调用 userMapper 的方法
```

```
    Customer customer1=sqlSession.selectOne("findCustomerById",1);
    System.out.println("用户姓名："+customer1.getUsername());

    Customer customer2=sqlSession.selectOne("findCustomerById",1);
    System.out.println("用户姓名："+customer2.getUsername());
    sqlSession.close();
}
```

这里使用同一个 sqlSession 对象，同时执行了"findCustomerById"的 SQL 查询配置，并传递输入参数 id 为"1"作为查询条件。运行结果如图 6-3 所示。

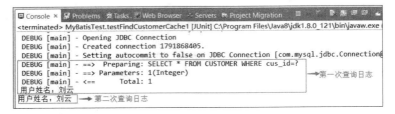

图 6-3　一级缓存测试结果

可以清晰地看到，当第一次查询 id 为 1 的用户信息时，首先打开数据库连接，建立数据库连接，然后预编译 SQL 语句，设置输入参数，最后从数据库中查询了 id 为 1 的用户的信息。而第二次查询 id 为 1 的用户时，发现没有任何日志输出，仅仅打印了取出数据时的信息，这说明第二次数据不是从数据库查询出来的，是从一级缓存中获取的。

通过前面的一级缓存原理图我们还知道，当 SqlSession 类执行 commit 方法时，也就是执行了修改、删除或新增操作时，会清空一级缓存来保证数据的最新状态，防止脏读情况出现。下面我们在上一个测试方法的基础上，在第二次查询 id 为 1 的用户的信息之前，修改用户的一个属性，然后观察一级缓存是否被清空。测试方法如下：

```
@Test
public void testFindCustomerCache2() throws Exception{

    SqlSession sqlSession=dataConn.getSqlSession();

    //调用 userMapper 的方法
    Customer customer1=sqlSession.selectOne("findCustomerById",1);
    System.out.println("用户姓名："+customer1.getUsername()+"|"
        +"卡号："+customer1.getAcno());

    String AcNo = "6228289999999";
    customer1.setAcno(AcNo);
    System.out.println("修改用户卡号为："+AcNo);
sqlSession.update("UpdateCustomerAcNo",customer1);
sqlSession.commit();

    Customer customer2=sqlSession.selectOne("findCustomerById",1);
```

```
System.out.println("用户姓名: "+customer2.getUsername()+"|"
       +"卡号: "+customer2.getAcno());
sqlSession.close();
}
```

运行测试代码，测试结果如图 6-4 所示。

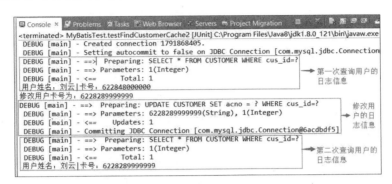

图 6-4　一级缓存刷新测试结果

可以看到，当第一次查询 id 为 1 的用户信息时，预编译了 SQL 语句，设置了输入参数，最后从数据库中查询出结果。在第二次查询之前，修改了 id 为 1 的用户的卡号信息，并执行了 commit 方法提交了修改。因此在进行第二次查询时，可以看到 SqlSession 类又重新预编译了 SQL 语句，设置了输入参数，最后从数据库中查询出了结果。这说明在第二次查询的时候，没有在一级缓存中找到 id 为 1 的用户信息，所以再次通过数据库进行查询。这就说明，在查询缓存数据之前，如果发生了增、删、改等改变数据的操作，SqlSession 类都会清空其一级缓存。

小贴士：MyBatis 默认支持一级缓存。

6.2 二级查询缓存

通过上一节了解到，一级缓存是基于同一个 SqlSession 类的实例对象的。但是，有些时候在 Web 工程中会将执行查询操作的方法封装在某个 Service 方法中，当查询完一次后，Service 方法结束，此时 SqlSession 类的实例对象就会关闭，一级缓存就会被清空。此时若再次调用 Service 方法查询同一个信息，新打开一个 SqlSession 类的实例对象，由于一级缓存区域是空的，因而无法从缓存中获取信息。

6.2.1 二级缓存原理阐述

当出现上面的情况而无法使用一级缓存时，可以使用二级缓存。二级缓存存在于 Mapper 实例中，当多个 SqlSession 类的实例对象加载相同的 Mapper 文件，并执行其中的 SQL 配置时，它们就共享一个 Mapper 缓存。与一级缓存类似，当 SqlSession 类的实例对象加载 Mapper 进行查询时，会先去 Mapper 的缓存区域寻找该值，若不存在，则去数据库查询，然后将查询出来的结果存储到缓存区域，待下次查询相同数据时从缓存区域中获取。当某个 SqlSession 类的实例对象执行了增、删、改等改变数据的操作时，Mapper 实例都会清空其二级缓存。

二级缓存的原理如图 6-5 所示。

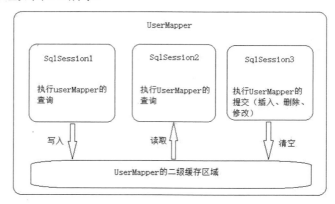

图 6-5　二级缓存原理图

与一级缓存相比，二级缓存的范围更大。多个 SqlSession 类的实例对象可以共享一个 Mapper 的二级缓存区域。一个 Mapper 有一个自己的二级缓存区域（按照 namespace 划分），两个 Mapper 的 namespace 如果相同，那么这两个 Mapper 执行的 SQL 查询会被缓存在同一个二级缓存中。

要开启二级缓存，需要进行两步操作。第一步在 MyBatis 的全局配置文件 SqlMapConfig.xml 中配置 setting 属性，设置名为"cacheEnabled"的属性值为"true"即可：

```xml
<setting name="cacheEnabled" value="true"/>
```

然后由于二级缓存是 Mapper 级别的，还要在需要开启二级缓存的具体 mapper.xml 文件中开启二级缓存，语法很简单，只需要在相应的 mapper.xml 中添加一个 cache 标签即可：

```xml
<!-- 开启本 Mapper 的 namespace 下的二级缓存 -->
<cache/>
```

小贴士：二级缓存基于 Mapper 级别，多个 SqlSession 类的实例对象可以共享一个 Mapper 缓存。

6.2.2　二级缓存测试实例

完成以上操作后，可编写测试样例来测试二级缓存。首先为将要查询的客户信息的 Java 实体类序列化（Serializable）接口：

```java
import java.io.Serializable;
import java.util.List;
public class Customer implements Serializable{
    private int cus_id;
    private String username;
    private String acno;
    private String gender;
    private String phone;
```

```
    private List<Batch> batchList;
    //set 和 get 方法省略
}
```

Customer 类实现序列化接口的原因是,为了将缓存数据取出来执行反序列化操作,因为二级缓存数据存储介质多种多样(如内存、硬盘、服务器),不一定都在内存中。

编写测试样例,获取 SqlSession 类的实例对象 sqlSession,然后调用加载同一个 CustomerMapper.xml 配置的不同的 Mapper 代理对象(前面章节讲过),对数据进行查询:

```
@Test
public void testFindCustomerOnMapper2() throws Exception{
    SqlSession sqlSession=dataConn.getSqlSession();

    //获取 Mapper 代理
    CustomerMapper
customerMapper1=sqlSession.getMapper(CustomerMapper.class);
    //执行 Mapper 代理对象的查询方法
    Customer customer1=customerMapper1.findCustomerById(1);
    System.out.println("用户姓名:"+customer1.getUsername()+"|"
            +"卡号:"+customer1.getAcno());

    //获取 Mapper 代理
    CustomerMapper
customerMapper2=sqlSession.getMapper(CustomerMapper.class);
    //执行 Mapper 代理对象的查询方法
    Customer customer2=customerMapper2.findCustomerById(1);
    System.out.println("用户姓名:"+customer2.getUsername()+"|"
            +"卡号:"+customer2.getAcno());
    sqlSession.close();
}
```

运行测试方法,结果如图 6-6 所示。

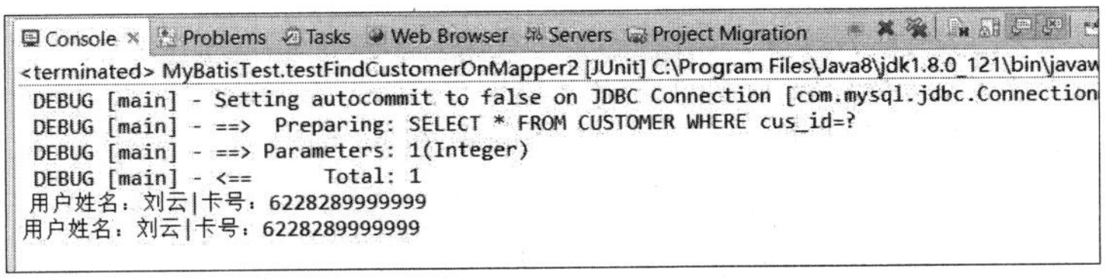

图 6-6 二级缓存测试结果

可以看到,第一次查询 id 为 1 的用户时,加载了数据库中的信息(获取连接,预编译 SQL,获取查询结果)。而第二次查询 id 为 1 的用户信息时,控制台直接输出了用户信息,这说明该用户信息不是从数据库查询的,而是从 Mapper 的二级缓存中获取的。

小贴士:虽然 Mapper 对象各不相同,但是加载了同一个 Mapper 配置文件,所以它们就会共享一个 Mapper 级别的缓存。

6.2.3 验证二级缓存清空

前面说过，类似于一级缓存，当某一个 Mapper 执行了增、删、改的操作时，二级缓存会被清空，以防止数据脏读。下面编写测试代码，来验证这一点。

在原来的测试方法基础上，增加一个 Mapper 对象，用来做更新操作，然后观察运行后的控制台操作日志，看看经过修改操作后的 Mapper 还能否从缓存中拿到 id 为 1 的用户的缓存数据：

```java
@Test
public void testFindCustomerOnMapper2() throws Exception{
    SqlSession sqlSession=dataConn.getSqlSession();

    //获取 Mapper 代理
    CustomerMapper customerMapper1=sqlSession.getMapper(CustomerMapper.class);
    //执行 Mapper 代理对象的查询方法
    Customer customer1=customerMapper1.findCustomerById(1);
    System.out.println("用户姓名："+customer1.getUsername()+"|"
            +"卡号："+customer1.getAcno());

    //获取 Mapper 代理
    CustomerMapper customerMapper2=sqlSession.getMapper(CustomerMapper.class);
    String AcNo = "6228286666666";
    customer1.setAcno(AcNo);
    //执行 Mapper 代理对象的修改方法
    customerMapper2.updateCustomerAcNo(customer1);
    System.out.println("修改用户姓名："+customer1.getUsername()+"|"
            +"的卡号为："+customer1.getAcno());
    sqlSession.commit();

    //获取 Mapper 代理
    CustomerMapper customerMapper3=sqlSession.getMapper(CustomerMapper.class);
    //执行 Mapper 代理对象的查询方法
    Customer customer3=customerMapper3.findCustomerById(1);
    System.out.println("用户姓名："+customer3.getUsername()+"|"
            +"卡号："+customer3.getAcno());
    sqlSession.commit();
}
```

测试程序的运行结果如图 6-7 所示。

可以看到，Mapper 代理对象在第一次和第三次查询的时候都从数据库获取了数据，这说明第二次操作涉及增、删、改的其中一种，并且执行了 commit 方法。为了避免数据脏读，MyBatis 清空了二级缓存，所以第二次从二级缓存中拿不到此数据。

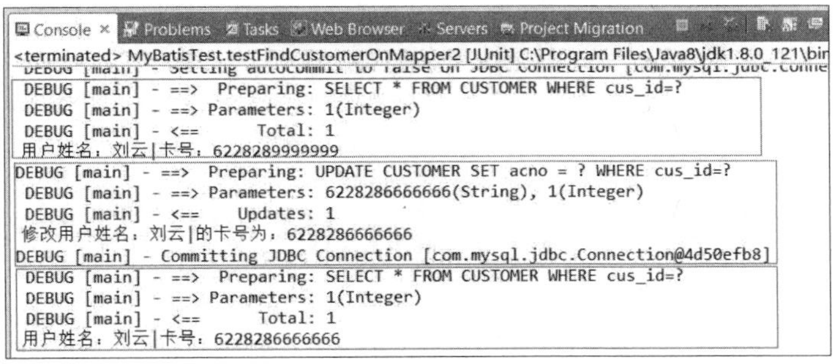

图 6-7　二级缓存刷新测试结果

综上所述，二级缓存有以下的特点：

第一，缓存是以 namespace 为单位的，不同 namespace 下的操作互不影响。

第二，增、删、改操作会清空 namespace 下的全部缓存。

第三，通常使用 MyBatis Generator（逆向工程）生成的代码中，各个表都是独立的，每个表都有自己的 namespace。

注意：使用二级缓存时需要谨慎，有时候不同 namespace 下的 SQL 配置中可能缓存了相同的数据。例如在 UserMapper.xml 中有很多针对 user 表的操作。但是在一个 xxxMapper.xml 中，还有针对 user 单表的操作。这会导致 user 在两个命名空间下的数据不一致。如果在 UserMapper.xml 中做了刷新缓存的操作，在 XXXMapper.xml 中缓存仍然有效；如果有针对 user 的单表查询，使用缓存可能得到不正确的结果。所以在使用二级缓存时，需要保证该 Mapper 下的数据不会在其他 Mapper.xml 文件中有缓存。如果无法避免这种情况的发生，且又需要使用二级缓存，建议使用拦截器判断执行的 SQL 涉及哪些表，然后把相关表的缓存清空。

第 7 章　MyBatis 技术拓展

在前面章节中，已经向大家讲解了 MyBatis 的基础知识和各种特性。本章将着重讲解与 MyBatis 相关的一些技术。比较重要的就是 MyBatis 与传统 Spring 框架的整合，以及 MyBatis 通过逆向工程生成实体类和 Mapper 代理的方法。

本章涉及的知识点有：

- MyBatis 与 Spring 整合
- MyBatis 逆向工程

提示：本章的样例代码在入门程序的基础上编写，相关表数据为之前的批次订单模型数据。

7.1　MyBatis 与 Spring 的整合

Spring 是一款比较优秀的，集控制反转、依赖注入与切面编程于一身的 Java 框架。在许多企业级 Web 应用中，Spring 往往扮演着管理容器的角色。Spring 的优点很多，它的控制反转和依赖注入降低了程序之间的耦合度，而使用切面编程原理可封装 JDBC 对事务的处理。在日常开发中，许多数据库持久层框架（如 MyBatis）都会结合 Spring 框架进行开发，所以，本章我们讲解 MyBatis 与 Spring 的整合环境的搭建，为后期与 Spring MVC 的整合打下基础。

通过前面的学习我们知道，MyBatis 最重要的一个类就是 SqlSessionFactory，它的任务是通过加载全局配置文件和 Mapper 映射文件，初始化连接参数，创建会话实例类 SqlSession。而 SqlSession 会话实例类是与数据库进行连接，执行 Mapper 中配置的 SQL 映射语句的核心类。在 Spring 与 MyBatis 的整合环境中，Spring 的作用是通过单例方式管理 SqlSessionFactory，这样不仅节省连接和内存资源，而且不需要自己编写加载 Factory 的代码，从而统一了会话对象的产生源头。另外，Spring 也会对持久层的 Mapper 进行统一管理。不仅如此，Spring 还可以对数据库连接池、事务进行统一的管理。

下面我们通过对一个具体的整合工程的配置，让大家深入了解 MyBatis 与 Spring 整合的好处。

7.1.1　创建测试工程

第一步，首先在 MyEclipse 的工作空间下新建一个名为 "MyBatisAndSpring" 的 WebProject

工程，然后在 src 中创建 4 个空包，分别为"cn.com.sm.dao"、"cn.com.sm.mapper"、"cn.com.sm.po"与"cn.com.sm.test"，分别用来放置 DAO 数据交互层处理类、Mapper 代理接口、Java 实体类和测试类。接着新建源文件夹 config，用于放置各种资源配置文件。在 config 文件夹下分别创建"mybatis"、"spring"与"sqlmap"包，用于放置 MyBatis 与 spring 的配置文件，以及 Mapper 映射文件。在 config/mybatis 下创建一个空的名为"SqlMapConfig.xml"的 MyBatis 全局配置文件，然后在 config/spring 下创建一个空的名为"applicationContext.xml"的 Spring 资源配置文件，最后在 config/sqlmap 下创建一个空的名为"UserMapper.xml"的 Mapper 映射文件。在 config 下还要创建两个 properties 属性文件，分别为"db.properties"与"log4j.properties"，用于数据库连接配置和日志系统参数设置。工程的完整初始结构如图 7-1 所示。

图 7-1　工程初始结构

上面的工程创建其实完成了两点。第一，对 Java 代码的归类，这里划分了 DAO 数据交互层、Mapper 代理接口定义、Java 实体类及测试代码的分包管理。第二，对配置文件的归类，其中将 MyBatis、Spring 的配置文件，以及 Mapper 映射文件分别归类放置，然后再放置全局的属性文件"db.properties"与"log4j.properties"。

小贴士：一般创建工程时最主要的配置文件不外乎数据库配置、日志配置、类加载等配置文件。

7.1.2　引入依赖 jar 包

第二步，要准备项目的依赖 jar 包。需要准备的 jar 包有 MyBatis 的 jar 包（MyBatis 3.2.7）、Spring 的 jar 包（Spring 4.2.5）和 MyBatis 与 Spring 的整合 jar 包（mybatis-spring-1.2.2）。

图 7-2 显示了该整合工程所有 jar 包的列表。

在 WEB-INF 文件夹下的 lib 文件夹中放置上述 jar 包，然后右击选择"Build Path"，再选择"Add To Build Path"将 jar 包加入编译环境。

小贴士：不同的开发环境会导致 jar 包不兼容，发生这种情况时需要检查是否缺少了其他依赖包，或者更换某些依赖包的版本。

```
aopalliance-1.0.jar            slf4j-api-1.7.5.jar
asm-3.3.1.jar                  slf4j-log4j12-1.7.5.jar
aspectjweaver-1.6.11.jar       spring-aop-4.2.5.RELEASE.jar
cglib-2.2.2.jar                spring-aspects-4.2.5.RELEASE.jar
commons-dbcp-1.2.2.jar         spring-beans-4.2.5.RELEASE.jar
commons-logging-1.1.1.jar      spring-context-4.2.5.RELEASE.jar
commons-pool-1.3.jar           spring-context-support-4.2.5.RELEASE.jar
javassist-3.17.1-GA.jar        spring-core-4.2.5.RELEASE.jar
jstl-1.2.jar                   spring-expression-4.2.5.RELEASE.jar
junit-4.9.jar                  spring-jdbc-4.2.5.RELEASE.jar
log4j-1.2.17.jar               spring-orm-4.2.5.RELEASE.jar
log4j-api-2.0-rc1.jar          spring-test-4.2.5.RELEASE.jar
log4j-core-2.0-rc1.jar         spring-tx-4.2.5.RELEASE.jar
mybatis-3.4.1.jar              spring-web-4.2.5.RELEASE.jar
mybatis-spring-1.3.0.jar       spring-webmvc-4.2.5.RELEASE.jar
                               sqljdbc.jar
                               mysql-connector-java-5.1.7-bin.jar
```

图 7-2　整合工程所需 jar 包列表

7.1.3　编写 Spring 配置文件

第三步，编写 Spring 的配置文件，在其中加载数据库连接文件"db.properties"中的数据，建立数据源，配置 sqlSessionFactory 会话工厂对象。具体配置代码如下：

```xml
<?xml version="1.0" encoding="UTF-8"?>
<beans xmlns="http://www.springframework.org/schema/beans"
    xmlns:xsi="http://www.w3.org/2001/XMLSchema-instance"
xmlns:mvc="http://www.springframework.org/schema/mvc"
    xmlns:context="http://www.springframework.org/schema/context"
    xmlns:aop="http://www.springframework.org/schema/aop"
xmlns:tx="http://www.springframework.org/schema/tx"
    xsi:schemaLocation="http://www.springframework.org/schema/beans
        http://www.springframework.org/schema/beans/spring-beans-3.2.xsd
        http://www.springframework.org/schema/mvc
        http://www.springframework.org/schema/mvc/spring-mvc-3.2.xsd
        http://www.springframework.org/schema/context
        http://www.springframework.org/schema/context/spring-context-3.2.xsd
        http://www.springframework.org/schema/aop
        http://www.springframework.org/schema/aop/spring-aop-3.2.xsd
        http://www.springframework.org/schema/tx
        http://www.springframework.org/schema/tx/spring-tx-3.2.xsd ">

    <!-- 加载配置文件 -->
    <context:property-placeholder location="classpath:db.properties" />

    <!-- 数据源，使用 DBCP -->
    <bean id="dataSource" class="org.apache.commons.dbcp.BasicDataSource"
        destroy-method="close">
```

```xml
        <property name="driverClassName" value="${jdbc.driver}" />
        <property name="url" value="${jdbc.url}" />
        <property name="username" value="${jdbc.username}" />
        <property name="password" value="${jdbc.password}" />
        <property name="maxActive" value="10" />
        <property name="maxIdle" value="5" />
    </bean>

    <!-- sqlSessinFactory -->
    <bean id="sqlSessionFactory" class="org.mybatis.spring.SqlSessionFactoryBean">
        <!-- 加载 MyBatis 的配置文件 -->
        <property name="configLocation" value="mybatis/SqlMapConfig.xml" />
        <!-- 数据源 -->
        <property name="dataSource" ref="dataSource" />
    </bean>
</beans>
```

在上面的配置文件中，首先声明 xml 的版本及编码信息，然后编写<bean>标签对，在 bean 标签的头部添加 Spring 的 xmlns 及 xsi 信息。其中 xmlns 属性为 xml 配置标签的前缀赋予一个与某个命名空间相关联的限定名称，而 xsi:schemaLocation 用于声明目标名称空间的模式文档。简单来说上面的头信息就是声明 xml 文档配置标签的规则的限制与规范。然后下面使用"context:property-placeholder"配置，该配置用于读取工程中的静态属性文件，然后在其他配置中使用时，就可以采用"${属性名}"的方式获取该属性文件中的配置参数值。

在下面配置了一个名为"dataSource"的 bean 的信息，实际上是连接数据库的数据源。该 bean 配置的实现基于 DBCP 的数据源管理类，并指定其销毁方法名为"close"。在"dataSource"中将静态属性文件"db.properties"中连接数据库的参数信息注入它的成员变量中，为连接数据库提供数据。数据源除了连接数据库的基本数据以外，还有一些性能方面的参数配置，如"maxActive"、"maxIdle"分别指定连接池的最大数据库连接数、最大等待连接的数量，这里分别设置为 10 和 5。还有一些数据库的参数可以注入数据源中，具体可以向数据源类中注入的参数如表 7-1 所示。

表 7-1　数据源可注入参数

属性名	含义	可设定值
name	连接池的名称	自定义
auth	连接池管理权属性，其中 Container 表示容器管理	自定义
driverClassName	数据库驱动名称	自定义
url	数据库连接地址	自定义
username	登录数据库的用户名	自定义
password	登录数据库的密码	自定义
maxIdle	最大空闲数，即数据库连接的最大空闲时间。当超过空闲时间时，数据库连接将被标记为不可用，然后被释放	设为 0 表示无限制
maxActive	连接池的最大数据库连接数	设为 0 表示无限制
maxWait	最大建立连接等待时间。如果超过此时间将抛出异常	设为-1 表示无限制

设置完数据源 bean 之后，设置 sqlSessionFactory 的 bean。sqlSessionFactory 的 bean 实现类为 MyBatis 与 Spring 整合 jar 包中的 SqlSessionFactoryBean 类，在其中只需要注入两个参数：一个是 MyBatis 的全局配置文件 SqlMapConfig.xml（在 sqlmap 包下）；一个是上面配置的数据源 bean。

小贴士：在 Spring 基础配置文件中配置数据源，以便整合类注入并生成 MyBatis 级别的会话工厂。

7.1.4 编写 MyBatis 配置文件

第四步，在 mybatis 包下编写 MyBatis 的全局配置文件 SqlMapConfig.xml。由于在 Spring 的配置文件中配置了数据源信息，并为 sqlSessionFactory 配置注入了数据源，所以在 MyBatis 的全局配置文件中，就不需要配置数据源信息了，只需要配置一些缓存的 setting 参数，以及 typeAliases 别名定义，和各种 Mapper 映射文件的加载路径。具体配置代码如下：

```xml
<?xml version="1.0" encoding="UTF-8"?>
<!DOCTYPE configuration
PUBLIC "-//mybatis.org//DTD Config 3.0//EN"
"http://mybatis.org/dtd/mybatis-3-config.dtd">
<configuration>

    <!-- settings-->
    <settings>
        <!-- 打开延迟加载的开关 -->
        <setting name="lazyLoadingEnabled" value="true"/>
        <!-- 将积极加载改为消极加载(即按需加载) -->
        <setting name="aggressiveLazyLoading" value="false"/>
        <!-- 打开全局缓存开关(二级缓存)默认值就是 true -->
        <setting name="cacheEnabled" value="true"/>
    </settings>

    <!-- 别名定义 -->
    <typeAliases>
        <package name="cn.com.sm.po"/>
    </typeAliases>

    <!-- 加载映射文件 -->
    <mappers>
        <!-- 通过 resource 方法一次加载一个映射文件 -->
        <mapper resource="sqlmap/UserMapper.xml"/>
        <!-- 批量加载 mapper-->
        <package name="cn.com.sm.mapper"/>
    </mappers>
</configuration>
```

在该配置文件中，在 setting 配置中设置了一些延迟加载和缓存的开关信息（可根据项目需要进行调整），然后在 typeAliases 中设置了一个 package 的别名扫描路径，在该路径下的 Java 实体类都可以拥有一个别名（即首字母小写的类名）。最后在 mappers 配置中，使用 mapper 标签配置了即将要加载的 Mapper 映射文件的资源路径，当然也可以使用 package 标签，配置 mapper 代理接口所在的包名，以批量加载 mapper 代理对象。

小贴士：有了 Spring 托管数据源，在 MyBatis 配置文件中仅需要关注性能化配置。

7.1.5 编写 Mapper 及其他配置文件

第五步，编写 Mapper 映射文件。这里依然定义 Mapper 映射文件的名字为"UsreMapper.xml"（与 SqlMapConfig.xml 中配置一致）。在该配置文件中，为了测试效果，只配置了一个查询类 SQL 映射。配置代码如下：

```xml
<?xml version="1.0" encoding="UTF-8"?>
<!DOCTYPE mapper
PUBLIC "-//mybatis.org//DTD Mapper 3.0//EN"
"http://mybatis.org/dtd/mybatis-3-mapper.dtd">

<mapper namespace="test">
   <select id="findUserById" parameterType="int" resultType="user">
      SELECT * FROM USER WHERE id=#{id}
   </select>
</mapper>
```

在该配置中，输出参数的映射为"user"，这是因为之前在 SqlMapConfig.xml 中配置了"cn.com.sm.po"包下的实体类使用别名（即首字母小写的类名），所以这里只需在"cn.com.sm.po"包下，创建"findUserById"对应的 Java 实体类 User，代码如下：

```java
package cn.com.sm.po;
import java.io.Serializable;
import java.util.Date;
public class User implements Serializable{
   private int id;
   private String username;
   private String password;
   private String gender;
   private String email;
   private String province;
   private String city;
   private Date birthday;
   //get 与 set 方法省略
}
```

另外在数据库资源文件"db.properties"中配置了数据库的连接信息，以"key=value"的形式配置，Spring 正是使用"${}"获取其中 key 对应的 value 配置的：

```
jdbc.driver=org.gjt.mm.mysql.Driver
jdbc.url=jdbc:mysql://localhost:3306/mybatis_test?characterEncoding=utf-8
jdbc.username=root
jdbc.password=1234
```

日志配置文件"log4j.properties"同前面的配置一样，这里不再赘述。

小贴士：配置 Mapper 后，也要对应创建 resultType 配置的实体类。

7.1.6 编写 DAO 层

第六步，进行数据库交互（Data Access Object）层的编写。由于该实例只对 User 用户查询，所以 DAO 层只有一个类，也就是关于 User 的数据库交互类。首先在"cn.com.sm.dao"包下创建 DAO 层的 interface 接口，其中定义了 findUserById 方法，参数为用户的 id 值（int 类型）。接口定义代码如下：

```java
package cn.com.sm.dao;
import cn.com.sm.po.User;
//用户管理的 DAO 接口
public interface UserDao{
  //根据 id 查询用户信息
  public User findUserById(int id) throws Exception;
}
```

然后在同一个包下创建 UserDao 接口的实现类 UserDaoImpl：

```java
package cn.com.sm.dao;
import org.apache.ibatis.session.SqlSession;
import org.mybatis.spring.support.SqlSessionDaoSupport;
import cn.com.sm.po.User;
public class UserDaoImpl extends SqlSessionDaoSupport implements UserDao{
    public User findUserById(int id) throws Exception {
        //继承 SqlSessionDaoSupport 类，通过 this.getSqlSession()得到 sqlSession
        SqlSession sqlSession=this.getSqlSession();
        User user=sqlSession.selectOne("test.findUserById",id);
        return user;
    }
}
```

这里值得注意的是，UserDaoImpl 不仅实现了 UserDao 接口，而且继承了 SqlSessionDaoSupport 类。SqlSessionDaoSupport 类是 MyBatis 与 Spring 整合的 jar 包中提供的，在 SqlSessionDaoSupport 类中包含了 sqlSessionFactory 对象作为其成员变量，而且对外提供 get 和 set 方法，方便 Spring 从外部注入 sqlSessionFactory 对象。SqlSessionDaoSupport 类在注入

sqlSessionFactory 对象后，会生成相应的 sqlSession 会话对象供子类使用。这样，在 UserDaoImpl 类中，就能够以获取新成员变量的方式直接获取 sqlSession 会话对象，进行增删改查的数据库操作了。

UserDaoImpl 类要成功获取 sqlSessionFactory 对象，还需要在 Spring 配置文件 applicationContext.xml 中添加 userDao 的 bean 配置，将其中定义的 sqlSessionFactory 对象当作参数注入进去，这样 UserDaoImpl 继承 SqlSessionDaoSupport 类才会起到作用：

```xml
<!-- 原始DAO接口 -->
<bean id="userDao" class="cn.com.sm.dao.UserDaoImpl">
    <property name="sqlSessionFactory" ref="sqlSessionFactory"></property>
</bean>
```

小贴士：DAO 实现类继承了 SqlSessionDaoSupport 父类后，就无须自己定义获取 SqlSession 会话实例类的方法了，该父类会默认加载数据源信息并提供获取 SqlSession 类的方法。

7.1.7 编写 Service 测试类

接下来编写测试类 UserServiceTest，测试 MyBatis 与 Spring 整合是否成功：

```java
package cn.com.sm.test;
import org.junit.Before;
import org.junit.Test;
import org.springframework.context.ApplicationContext;
import org.springframework.context.support.ClassPathXmlApplicationContext;
import cn.com.sm.dao.UserDao;
import cn.com.sm.po.User;
public class UserServiceTest {
    private ApplicationContext applicationContext;
    //在执行测试方法之前首先获取Spring配置文件对象
    //注解@Before在执行本类所有测试方法之前先调用这个方法
    @Before
    public void setup() throws Exception{
        applicationContext=new ClassPathXmlApplicationContext("classpath:spring/applicationContext.xml");
    }

    @Test
    public void testFindUserById() throws Exception{
        //通过配置资源对象获取userDao对象
        UserDao userDao=(UserDao)applicationContext.getBean("userDao");
        //调用UserDao的方法
        User user=userDao.findUserById(1);
        //输出用户信息
        System.out.println(user.getId()+":"+user.getUsername());
    }
}
```

在上面的代码中，使用 ClassPathXmlApplicationContext 对象获取 Spring 的资源配置文件 applicationContext.xml，在该文件中配置了 userDao 的 bean 参数，包括它的 class 实现和其中的参数注入。在测试方法中通过配置资源对象获取在 applicationContext.xml 中配置的包含有 SqlSessionFactory 会话工厂类的 userDao 对象，当调用该 userDao 的查询方法时，使用注入的 SqlSessionFactory 会话工厂类生成的 sqlSession 会话对象进行数据库操作。值得注意的是，由于是一个测试样例，所以这里直接使用 ClassPathXmlApplicationContext 对象加载 Spring 资源文件，而在 Web 工程中使用 Spring 框架时，往往会在 web.xml 中添加 Spring 的拦截器，在请求跳转到具体执行方法中时，Spring 已经通过自己的拦截处理机制，通过初始化时获取的资源配置文件的配置信息，将需要注入和实现的类加载至注入该类的请求处理类中了，无须手动调用 ClassPathXmlApplicationContext 去加载。

运行测试方法，控制台输出结果如图 7-3 所示。

图 7-3　Spring 与 MyBatis 整合测试结果

可以看到，测试方法成功地取出了 id 为 1 的 user 信息。我们分析一下整个请求的过程。首先在测试方法中，使用 ClassPathXmlApplicationContext 对象加载 Spring 的配置文件 applicationContext.xml，在配置文件中引入 db.properties 配置文件，然后加载数据源 bean，并向其注入数据库的连接数据。然后加载 sqlSessionFactory 的 bean 配置，向其注入数据源对象 dataSource 供其连接数据库，并注入 MyBatis 全局配置文件 SqlMapConfig.xml，供其加载 MyBatis 初始化数据，以及集成 Mapper 映射文件。最后加载配置的 userDao 的 bean 配置，其实现类是 UserDaoImpl，该类继承了包含 sqlSessionFactory 对象的 SqlSessionDaoSupport 父类，并向其注入 sqlSessionFactory 对象，以供其产生 sqlSession 对象。然后通过 ClassPathXmlApplicationContext 对象的加载，获得了 applicationContext 对象，通过 getBean 方法，获取配置对象 userDao。当执行 userDao 的 findUserById 方法时，sqlSession 对象执行了 selectOne 方法，从 Mapper 文件中获取到相应 id 的 SQL 配置，开启 JDBC 事务，进行最终的数据库操作。

小贴士：在编写完一个层级的代码后，进行单元测试是很必要的。

7.1.8　使用 Mapper 代理

刚才演示的是非 Mapper 代理的查询方法，下面使用 Mapper 代理来实现刚才的查询功能。

你应该记得，之前在 SqlMapConfig.xml 文件中的 mappers 配置中，除了使用 mapper 配置标签单独配置了 UserMapper.xml 配置文件的路径外，也使用了 package 配置标签配置了"cn.com.sm..mapper"包的路径：

```
<!-- 加载映射文件 -->
<mappers>
```

```xml
    <!-- 通过 resource 方法一次加载一个映射文件 -->
    <mapper resource="sqlmap/UserMapper.xml"/>
    <!-- 批量加载 Mapper-->
    <package name="cn.com.sm.mapper"/>
</mappers>
```

该配置的意义就是批量加载配置在该包下的 Mapper 代理接口对象。使用 Spring，就不需要 SqlMapConfig.xml 批量加载 mapper 代理接口了，上面的配置就可以去除了。这是因为 Spring 拥有自己的 Mapper 批量扫描器类，用于扫描 Mapper 代理接口。此 Mapper 批量扫描器类，会从 Mapper 包中扫描 Mapper 接口，自动创建代理对象并且在 Spring 容器中注入。这里遵循的规范是让 xxxMapper.java 和 mapper.xml 映射文件名称保持一致，且在一个目录中。自动扫描出来的 Mapper 的 bean 的 id 为 Mapper 类名（首字母小写）。在 Spring 的全局配置文件 applicationContext.xml 中添加 Spring 的 Mapper 扫描器，用于在指定包下扫描定义的 Mapper 代理接口：

```xml
<bean class="org.mybatis.spring.mapper.MapperScannerConfigurer">
    <!-- 指定扫描的包名
    如果扫描多个包，包之间使用半角逗号分隔 -->
    <property name="basePackage" value="cn.com.sm.mapper"/>
    <property name="sqlSessionFactoryBeanName" value="sqlSessionFactory"></property>
</bean>
```

Mapper 扫描配置对象需要的参数是要扫描的包的路径和 sqlSessionFactory 对象，这些都可以使用注入的方式设置。

使用 Mapper 代理，首先创建一个 Mapper 代理需要使用的 Mapper 映射文件，它与非代理的 Mapper 映射文件的区别是，Mapper 代理使用的 Mapper 配置文件的 namespace 为该 Mapper 代理接口的路径。由于这里使用 Spring 的 Mapper 扫描类，所以 Mapper 配置文件要和 Mapper 代理接口位于一个包下，且名称一样。这里创建一个 UserQueryMapper.xml 配置文件，其中配置以 id 查询用户的 SQL 配置，而 namespace 为即将要创建的 Mapper 代理对象接口的路径：

```xml
<?xml version="1.0" encoding="UTF-8"?>
<!DOCTYPE mapper
PUBLIC "-//mybatis.org//DTD Mapper 3.0//EN"
"http://mybatis.org/dtd/mybatis-3-mapper.dtd">

<mapper namespace="cn.com.sm.mapper.UserQueryMapper">
    <select id="findUserById" parameterType="int" resultType="user">
      SELECT * FROM USER WHERE id=#{id}
    </select>
</mapper>
```

然后定义 namespace 下的 Mapper 代理接口，名称与 Mapper 映射 xml 文件相同。并实现与 Mapper 映射文件中 SQL 映射配置 id 相同、输入/输出类型相同的方法：

```
package cn.com.sm.mapper;
import cn.com.sm.po.User;
public interface UserQueryMapper {
    //根据 id 查询用户信息
    public User findUserById(int id) throws Exception;
}
```

编写第二个测试类 UserMapperTest，其中在主测试方法中获取的不再是 userDao 对象，而是定义的 Mapper 代理对象 userQueryMapper。测试代码如下：

```
package cn.com.sm.test;
import org.junit.Before;
import org.junit.Test;
import org.springframework.context.ApplicationContext;
import org.springframework.context.support.ClassPathXmlApplicationContext;
import cn.com.sm.mapper.UserQueryMapper;
import cn.com.sm.po.User;
public class UserMapperTest {
    private ApplicationContext applicationContext;

    //在执行测试方法之前首先获取 Spring 配置文件对象
    //注解@Before 是在执行本类所有测试方法之前先调用这个方法
    @Before
    public void setup() throws Exception{
        applicationContext=new ClassPathXmlApplicationContext("classpath:spring/applicationContext.xml");
    }

    @Test
    public void testFindUserById() throws Exception{
        //通过配置资源对象获取 userDao 对象
        UserQueryMapper userQueryMapper=
(UserQueryMapper)applicationContext.getBean("userQueryMapper");
        //调用 UserDao 的方法
        User user=userQueryMapper.findUserById(1);
        //输出用户信息
        System.out.println(user.getId()+":"+user.getUsername());
    }
}
```

运行测试方法，控制台输出结果如图 7-4 所示。

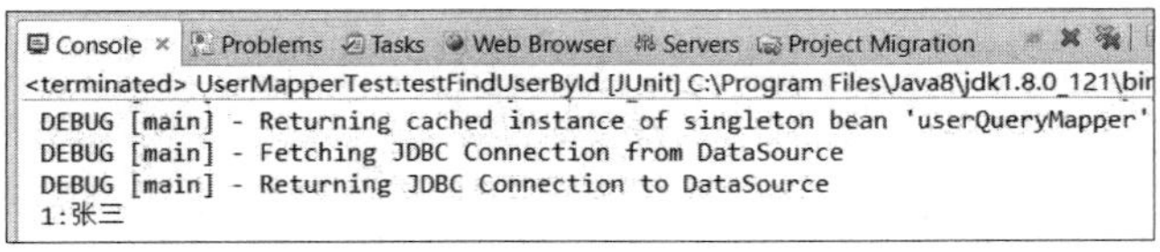

```
□ Console ×  □ Problems  □ Tasks  □ Web Browser  □ Servers  □ Project Migration
<terminated> UserMapperTest.testFindUserById [JUnit] C:\Program Files\Java8\jdk1.8.0_121\bin
DEBUG [main] - Returning cached instance of singleton bean 'userQueryMapper'
DEBUG [main] - Fetching JDBC Connection from DataSource
DEBUG [main] - Returning JDBC Connection to DataSource
1:张三
```

图 7-4　Spring 与 MyBatis 整合时 Mapper 代理测试结果

可以看到，查询结果和之前非 mapper 代理的查询结果一样。其原理是，在 applicationContext.xml 配置文件中配置的 mapper 批量扫描器类，会从 mapper 包中扫描出 Mapper 接口，自动创建代理对象并且在 Spring 容器中注入。自动扫描出来的 Mapper 的 bean 的 id 为 mapper 类名（首字母小写），所以这里获取的就是名为"userQueryMapper"的 mapper 代理对象。

MyBatis 与 Spring 整合操作就讲到这里吧。

提示：关于 MyBatis 与 Spring 的整合还有许多的知识需要学习，由于是面向初学者，所以示例就讲解到这里，大家可以在此基础上进行深入学习。此后对 Spring MVC 的讲解也会涉及一些知识点。

7.2 MyBatis 逆向工程

在之前的工程中，实现一个查询功能，首先要根据数据库中的相关表创建相应的 Java 实体类，然后还需要配置一个 Mapper xml 文件，如果使用 Mapper 代理，还需要定义一个与 Mapper xml 文件对应的 Mapper 接口。在大型工程的开发中，有时候需要创建很多的 Java 实体类和 Mapper xml 文件，以及 Mapper 代理接口，而且很多时候，除了复杂的业务 SQL 外，还要重复编写每一个表的基本增、删、改、查 SQL 配置，这会降低开发效率。

对于这个问题，MyBatis 官方提供了一种名为"逆向工程"的机制，其可以针对数据库中的单表自动生成 MyBatis 执行所需要的代码（包括 Java 实体类、Mapper 映射配置及 Mapper 代理接口）。下面讲解如何使用 MyBatis 的逆向工程来实现由数据库表生成 Java 代码。

小贴士：使用逆向工程，可以大大减少重复的配置和创建工作，提升开发效率。

7.2.1 逆向工程配置

首先创建一个名为"MyBatisGenerator"的 JavaProject 工程，为接下来的逆向工程做准备。在实际开发中，经常需要单独创建一个逆向工程，然后将生成的代码复制到真正的 Web 工程中，防止直接在原工程中生成的文件覆盖掉自己开发的同名文件。

创建的工程的完整目录如图 7-5 所示。

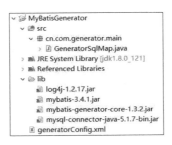

图 7-5 逆向工程结构

在图 7-5 中，首先需要放置工程的依赖 jar 包，所以创建了 lib 文件夹用来放置依赖 jar 包。要使用 MyBatis 的逆向工程，除了需要 MyBatis 本身的依赖 jar 包外，还需要下载 MyBatis 逆向工程相应的依赖 jar 包。这里使用版本为 1.3.2，名为"mybatis-generator-core-1.3.2.jar"的依赖 jar 包。其他再加入 JDBC 驱动、log4j 的一些依赖 jar 包，将它们添加到工程目录下的 lib 文件夹中，并添加为工程依赖。然后在工程下创建一个逆向工程的配置文件 generatorConfig.xml，在 src 下创建逆向执行类 GeneratorSqlMap.java。

逆向工程如何做到由数据库表生成相关的 Java 代码及配置文件的呢？其实这些数据都编写在逆向工程配置文件 generatorConfig.xml 中，该配置文件会告诉逆向工程引擎，需要加载哪个数据库、哪些表，生成的 Java 实体类、Mapper 映射文件、Mapper 代理类的位置，以及某些表中的数据对应的 Java 类型等。所以，在逆向工程中，配置文件 generatorConfig.xml 占有很重要的位置。在测试工程中，generatorConfig.xml 的配置如下所示：

```xml
<?xml version="1.0" encoding="UTF-8"?>
<!DOCTYPE generatorConfiguration
  PUBLIC "-//mybatis.org//DTD MyBatis Generator Configuration 1.0//EN"
  "http://mybatis.org/dtd/mybatis-generator-config_1_0.dtd">

<generatorConfiguration>
    <context id="testTables" targetRuntime="MyBatis3">
        <commentGenerator>
            <!-- 是否去除自动生成的注释 true：是 ： false:否 -->
            <property name="suppressAllComments" value="true" />
        </commentGenerator>
        <!--数据库连接的信息：驱动类、连接地址、用户名、密码 -->
        <jdbcConnection driverClass="com.mysql.jdbc.Driver"
            connectionURL="jdbc:mysql://localhost:3306/mybatis_test" userId="root"
            password="1234">
        </jdbcConnection>

        <!--默认 false，把 JDBC DECIMAL 和 NUMERIC 类型解析为 Integer，
            为 true 时解析为 java.math.BigDecimal-->
        <javaTypeResolver>
            <property name="forceBigDecimals" value="false" />
        </javaTypeResolver>

        <!-- targetProject:生成 PO 类的位置 -->
        <javaModelGenerator targetPackage="cn.com.sm.po"
            targetProject=".\src">
            <!-- enableSubPackages:是否让 schema 作为包的后缀 -->
            <property name="enableSubPackages" value="false" />
            <!-- 从数据库返回的值被清理前后的空格 -->
            <property name="trimStrings" value="true" />
        </javaModelGenerator>
        <!-- targetProject:mapper 映射文件生成的位置 -->
        <sqlMapGenerator targetPackage="cn.com.sm.mapper"
            targetProject=".\src">
```

```xml
            <!-- enableSubPackages:是否让 schema 作为包的后缀 -->
            <property name="enableSubPackages" value="false" />
        </sqlMapGenerator>
        <!-- targetPackage: mapper 接口生成的位置 -->
        <javaClientGenerator type="XMLMAPPER"
            targetPackage="cn.com.sm.mapper"
            targetProject=".\src">
            <!-- enableSubPackages:是否让 schema 作为包的后缀 -->
            <property name="enableSubPackages" value="false" />
        </javaClientGenerator>
        <!-- 指定数据库表 -->
        <table tableName="user"></table>
    </context>
</generatorConfiguration>
```

在上面的配置文件中，首先加入了 MyBatis 逆向工程的 DTD 格式声明，然后为 generatorConfiguration 标签对，其中放置逆向工程的主要配置。其中每一个 context 配置代表每一个单独的逆向配置。在 context 标签中，首先在 commentGenerator 中定义了不生成注释的参数配置，然后在 jdbcConnection 中配置了逆向工程需要连接的数据库信息。然后 javaTypeResolver 配置主要指定 JDBC 中的相关类型，是否被强制转换成某种类型（这里指定把 JDBC DECIMAL 和 NUMERIC 类型解析为 Integer，而不是强转换为 BigDecimal）。下面的 javaModelGenerator、sqlMapGenerator 及 javaClientGenerator 配置了生成 Java 实体类的位置、mapper 映射文件生成的位置以及 mapper 代理接口生成的位置。最后 table 配置指定逆向工程操作的表信息，可以配置多个表信息，这里配置需要操作的 user 表。

对于 table 标签，有些表中的某个字段需要被转换成指定的 Java 类型，那么可以在该 table 标签中添加单独对该类型的转换配置。举个例子，设置 product 表中的 price 价格字段，在输出映射时将其转换为 Java 的 Double 包装类型，代码如下（这里 schema 为表所在空间）：

```xml
<table schema="test" tableName="product">
    <columnOverride column="price" javaType="java.lang.Double" />
</table>
```

小贴士：逆向工程自动生成数据的相关文件的操作，依赖于核心 XML 配置文件，只有进行了正确的配置，才能获得需要的数据文件。

7.2.2 逆向数据文件生成类

编写完配置文件后，就需要加载该配置文件，利用逆向工程的机制来对数据库 user 表进行一系列文件的生成。在 GeneratorSqlMap 类中添加以下代码：

```java
package cn.com.generator.main;
import java.io.File;
```

```java
import java.util.ArrayList;
import java.util.List;
import org.mybatis.generator.api.MyBatisGenerator;
import org.mybatis.generator.api.ShellCallback;
import org.mybatis.generator.config.Configuration;
import org.mybatis.generator.config.xml.ConfigurationParser;
import org.mybatis.generator.internal.DefaultShellCallback;
public class GeneratorSqlMap {
    public void generator() throws Exception{
        //warnings 为用于放置生成过程中警告信息的集合对象
        List<String> warnings = new ArrayList<String>();
        //指定是否覆盖重名文件
        boolean overwrite = true;
        //加载配置文件
        File configFile = new File("generatorConfig.xml");
        //配置解析类
        ConfigurationParser cp = new ConfigurationParser(warnings);
        //配置解析类解析配置文件并生成 Configuration 配置对象
        Configuration config = cp.parseConfiguration(configFile);
        //ShellCallback 负责如何处理重复文件
        ShellCallback callback = new DefaultShellCallback(overwrite);
        //逆向工程对象
        MyBatisGenerator myBatisGenerator = new MyBatisGenerator(config,
            callback, warnings);
        //执行逆向文件生成操作
        myBatisGenerator.generate(null);
    }
}
```

这即为逆向工程执行类，首先使用 File 类生成 generatorConfig.xml 配置文件的 File 对象，然后创建用于解析配置文件的配置解析类 ConfigurationParser，使用该类解析 File 对象，获得具体的配置对象 Configuration。然后创建 ShellCallback 对象，该对象主要负责把 project 属性或者 package 属性翻译成目录结构，还指定在生成文件时，在 Java 或者 XML 文件已经存在的情况下，如何处理这些重复的文件。ShellCallback 接口的默认实现为 org.mybatis.generator.internal.DefaultShellCallback，这个默认实现只负责把 project 和 package 直接翻译成文件结构，如果某些文件夹不存在，则创建。另外对于重复的文件，默认实现也只能选择覆盖或者忽略（overwrite 参数设置为 true,选择覆盖）。接下来将 config 配置对象、callback 处理对象及 warnings 警告信息集合对象，作为参数放入 MyBatisGenerator 的构造方法中，生成具体的逆向工程处理对象 myBatisGenerator，然后执行 generate 方法进行逆向文件的生成。

小贴士：逆向工程通过解析 XML 配置文件来生成相关目录结构和文件。

7.2.3 运行测试方法

为了测试逆向工程，在上面的类中添加一个 main 方法，来执行逆向方法：

```
public static void main(String[] args) throws Exception {
    GeneratorSqlMap generatorSqlmap = new GeneratorSqlMap();
    generatorSqlmap.generator();
}
```

运行该 main 方法，等待片刻，可以发现工程生成了新的文件，目录发生了改变，如图 7-6 所示。

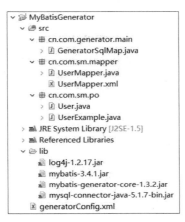

图 7-6　逆向工程执行结果

可以看到，生成了两个包，分别是 cn.com.sm.mapper 和 cn.com.sm.po，其中分别生成了 mapper 代理接口 UserMapper.Java、Mapper 映射配置文件 UserMapper.xml、Java 实体类 User.java 和 User 查询包装类 UserExample。其中代理接口和 Mapper 映射文件中都定义了 User 最基本的增、删、改、查方法，以及其他常用的数据操作（如数据统计），而 User 包装类即是数据库中 user 表的字段的实体映射，UserExample 是复杂查询或修改操作的条件包装类。

这里不展示所有生成的文件，只看具有代表性的 UserMapper.java 代理接口类：

```
package cn.com.sm.mapper;
import cn.com.sm.po.User;
import cn.com.sm.po.UserExample;
import java.util.List;
import org.apache.ibatis.annotations.Param;
public interface UserMapper {
    int countByExample(UserExample example);
    int deleteByExample(UserExample example);
    int deleteByPrimaryKey(Integer id);
    int insert(User record);
    int insertSelective(User record);
    List<User> selectByExample(UserExample example);
    User selectByPrimaryKey(Integer id);
    int updateByExampleSelective(@Param("record") User record, @Param("example")
UserExample example);
    int updateByExample(@Param("record") User record, @Param("example")
```

```
UserExample example);
    int updateByPrimaryKeySelective(User record);
    int updateByPrimaryKey(User record);
}
```

在 UserMapper 代理接口中，countByExample 方法根据传入的复杂条件封装类 UserExample 查询出结果总数；deleteByExample 方法根据传入的复杂条件封装类 UserExample 删除符合条件的列；deleteByPrimaryKey 方法根据传入的 Integer 类型的 id 删除该 id 对应的列；insert 和 insertSelective 方法根据传入的 User 封装类在表中插入该用户信息；selectByExample 方法根据传入的复杂条件封装类查询出符合条件的多个用户集合数据；selectByPrimaryKey 方法根据传入的 Integer 类型的 id 查询单个用户信息；updateByExampleSelective 和 updateByExample 方法根据传入的复杂条件封装类对符合条件的信息进行部分或全部修改；updateByPrimaryKeySelective 和 updateByPrimaryKey 方法根据传入的 User 包装对象中 id 属性查询符合条件的用户信息，并根据 User 包装类中的其他属性进行全部或部分修改。

小贴士：逆向工程生成的 Mapper 和代理接口类中不仅有基础的增删改查操作，还有一些条件查询、条数统计等常用操作。

7.2.4 测试生成的数据文件

下面使用逆向工程生成的 mapper 代理接口、Mapper 配置文件以及 Java 实体类 User 进行数据库操作，以确认生成的文件是正确的。可以将逆向工程生成的文件复制到之前的 MyBatis 与 Spring 的整合工程中，然后编写测试类进行测试。这里不再赘述 userMapper 的加载代码，直接分情况讲解测试代码主体。

首先测试插入功能，测试代码如下：

```
//1.测试插入操作
User user1 = new User();
user1.setUsername("李磊磊");
user1.setPassword("123qwe");
user1.setGender("男");
user1.setBirthday(sdf.parse("1992-01-01"));
user1.setProvince("云南");
user1.setCity("大理");
user1.setEmail("lileilei@126.com");
userMapper.insert(user1);
System.out.println("1.插入了名为："+user1.getUsername()+"的用户");
```

该测试代码使用逆向工程生成的 User 实体类进行数据的封装，再使用生成的 UserMapper 代理对象的单条数据插入方法"insert"来插入一条用户数据。

这相当于执行了以下 SQL 语句：

```
INSERT INTO USER(username,PASSWORD,gender,birthday,email,province,city)
```

```
VALUE('李磊磊','123qwe','男','1992-12-30','lileilei@126.com','云南','大理');
```

测试结果如图 7-7 所示。

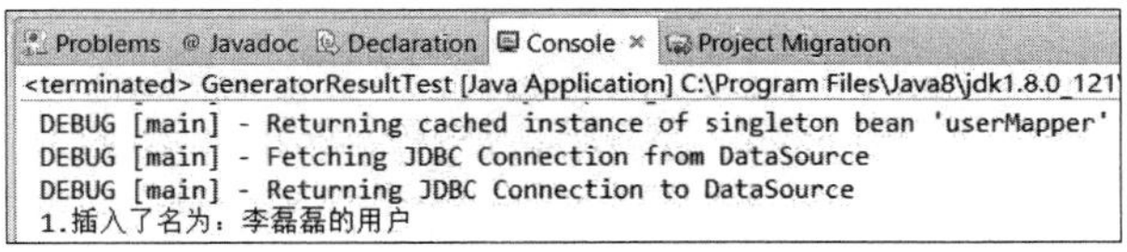

图 7-7 测试逆向工程插入功能的结果

然后测试查询功能，测试代码如下：

```
//2.测试查询操作(自定义查询)
UserExample userExample=new UserExample();
//通过Criteria构造查询条件
UserExample.Criteria criteria=userExample.createCriteria();
//查询条件1: username equal '李磊磊'
criteria.andUsernameEqualTo("李磊磊");
//查询条件2: gender <> '女'
criteria.andGenderNotEqualTo("女");
//查询条件3: birthday between '1990-01-01' and '1994-01-01'
criteria.andBirthdayBetween(sdf.parse("1990-01-01"),
sdf.parse("1994-01-01"));
//查询条件4: email is not null
criteria.andEmailIsNotNull();
//可能返回多条记录
List<User> list=userMapper.selectByExample(userExample);
for (int i = 0; i < list.size(); i++) {
    User uItem=list.get(i);
    System.out.println(uItem.getId()+":"+uItem.getUsername());
}

//3.测试查询操作(主键id查询)
User user2=userMapper.selectByPrimaryKey(1);
System.out.println("3.主键查询出id为1的用户，名为"+user2.getUsername());
```

这里的代码使用逆向工程生成的 UserExample 对象进行复杂查询条件的封装，可以看到分别设置了用户名（username）、性别（gender）、出生日期（birthday）以及 email 的查询条件，并使用逆向工程生成的 UserMapper 代理对象，执行复杂查询方法 selectByExample 进行查询，得到了一个含有多条记录的集合结果。

这相当于执行了以下 SQL 语句：

```
SELECT * FROM USER
WHERE username LIKE '李磊磊'
AND gender <> '女'
```

```
AND birthday BETWEEN '1990-01-01' AND '1994-01-01'
AND email IS NOT NULL;
```

测试结果如图 7-8 所示。

图 7-8 测试逆向工程查询功能的结果

小贴士：使用 criteria 封装相关的查询参数，可以实现条件查询。

测试修改功能，测试代码如下：

```
//4.测试修改操作(对所有字段进行更新)
//对所有字段进行更新,需要先查询出来再更新
User user3 = userMapper.selectByPrimaryKey(1);
user3.setEmail("zhangsan@126.com");
userMapper.updateByPrimaryKey(user3);
System.out.println("4.更新 id 为"+user3.getId()+"的用户的所有信息");

//5.测试修改操作(对个别字段进行更新)
//只有传入字段不空才更新,在批量更新中使用此方法,不需要先查询再更新
User user4 = new User();
//只修改用户的 Email 信息
user4.setId(1);
user4.setEmail("zhangsan@126.com");
userMapper.updateByPrimaryKeySelective(user4);
System.out.println("5.更新 id 为"+user4.getId()+"的用户 Email 为:"
            +user4.getEmail());
```

这里首先查询出了 id 为 1 的用户信息，然后修改了其邮箱，之后调用 UserMapper 代理对象的 updateByPrimaryKey 方法，该方法会对所有字段进行更新。而后面重新 new 了一个新的用户对象，只设置了 id 和邮箱信息，执行 UserMapper 对象的 updateByPrimaryKeySelective 方法，该方法仅更新传入的实体对象中不为空的字段信息。

第二次更新相当于执行了以下 SQL 语句：

```
update user set email=#{email} where id=#{id};
```

测试结果如图 7-9 所示。

小贴士：注意第二次修改和第一次修改的实际区别。

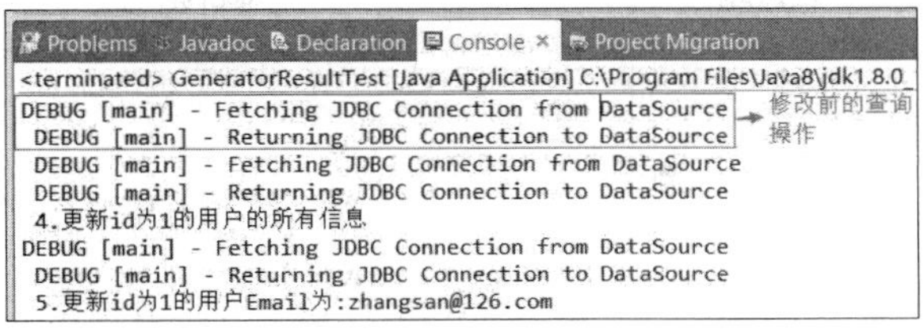

第 7 章　MyBatis 技术拓展 | 129

图 7-9　测试逆向工程修改功能的结果

最后测试删除功能，测试代码如下：

```
//6.测试删除操作
int deleteId = 5;
userMapper.deleteByPrimaryKey(deleteId);
User user5=userMapper.selectByPrimaryKey(deleteId);
if(user5==null){
    System.out.println("6.删除 id 为"+deleteId+"的用户成功，删除成功");
}
```

在上面的测试代码中使用了 UserMapper 代理对象的单条数据删除方法 deleteByPrimaryKey，并使用唯一的主键确定一个用户的信息，然后进行删除操作。

这相当于执行了以下 SQL 语句：

```
delete from user where id=1;
```

测试结果如图 7-10 所示。

图 7-10　测试逆向工程删除功能的结果

小贴士：还可以尝试使用 Mapper 自动生成的删除方法 deleteByExample，通过一个封装实例对象进行删除操作。

第 3 篇　　Spring MVC 技术入门

第 8 章　　Spring MVC

第 9 章　　处理器映射器和适配器

第 10 章　　前端控制器和视图解析器

第 11 章　　请求映射与参数绑定

第 12 章　　Validation 校验

第 13 章　　异常处理和拦截器

第 14 章　　Spring MVC 其他操作

第 8 章　Spring MVC

在 Web 项目的开发中，能够及时、正确地响应用户的请求是非常重要的。用户在网页上单击一个 URL 路径，这对 Web 服务器来说，相当于用户发送了一个请求，而获取请求后如何解析用户的输入，并执行相关处理逻辑，最终跳转至正确的页面显示反馈结果，这些工作往往是控制层（Controller）来完成的。在请求的过程中，用户的信息被封装在 User 实体类中，该实体类在 Web 项目中属于数据模型层（Model）。在请求结果显示阶段，跳转的结果网页就属于视图层（View）。像这样，控制层负责前台与后台的交互，数据模型层封装用户的输入/输出数据，视图层选择恰当的视图来显示最终的执行结果，这样的层次分明的软件开发和处理流程被称为 MVC 模式。

一个 MVC 模式的 Web 工程的处理结构图如图 8-1 所示。

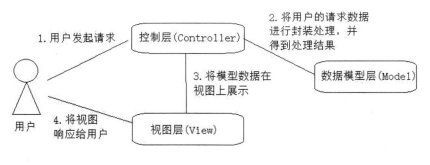

图 8-1　MVC 模式结构

目前业内使用得比较广泛的 MVC 框架，就是 Spring MVC 框架。接下来的章节我们介绍 Spring MVC 的基础知识和开发技术。

本章涉及的知识点有：

- Spring MVC 的基础知识
- Spring MVC 与 Struts 的区别
- Spring MVC 基础环境的搭建

8.1 Spring MVC 基础

Spring MVC 是一款基于 MVC 架构模式的轻量级 Web 框架,其目的是将 Web 开发模块化,对整体架构进行解耦,简化 Web 开发流程。Spring MVC 基于请求驱动,即使用请求—响应模型。由于 Spring MVC 遵循 MVC 架构规范,因此分层开发数据模型层(Model)、响应视图层(View)和控制层(Controller),可以让开发者设计出结构规整的 Web 层。

8.1.1 Spring 体系结构

图 8-2 所示是 Spring 4 框架的体系结构分布图,可以看到,MyBatis(前身 iBatis)属于其管理下的 ORM(持久层映射)层,而 Spring MVC 则属于 Web-MVC 处理层的框架。

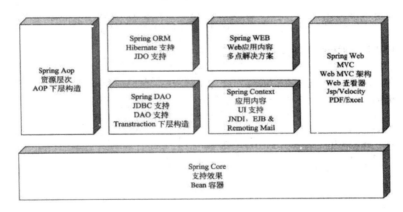

图 8-2　Spring 4 的结构体系

Spring MVC 有以下优点:

- Spring MVC 本身是与 Spring 框架结合而成的,它同时拥有 Spring 的优点(例如依赖注入(IOC)和切面编程(AOP)等)。
- Spring MVC 提供了强大的约定大于配置的契约式编程支持,即提供一种软件设计范式,减少软件开发人员做决定的次数,开发人员仅需规定应用中不符合约定的部分。
- 支持灵活的 URL 到页面控制器的映射。
- 可以方便地与其他视图技术(FreeMarker 等)进行整合。由于 Spring MVC 的模型数据往往是放置在 Map 数据结构中的,因此其可以很方便地被其他框架引用。
- 拥有十分简洁的异常处理机制。
- 可以十分灵活地实现数据验证、格式化和数据绑定机制,可以使用任意对象进行数据绑定操作。
- 支持 RESTful 风格。

小贴士:逆向工程自动生成数据的相关文件的操作,依赖于核心 XML 配置文件,只有进行了正确的配置,才能获得需要的数据文件。

8.1.2 Spring MVC 请求流程

在学习框架之前，首先来了解一下 Spring MVC 框架的整体请求流程和使用到的 API 类。图 8-3 所示即是 Spring MVC 的整体请求流程。

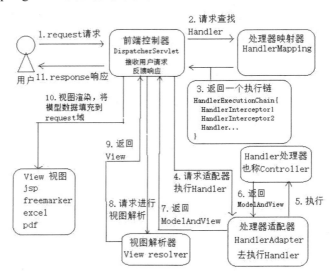

图 8-3　Spring MVC 整体请求流程

根据图 8-3 可以知道，Spring MVC 的整体请求流程如下：

第一步，用户单击某个请求路径，发起一个 request 请求，此请求会被前端控制器（DispatcherServlet）处理。

第二步，前端控制器（DispatcherServlet）请求处理器映射器（HandlerMapping）去查找 Handler。可以依据注解或者 XML 配置去查找。

第三步，处理器映射器（HandlerMapping）根据配置找到相应的 Handler（可能包含若干个 Interceptor 拦截器），返回给前端控制器（DispatcherServlet）。

第四步，前端控制器（DispatcherServlet）请求处理器适配器（HandlerAdapter）去执行相应的 Handler（常称为 Controller）。

第五步，处理器适配器（HandlerAdapter）执行 Handler。

第六步，Handler 执行完毕后会返回给处理器适配器（HandlerAdapter）一个 ModelAndView 对象（Spring MVC 底层对象，包括 Model 数据模型和 View 视图信息）。

第七步，处理器适配器（HandlerAdapter）接收到 Handler 返回的 ModelAndView 后，将其返回给前端控制器（DispatcherServlet）。

第八步，前端控制器（DispatcherServlet）接收到 ModelAndView 后，会请求视图解析器（View Resolver）对视图进行解析。

第九步，视图解析器（View Resolver）根据 View 信息匹配到相应的视图结果，反馈给前端控制器（DispatcherServlet）。

第十步，前端控制器（DispatcherServlet）收到 View 具体视图后，进行视图渲染，将 Model 中的模型数据填充到 View 视图中的 request 域，生成最终的视图（View）。

第十一步，前端控制器（DispatcherServlet）向用户返回请求结果。

以上就是 Spring MVC 的整个请求处理流程，其中用到的组件有前端控制器（DispatcherServlet）、处理器映射器（HandlerMapping）、处理器适配器（HandlerAdapter）、处理器（Handler）、视图解析器（View Resolver）、视图（View）。

流程中出现的各个组件的功能说明如下：

- 前端控制器（DispatcherServlet）。其作用是接收用户请求，然后给用户反馈结果。它的作用相当于一个转发器或中央处理器，控制整个流程的执行，对各个组件进行统一调度，以降低组件之间的耦合性，有利于组件之间的拓展。
- 处理器映射器（HandlerMapping）。其作用是根据请求的 URL 路径，通过注解或者 XML 配置，寻找匹配的处理器（Handler）信息。
- 处理器适配器（HandlerAdapter）。其作用是根据映射器找到的处理器（Handler）信息，按照特定规则执行相关的处理器（Handler）。
- 处理器（Hander）。其作用是执行相关的请求处理逻辑，并返回相应的数据和视图信息，将其封装至 ModelAndView 对象中。
- 视图解析器（View Resolver）。其作用是进行解析操作，通过 ModelAndView 对象中的 View 信息将逻辑视图名解析成真正的视图 View（如通过一个 JSP 路径返回一个真正的 JSP 页面）。
- 视图（View）。其本身是一个接口，实现类支持不同的 View 类型（JSP、FreeMarker、Excel 等）。

上面的组件中，需要开发人员进行开发的是处理器（Handler）和视图（View）。一般来讲，要开发处理该请求的具体代码逻辑，以及最终展示给用户的界面。

小贴士：可以将请求流程与现实生活中的事物结合起来理解，将每个组件的分工实体化。

8.2 Spring MVC 与 Struts 的区别

Struts 与 Spring MVC 类似，也是一款基于传统 MVC 设计模式的 Java EE 框架。它的核心是一个弹性的控制层，能够很好地发挥 MVC 模式的"分离显示逻辑和业务逻辑"的能力。

Spring MVC 和 Struts 都是基于 MVC 模式的 Java EE 框架，而近年来越来越多的开发者使用 Spring MVC 技术来代替 Struts 技术，那么相比于 Struts 框架，Spring MVC 的优点在哪里呢？首先来分析一下两者之间的区别。

区别一：Spring MVC 基于方法开发，Struts 基于类开发。

在使用 Spring MVC 框架进行开发时，会将 URL 请求路径与 Controller 类的某个方法进行绑定，请求参数作为该方法的形参。当用户请求该 URL 路径时，Spring MVC 会将 URL 信息与 Controller 类的某个方法进行映射，生成一个 Handler 对象，该对象中只包含了一个 method

方法。方法执行结束之后，形参数据也会被销毁。

而在使用 Struts 框架进行开发时，Action 类中所有方法使用的请求参数都是 Action 类中的成员变量，随着方法变得越来越多，就很难分清楚 Action 中那么多的成员变量到底是给哪一个方法使用的，整个 Action 类会变得十分混乱。

比较而言，Spring MVC 的优点是，其所有请求参数都会被定义为相应方法的形参，用户在网页上的请求路径会被映射到 Controller 类对应的方法上，此时请求参数会注入到对应方法的形参上。Spring MVC 的这种开发方式类似于 Service 开发。

区别二： Spring MVC 可以进行单例开发，Struts 无法使用单例。

Spring MVC 支持单例开发模式，而 Struts 由于只能通过类的成员变量接受参数，所以无法使用单例模式，只能使用多例。

区别三：经过专业人员大量测试，Struts 的处理速度略微比 Spring MVC 慢，原因是 Strust 使用了 Struts 标签，Struts 标签由于设计原因，会出现加载数据慢的情况。

这里仅仅比较了 Spring MVC 在某些方面相比 Struts 的优势，并不是说 Spring MVC 就比 Struts 优秀，仅仅因为早期 Struts 使用广泛，所以出现的漏洞也比较多，但是在新版本的 Struts 中也修复了许多漏洞。 Spring MVC 自诞生以来，几乎没有什么致命的漏洞，且 Spring MVC 是基于方法开发的，这一点比较接近 Service 开发，这是 Spring MVC 近年来备受关注的原因之一。

小贴士：没有使用过 Struts 的开发者，可以尝试操作 Struts 的样例，比较其与 Spring MVC 开发模式的不同。

8.3 Spring MVC 环境搭建

下面来搭建 Spring MVC 的基本环境。首先在 MyEclipse 中创建一个名为"Spring MVC_Test"的 WebProject。然后在源代码文件夹 src 下创建"cn.com.mvc.controller"和"cn.com.mvc.model"文件，用于放置控制器类和 Java 实体类（数据模型）。因为 Spring MVC 需要有自己的配置文件，所以在同级下创建源文件夹"config"，用于存放 Spring MVC 的配置文件。然后在 config 源文件夹下创建一个名为"springmvc.xml"的配置文件作为 Spring MVC 的配置文件。接着在 WebRoot/WEB-INF 下创建一个名为"jsp"的文件夹，用来放置 JSP 类型的结果视图网页。放在 WEB-INF 下的好处是，WEB-INF 是 WebProject 的私有文件夹，通过路径无法直接访问，保证了视图的安全性。

创建好的 Spring MVC 环境测试工程目录结构如图 8-4 所示。

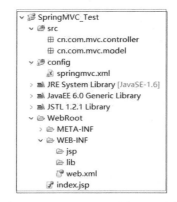

图 8-4 Spring MVC 测试工程结构

8.3.1 依赖 jar 包的添加和前端控制器配置

下面准备 Spring MVC 工程所需要的依赖 jar 包。本测试基于 Spring 4.2.5，其中核心的 jar 包为"spring-webmvc-4.2.5.RELEASE.jar"，是 Spring MVC 实现 MVC 结构的重要依赖。其余 jar 包与 Spring 的控制反转（IOC）、切面编程（AOP）及 Bean 的管理、数据库连接管理，以及上下文管理有着密切的联系。要添加的依赖 jar 包目录如图 8-5 所示。

```
spring-aop-4.2.5.RELEASE.jar
spring-aspects-4.2.5.RELEASE.jar
spring-beans-4.2.5.RELEASE.jar
spring-context-4.2.5.RELEASE.jar
spring-core-4.2.5.RELEASE.jar
spring-expression-4.2.5.RELEASE.jar
spring-instrument-4.2.5.RELEASE.jar
spring-jdbc-4.2.5.RELEASE.jar
spring-orm-4.2.5.RELEASE.jar
spring-test-4.2.5.RELEASE.jar
spring-tx-4.2.5.RELEASE.jar
spring-web-4.2.5.RELEASE.jar
spring-webmvc-4.2.5.RELEASE.jar
```

图 8-5　Spring MVC 依赖 jar 包目录

如果需要打印 log 日志，还要加入"commons-logging-x.x.x.jar"的依赖。将上述 jar 包添加到工程的 WebRoot/WEB-INF/lib 文件夹下，然后单击"Add To Build Path"加入编译环境中。

由于使用了 Spring MVC，请求就要交由 Spring MVC 来管理。我们知道，在一般的 JSP/Servlet 开发模式中，请求会被映射到 Web.xml 中，然后匹配到对应的 Servlet 配置上，进而调用相应的 Servlet 类处理请求并反馈结果。那么当使用 Spring MVC 框架来开发时，就需要将所有符合条件的请求拦截到 Spring MVC 的专有 Servlet 上，让 Spring MVC 框架进行下一步的处理。这里，需要在测试工程的 WebRoot 文件夹下的 web.xml 文件中添加 Spring MVC 的"前端控制器"，用于拦截符合配置的 url 请求。具体配置如下：

```xml
<?xml version="1.0" encoding="UTF-8"?>
<web-app version="2.4"
    xmlns="http://java.sun.com/xml/ns/j2ee"
    xmlns:xsi="http://www.w3.org/2001/XMLSchema-instance"
    xsi:schemaLocation="http://java.sun.com/xml/ns/j2ee
    http://java.sun.com/xml/ns/j2ee/web-app_2_4.xsd">
    <!-- SpringMvc 前端控制器 -->
    <servlet>
        <servlet-name>springmvc</servlet-name>
        <servlet-class>org.springframework.web.servlet.DispatcherServlet</servlet-class>
        <init-param>
            <param-name>contextConfigLocation</param-name>
            <param-value>classpath:springmvc.xml</param-value>
        </init-param>
    </servlet>
```

```
    <servlet-mapping>
        <servlet-name>springmvc</servlet-name>
        <url-pattern>*.action</url-pattern>
    </servlet-mapping>

  <welcome-file-list>
    <welcome-file>index.jsp</welcome-file>
  </welcome-file-list>
</web-app>
```

关于上面的配置，首先来看<servlet-mapping>标签对，其中定义了当 url 符合"*.action"的形式（也即任何字符后面跟".action"的形式）时，映射一个名为"springmvc"的 Servlet 配置。那么在上面的 Servlet 配置中，定义了一个名为"springmvc"的 servlet 配置，其中实现类为 DispatcherServlet，即 Spring MVC 的前端控制器类。然后在下面的<init-param>标签对中放置了 DispatcherServlet 需要的初始化参数，配置的是 contextConfigLocation 上下文参数变量，其加载的配置文件为编译目录下的"springmvc.xml"。

小贴士：Spring MVC 正是通过前端控制器 DispatcherServlet 来对请求进行拦截并处理的。

8.3.2　编写核心配置文件 springmvc.xml

在 web.xml 中添加完 Spring MVC 的前端控制器 DispatcherServlet 之后，接下来编写其依赖的核心配置文件"springmvc.xml"。首先在 springmvc.xml 中添加 xml 版本声明和一个包含 spring 标签声明规则的<beans>标签对。接下来所有的数据将被配置在该标签对中：

```
<?xml version="1.0" encoding="UTF-8"?>
<beans xmlns="http://www.springframework.org/schema/beans"
    xmlns:xsi=http://www.w3.org/2001/XMLSchema-instance
    xmlns:mvc="http://www.springframework.org/schema/mvc"
    xmlns:context="http://www.springframework.org/schema/context"
    xmlns:aop="http://www.springframework.org/schema/aop" xmlns:tx="http://
www.springframework.org/schema/tx"
    xsi:schemaLocation="http://www.springframework.org/schema/beans
        http://www.springframework.org/schema/beans/spring-beans-3.2.xsd
        http://www.springframework.org/schema/mvc
        http://www.springframework.org/schema/mvc/spring-mvc-3.2.xsd
        http://www.springframework.org/schema/context
        http://www.springframework.org/schema/context/spring-context-3.2.xsd
        http://www.springframework.org/schema/aop
        http://www.springframework.org/schema/aop/spring-aop-3.2.xsd
        http://www.springframework.org/schema/tx
        http://www.springframework.org/schema/tx/spring-tx-3.2.xsd ">
    <!-- 编写配置信息的位置 -->
</beans>
```

通过前面的 Spring MVC 请求处理流程图可以知道，当请求到达前端控制器 DispatcherServlet 时，DispatcherServlet 会请求处理器映射器（HandlerMapping）寻找相关的 Handler 对象。打开 Spring MVC 源码，在有关 Handler 的包下，可以发现许多种处理器映射器（包括抽象类），如图 8-6 所示。

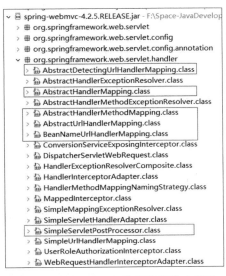

图 8-6　Spring MVC 常用处理器映射器

先在 springmvc.xml 配置文件中添加处理器映射器：

```
<bean class="org.springframework.web.servlet.handler.BeanNameUrlHandlerMapping" />
```

Spring MVC 拥有多种处理器映射器，它们都实现了 HandlerMapping 接口。上面配置的处理器映射器为 BeanNameUrlHandlerMapping 类，其映射规则是，将 bean 的 name 作为 url 进行查找，需要配置 Handler 时指定 beanname（就是 url）。

小贴士：在开发中，可以根据开发规则选取合适的处理器映射器进行配置。

根据 Spring MVC 的请求流程，当处理器映射器 HandlerMapping 为前端控制器 DispatcherServlet 返回了控制器 Handler 的执行链之后，前端控制器接下来会请求处理器适配器 HandlerAdapter 去执行相关的 Handler 控制器（Handler 会执行自己相应的 Controller）。其原理是，DispatcherServlet 根据 HandlerMapping 传来的 Handler（或 Handler 执行链）与配置的处理器适配器 HandlerAdapter 进行匹配，找到可以处理此 Handler（或 Handler 执行链）类型的 HandlerAdapter，该 HandlerAdapter 将会调用自己的 handler 方法，利用 Java 的反射机制去执行具体的 Controller 方法并获得 ModelAndView 视图对象。

所以接下来要在 springmvc.xml 中配置一个处理器适配器 HandlerAdapter。在 Spring MVC 中，常用的处理器适配器有 HttpRequestHandlerAdapter、SimpleControllerHandlerAdapter 以及 AnnotationMethodHandlerAdapter。这里配置的处理器适配器是 SimpleControllerHandlerAdapter。主要配置如下：

```
<bean class="org.springframework.web.servlet.mvc.SimpleControllerHandlerAdapter" />
```

SimpleControllerHandlerAdapter 适配器支持所有实现了 Controller 接口的 Handler 控制器，开发者如果编写了实现 Controller 接口的控制器，那么 SimpleControllerHandlerAdapter 适配器会执行 Controller 的具体方法。通过查看源码也不难看出这个规则：

```
public class SimpleControllerHandlerAdapter implements HandlerAdapter {
    public boolean supports(Object handler) {
        return (handler instanceof Controller);
    }
    ......
}
```

这里要说明的是，不论哪一种处理器适配器，都实现了 HandlerAdapter 接口。

根据 Spring MVC 请求流程，接下来就该具体的 Handler 控制器上场了，由于主要开发都集中在 Handler 上，所以我们在后面详细讲解，这里先略过。

当处理器适配器 HandlerAdapter 处理了相关的 Handler 的具体方法之后，Handler 会返回一个视图对象 ModelAndView，该视图对象中包含了需要跳转的视图信息（View）和需要在视图上显示的数据（Model），此时前端控制器 DispatcherServlet 会请求视图解析器 ViewResolver 来帮助其解析视图对象 ModelAndView，并返回相关的绑定有相应数据（Model）的视图 View。所以接下来要配置视图解析器 ViewResolver。常用的视图解析器有 XMLViewResolver（从 xml 配置文件解析视图）、ResourceBundleViewResolver（从 properties 资源集解析视图）以及 InternalResourceViewResolver（根据模板名称和位置解析视图），这里使用默认的 InternalResourceViewResolver。主要配置如下：

```
<bean class="org.springframework.web.servlet.view.InternalResourceViewResolver">
</bean>
```

配置了 InternalResourceViewResolver 视图解析器后，其会根据 Handler 方法执行之后返回的 ModelAndView 中的视图（如 JSP）的具体位置，来加载相应的界面并绑定反馈数据。

小贴士：在 bean 中还可以配置视图类型、视图前后缀等信息，后面章节会有这方面的讲解。

8.3.3 编写 Handler 处理器与视图

基本配置完成后，接下来的重头戏，就是处理请求逻辑的 Handler 处理器层。由于我们使用的处理器适配器是 SimpleControllerHandlerAdapter，所以 Handler 只要实现 Controller 接口即可。

在 cn.com.mvc.controller 包下创建 Controller 类，用于加载一个水果商城的水果列表信息。新建一个名为 FruitsControllerTest 的类，让其实现 Controller 接口，然后实现 handleRequest 方法，并编写具体逻辑。代码如下：

```
package cn.com.mvc.controller;
import java.util.ArrayList;
```

```java
import java.util.List;
import javax.servlet.http.HttpServletRequest;
import javax.servlet.http.HttpServletResponse;
import org.springframework.web.servlet.ModelAndView;
import org.springframework.web.servlet.mvc.Controller;

import cn.com.mvc.model.Fruits;

public class FruitsControllerTest implements Controller{

    private FruitsService fruitsService = new FruitsService();

    @Override
    public ModelAndView handleRequest(HttpServletRequest request,
            HttpServletResponse response) throws Exception {
        //模拟 Service 获取水果商品列表
        List<Fruits> fruitsList = fruitsService.queryFruitsList();
        //返回 ModelAndView
        ModelAndView modelAndView = new ModelAndView();
        //相当于 request 的 setAttribut,在 JSP 页面中通过 fruitsList 获取数据
        modelAndView.addObject("fruitsList", fruitsList);
        //指定视图
        modelAndView.setViewName("/WEB-INF/jsp/fruits/fruitsList.jsp");
        return modelAndView;
    }
}

//模拟 Service 的内部类
class FruitsService{
    public List<Fruits> queryFruitsList(){
        List<Fruits> fruitsList = new ArrayList<Fruits>();

        Fruits apple = new Fruits();
        apple.setName("红富士苹果");
        apple.setPrice(2.3);
        apple.setProducing_area("山东");

        Fruits Banana = new Fruits();
        Banana.setName("香蕉");
        Banana.setPrice(1.5);
        Banana.setProducing_area("上海");

        fruitsList.add(apple);
        fruitsList.add(Banana);
        return fruitsList;
    }
}
```

在该类中模拟了一个 Service 类，其中提供了一个方法 queryFruitsList，该方法可以获取一个水果商品的列表。在 Controller 类中将该 Service 作为成员变量，然后在 handleRequest 方法中引入，获取水果商品 List 列表信息，之后创建一个 ModelAndView，将需要绑定到页面的数据通过 addObject 方法添加到 ModelAndView 对象中，再通过 setViewName 方法指定需要跳转的页面信息。

水果的实体类在 cn.com.mvc.model 包下创建。具体代码如下：

```java
package cn.com.mvc.model;

public class Fruits {
    private String name; //水果名
    private double price; //价格
    private String producing_area; //产地
    //get 与 set 方法省略
}
```

由于指定了返回的 JSP 视图路径，所以在工程的/WEB-INF/jsp/fruits 路径下创建名为 fruitsList.jsp 的 jsp 文件，具体内容如下：

```jsp
<%@ page language="java" contentType="text/html; charset=UTF-8"
    pageEncoding="UTF-8"%>
<%@ taglib uri="http://java.sun.com/jsp/jstl/core" prefix="c" %>
<html>
<head>
  <meta http-equiv="Content-Type" content="text/html; charset=UTF-8">
  <title>水果列表</title>
</head>
<body>
  <h3>新鲜水果</h3>
  <table width="300px;" border=1>
    <tr>
      <td>名称</td>
      <td>价格</td>
      <td>产地</td>
    </tr>
    <c:forEach items="${fruitsList }" var="fruit">
    <tr>
      <td>${fruit.name }</td>
      <td>${fruit.price }</td>
      <td>${fruit.producing_area }</td>
    </tr>
    </c:forEach>
  </table>
</body>
</html>
```

这里使用 JSTL 的 c 标签来遍历服务端绑定到前端页面的数据"fruitsList",并将不同的属性设置在 table 的不同位置。

Controller 类以及相关的视图都已编写完毕。由于配置的处理器映射器为 BeanNameUrlHandlerMapping,在接收到用户的请求时,它会将 bean 的 name 作为 url 进行查找。所以接下来要在 springmvc.xml 中配置一个可以被 url 映射的 Handler 的 bean,供处理器映射器查找。该 bean 的具体配置如下:

```
<bean name="/queryFruits_test.action" class="cn.com.mvc.controller.
FruitsControllerTest" />
```

至此,Spring MVC 的开发环境及测试用例全部编写完毕,接下来将该工程部署到 Tomcat 服务器中。打开浏览器访问以下路径(这里 Tomcat 的端口为 8080):

http://localhost:8080/SpringMVC_Test/queryFruits_test.action

如果在请求结果页面中看到水果商品列表信息(如图 8-7 所示),证明 Spring MVC 开发环境配置成功。

新鲜水果		
名称	价格	产地
红富士苹果	2.3	山东
香蕉	1.5	上海

图 8-7 环境搭建测试结果

注意:这里 Controller 层的开发模式仅作为演示,并不是 Spring MVC 的主流开发模式,在以后的章节中会为大家介绍常用的 Controller 层的开发模式。

第 9 章 处理器映射器和适配器

通过前面章节的学习可以知道，在 Spring MVC 的架构环境下，用户在 Web 端触发了请求，请求会先通过前端控制器 DispatcherServlet，然后 DispatcherServlet 会请求处理器映射器 HandlerMapping 寻找处理该请求的 Handler（或带拦截器的 Handler 链），接着 DispatcherServlet 会根据 HandlerMapping 传来的 Handler（或带拦截器的 Handler 链）与配置的处理器适配器 HandlerAdapter 进行匹配，找到可以处理此 Handler(或 Handler 执行链)类型的 HandlerAdapter，进而该 HandlerAdapter 调用自己的 handler 方法，利用 Java 的反射机制去执行具体的 Controller 方法并获得 ModelAndView 视图对象。

对于用户请求，处理器映射器和适配器为前端控制器 DispatcherServlet 与处理器 Handler 的交互搭建了重要的桥梁。所以，处理器映射器和适配器在整个请求处理流程中扮演着重要的角色。

处理器映射器和适配器有两种配置方式：一种是基于 XML 的资源配置，也即非注解的配置方式；另外一种是基于 Annotation 注解的配置。注解是代码里的特殊标记，这些标记可以在编译、类加载、运行时被读取，以执行相应的处理。需要根据项目的情况来选择相应的配置方式。

本章涉及的知识点有：

- 非注解的处理器映射器和适配器
- 注解的处理器映射器和适配器

9.1 非注解的处理器映射器和适配器

在上一章搭建 Spring MVC 环境时，在核心配置文件 springmvc.xml 中使用 XML 配置了处理器映射器和适配器，那里就使用了非注解的配置方式。下面将继续使用非注解的方式来配置其他类型的映射器和适配器。

9.1.1 非注解的处理器映射器

之前配置的处理器映射器为 BeanNameUrlHandlerMapping 类，其映射规则是，将 bean 的

name 作为 url 进行查找，需要在配置 Handler 时指定 beanname（就是 url）。常用的处理器映射器除了 BeanNameUrlHandlerMapping 之外，还有 SimpleUrlHandlerMapping 及 ControllerClassNameHandlerMapping 这两种处理器映射器。

SimpleUrlHandlerMapping 可以通过内部参数配置请求的 url 和 handler 的映射关系。样例配置如下：

```xml
<bean id="urlMapping" class="org.springframework.web.servlet.handler.SimpleUrlHandlerMapping">
  <property name="interceptors">
    <list>
      <ref bean="someCheckInterceptor1"/>
      <ref bean="someCheckInterceptor2"/>
    </list>
  </property>
  <property name="mappings">
    <props>
      <prop key="user.action">userController</prop>
      <prop key="product.action">productController</prop>
      <prop key="other.action">otherController</prop>
    </props>
  </property>
</bean>
```

在 SimpleUrlHandlerMapping 的 bean 标签对中，可以通过 property 属性配置拦截器和相关的 Handler 处理器的 URL 的映射关系。在上面的样例中添加了两个拦截器配置，和三个 Handler 处理器的 URL 映射。

ControllerClassNameHandlerMapping 可以使用 CoC 惯例优先原则（conventionover configuration）的方式来处理请求，对于普通的 Controller，会把其类名"xxxController"映射到"/xxx*"的请求 URL。对于 MultiActionController 类型的 Controller，ControllerClassNameHandlerMapping 会把其类名"xxxController"以及其中的方法"yyy"映射到"/xxx/yyy.action"（.action 对应设置的 dispatcher-servlet 的 url-pattern）的请求 URL。样例配置如下：

```xml
<bean class="org.springframework.web.servlet.mvc.support.ControllerClassNameHandlerMapping" />
```

这里使用 SimpleUrlHandlerMapping 示范了非注解的处理器映射器的使用和处理方式。首先将之前的测试工程 Spring MVC_Test 中的 springmvc.xml 配置文件的 BeanNameUrlHandlerMapping 处理器映射器、Handler 的 URL 映射配置删除，替换为 SimpleUrlHandlerMapping 的配置。这里在 SimpleUrlHandlerMapping 的 bean 配置体中配置 Controller 的 URL 映射，以及对应的 Controller 的 bean：

```xml
<bean id="urlMapping" class="org.springframework.web.servlet.handler.SimpleUrlHandlerMapping">
```

```xml
  <property name="mappings">
    <props>
      <prop key="/queryFruits_test1.action">fruitsController</prop>
      <prop key="/queryFruits_test2.action">fruitsController</prop>
    </props>
  </property>
</bean>
<bean id="fruitsController" class="cn.com.mvc.controller.FruitsControllerTest" />
```

这里配置了两个不同的 URL 映射，但是对应的都是同一个 Controller 配置。也就是说，在浏览器上发出两个不同的 URL 请求，会得到相同的处理结果。测试结果如图 9-1 和图 9-2 所示。

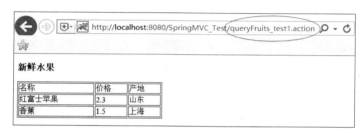

图 9-1　URL 请求处理结果一

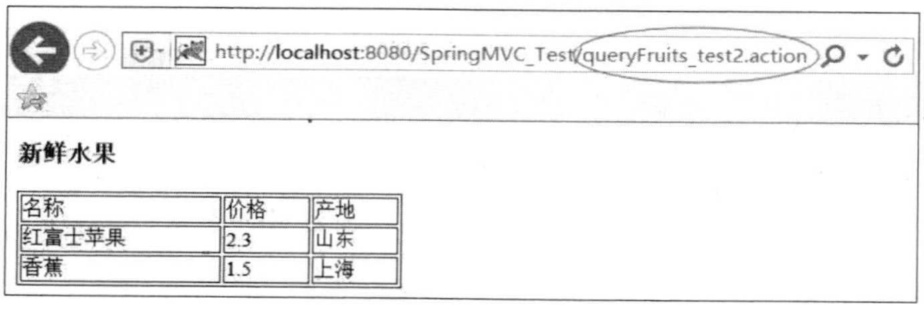

图 9-2　URL 请求处理结果二

可以看到，通过在 SimpleUrlHandlerMapping 中配置的 URL 映射，可以将不同的 URL 请求映射到相同的 Controller 处理器。除了处理器的 URL 映射外，还可以在 SimpleUrlHandlerMapping 中配置若干拦截器。后面章节会详细讲述拦截器的知识，所以这里不给大家演示了。

提示：本例配置了两个不同的 URL 映射，对应同一个 Controller 配置。

9.1.2　非注解的处理器适配器

在之前的工程中配置的非注解的处理器适配器为 SimpleControllerHandlerAdapter，其支持所有实现了 Controller 接口的 Handler 控制器。接下来我们使用另一种处理器适配器，即 HttpRequestHandlerAdapter，它要求编写的 Handler 实现 HttpRequestHandler 接口。将 Spring MVC 的核心配置文件 springmvc.xml 中的 SimpleControllerHandlerAdapter 适配器去除，然后添加 HttpRequestHandlerAdapter 适配器：

```xml
<bean class="org.springframework.web.servlet.mvc.HttpRequestHandlerAdapter"/>
```

由于 HttpRequestHandlerAdapter 支持实现 HttpRequestHandler 接口的 Handler 处理器，所以接下来在 cn.com.mvc.controller 包下创建一个实现了 HttpRequestHandler 接口的 Controller 处理类，名为"FruitsControllerTest2"，代码如下：

```java
package cn.com.mvc.controller;
import java.io.IOException;
import java.util.List;
import javax.servlet.ServletException;
import javax.servlet.http.HttpServletRequest;
import javax.servlet.http.HttpServletResponse;
import org.springframework.web.HttpRequestHandler;
import cn.com.mvc.model.Fruits;

public class FruitsControllerTest2 implements HttpRequestHandler{

    private FruitsService fruitsService = new FruitsService();

    @Override
    public void handleRequest(HttpServletRequest request,
            HttpServletResponse response) throws ServletException, IOException {
        //模拟 Service 获取水果商品列表
        List<Fruits> fruitsList = fruitsService.queryFruitsList();
        //设置模型数据
        request.setAttribute("fruitsList",fruitsList);
        //设置转发视图
        request.getRequestDispatcher("/WEB-INF/jsp/fruits/fruitsList.jsp").forward(request, response);
    }
}
```

可以看到，这种 Handler 的处理方式与之前的 Servlet 处理类基本上是一样的。使用这种 Handler 的开发方式，方便开发者获取 request 的相关 http 请求信息，以及设置返回对象 response 的一些参数（例如响应数据的格式）。

然后在之前的处理器映射器的配置中添加这个 Handler 的 URL 映射信息：

```xml
<bean id="urlMapping" class="org.springframework.web.servlet.handler.SimpleUrlHandlerMapping">
  <property name="mappings">
    <props>
      <prop key="/queryFruits_test1.action">fruitsController</prop>
      <prop key="/queryFruits_test2.action">fruitsController</prop>
      <prop key="/queryFruits_test3.action">fruitsController2</prop>
    </props>
  </property>
</bean>
```

```xml
<bean id="fruitsController" class="cn.com.mvc.controller.FruitsControllerTest" />
<bean id="fruitsController2" class="cn.com.mvc.controller.FruitsControllerTest2" />
```

在浏览器中访问"queryFruits_test3.action",可以得到相同的水果商品列表信息,如图 9-3 所示。

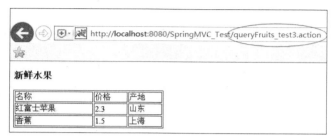

图 9-3　URL 请求处理结果三

前面说过,可以设置 response 的返回数据的格式。这里不返回具体的 JSP 视图了,将 List 信息拼接为 JSON 串,然后以 JSON 格式返回给用户,并使用 response 的 writer 对象直接写出返回数据:

```java
package cn.com.mvc.controller;
import java.io.IOException;
import java.util.List;
import javax.servlet.ServletException;
import javax.servlet.http.HttpServletRequest;
import javax.servlet.http.HttpServletResponse;
import org.springframework.web.HttpRequestHandler;
import cn.com.mvc.model.Fruits;
public class FruitsControllerTest2 implements HttpRequestHandler{

    private FruitsService fruitsService = new FruitsService();

    @Override
    public void handleRequest(HttpServletRequest request,
            HttpServletResponse response) throws ServletException, IOException {
        //模拟 Service 获取水果商品列表
        List<Fruits> fruitsList = fruitsService.queryFruitsList();
        //将 fruitsList 转换为 JSON 串
        String jsonInfo=convertListToJson(fruitsList);
        //设置返回格式
        response.setCharacterEncoding("utf-8");
        response.setContentType("application/json;charset=utf-8");
        //写出 JSON 串
        response.getWriter().write(jsonInfo);
    }

    private String convertListToJson(List<Fruits> fruitsList) {
```

```
        StringBuilder builder=new StringBuilder();
        builder.append('[');
        for(Fruits fruits:fruitsList){
         builder.append('{');
         builder.append("\"name\":\"").append(fruits.getName()).append("\",");
         builder.append("\"price\":\"").append(fruits.getPrice()).append("\",");
            builder.append("\"producing_area\":\"").append(fruits.
getProducing_area()).append("\"");
         builder.append("},");
        }
        builder.deleteCharAt(builder.length()-1);
        builder.append(']');
    return builder.toString();
    }
}
```

重新访问原来的 URL 请求路径，会得到返回的 JSON 格式的字符串，如图 9-4 所示。

图 9-4　URL 请求处理结果四

可以看到一串 JSON 格式的返回数据，其符合 response 的 ContentType 类型。

小贴士：近几年由于移动互联网的发展，使得 JSON 数据格式变得十分热门，其简易的格式、简单的解析规则，使得其逐渐代替了原始的 xml 数据格式传输模式。

其实在上面的示例中，可以设置多个处理器映射器和处理器适配器，它们可以并存。但是，不在 springmvc.xml 中设置处理器映射器和适配器，程序可以照常运行。原因是在 Spring MVC 的依赖 jar 包中含有一个默认的配置文件 DispatcherSerlvet.properties，当在核心配置文件中没有配置处理器映射器和适配器时，会默认使用 DispatcherSerlvet.properties 的配置。在依赖 jar 包中可以找到该配置文件，如图 9-5 所示。

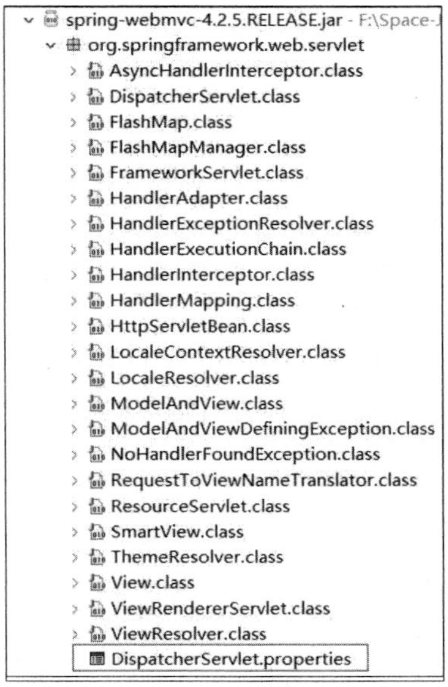

图 9-5　Spring MVC 的默认配置文件

该配置文件的具体内容如下：

```
# Default implementation classes for DispatcherServlet's strategy interfaces.
# Used as fallback when no matching beans are found in the DispatcherServlet context.
# Not meant to be customized by application developers.

org.springframework.web.servlet.LocaleResolver=org.springframework.web.servlet.i18n.AcceptHeaderLocaleResolver

org.springframework.web.servlet.ThemeResolver=org.springframework.web.servlet.theme.FixedThemeResolver

org.springframework.web.servlet.HandlerMapping=org.springframework.web.servlet.handler.BeanNameUrlHandlerMapping,\

org.springframework.web.servlet.mvc.annotation.DefaultAnnotationHandlerMapping

org.springframework.web.servlet.HandlerAdapter=org.springframework.web.servlet.mvc.HttpRequestHandlerAdapter,\
   org.springframework.web.servlet.mvc.SimpleControllerHandlerAdapter,\

org.springframework.web.servlet.mvc.annotation.AnnotationMethodHandlerAdapter

org.springframework.web.servlet.HandlerExceptionResolver=org.springframework.web.servlet.mvc.annotation.AnnotationMethodHandlerExceptionResolver,\

org.springframework.web.servlet.mvc.annotation.ResponseStatusExceptionResolver,\

org.springframework.web.servlet.mvc.support.DefaultHandlerExceptionResolver

org.springframework.web.servlet.RequestToViewNameTranslator=org.springframework.web.servlet.view.DefaultRequestToViewNameTranslator

org.springframework.web.servlet.ViewResolver=org.springframework.web.servlet.view.InternalResourceViewResolver

org.springframework.web.servlet.FlashMapManager=org.springframework.web.servlet.support.SessionFlashMapManager
```

可以看到，在该配置文件中配置了一些默认的处理器映射器和处理器适配器，包括我们之前手动配置的 BeanNameUrlHandlerMapping 和 HttpRequestHandlerAdapter。当然，如果在 springmvc.xml 核心配置文件中配置了处理器映射器和适配器，会以核心配置文件的配置为准。在默认配置文件中，还可以看到一些注解类型的处理器映射器和适配器，如 DefaultAnnotationHandlerMapping、AnnotationMethodHandlerAdapter 等，下一节讲解这种配置。

小贴士：通过上面的学习，我们知道，处理器映射器就是根据 URL 来查找 Handler，处理器适配器就是按照它要求的规则（handler instanceof XXX 接口）去执行 Handler。但是这种开发模式有一个缺点，一个 Handler 类中只能编写一个方法，这对于大量请求处理逻辑真是勉为其难了。这种问题通过注解的映射器和适配器就可以很好地解决。

9.2 注解的处理器映射器和适配器

上一节讲解了非注解的处理器映射器和适配器，使用它们需要在 XML 中进行配置并且需要遵循一些实现原则。而使用注解的处理器映射器和适配器，只需要在指定的地方声明一些注解信息即可，这是大部分开发人员使用的主流配置方式。

在 Spring 3.1 之前，Spring MVC 默认加载的注解的处理器映射器和处理器适配器分别为 DefaultAnnotationHandlerMapping、AnnotationMethodHandlerAdapter，它们位于 Spring MVC 的核心 jar 包的 org.springframework.web.servlet.mvc.annotation 包下，如图 9-6 所示。

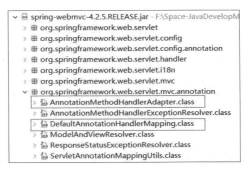

图 9-6 Spring 3.1 之前默认的适配器和映射器

在 Spring 3.1 之后，DefaultAnnotationHandlerMapping、AnnotationMethodHandlerAdapter 已经被列为过期的映射器和适配器，Spring MVC 增加了新的基于注解的处理器映射器和适配器，分别为 RequestMappingHandlerMapping 和 RequestMappingHandlerAdapter，它们同样位于 Spring MVC 的核心 jar 包中，即 org.springframework.web.servlet.mvc.method.annotation 包下，如图 9-7 所示。

图 9-7 Spring 3.1 之后默认的适配器和映射器

下面在核心配置文件 springmvc.xml 中配置注解的处理器适配器和映射器，有两种配置方式。

第一种配置方式和之前的非注解的处理器适配器和映射器的配置一样，声明相关的 bean 及实现即可，配置如下：

```
<!-- 注解映射器 -->
<bean
```

```
class="org.springframework.web.servlet.mvc.method.annotation.RequestMappingH
andlerMapping"/>
<!-- 注解适配器 -->
<bean class="org.springframework.web.servlet.mvc.method.annotation.
RequestMappingHandlerAdapter"/>
```

第二种配置方式，使用"<mvc:annotation-driven />"标签来配置。annotation-driven 标签是一种简写模式，使用默认配置代替了一般的手动配置。annotation-driven 标签会自动注册处理器映射器和处理器适配器（Spring 4 至 Spring 3.1 皆使用 RequestMappingHandlerMapping 及 RequestMappingHandlerAdapter，而在 Spring 3.1 之前使用 DefaultAnnotationHandlerMapping、AnnotationMethodHandlerAdapter）。并且除此之外还提供了数据绑定支持，例如 @NumberFormatannotation 支持、@DateTimeFormat 支持、@Valid 支持、读写 XML 的支持（JAXB）和读写 JSON 的支持（Jackson）。在实际开发中，为了提高开发效率，使用最多的就是基于 annotation-driven 标签的配置。annotation-driven 标签的配置十分简单，如下所示：

```
<mvc:annotation-driven></mvc:annotation-driven>
```

下面开发 Handler 处理器层。由于使用了注解的处理器映射器和适配器，所以不需要在 XML 文件中配置任何信息，也不需要实现任何接口，只需要在作为 Handler 处理器的 Java 类中添加相应的注解即可。新写的水果商品列表的处理器类代码如下：

```
package cn.com.mvc.controller;
import java.util.List;
import org.springframework.stereotype.Controller;
import org.springframework.web.bind.annotation.RequestMapping;
import org.springframework.web.servlet.ModelAndView;
import cn.com.mvc.model.Fruits;

//注解的 Handler 类
//使用@Controller 来标识它是一个控制器
@Controller
public class FruitsControllerTest3{

    private FruitsService fruitsService = new FruitsService();

    //商品查询列表
    //@RequestMapping 实现对 queryFruitsList 方法和 url 进行映射，一个方法对应一个 url
    //一般建议将 url 和方法写成一样
    @RequestMapping("/queryFruitsList")
    public ModelAndView queryFruitsList() throws Exception {
        //模拟 Service 获取水果商品列表
        List<Fruits> fruitsList = fruitsService.queryFruitsList();
        //返回 ModelAndView
        ModelAndView modelAndView =  new ModelAndView();
        //相当于 request 的 setAttribut, 在 JSP 页面中通过 fruitsList 获取数据
```

```
            modelAndView.addObject("fruitsList", fruitsList);
            //指定视图
            modelAndView.setViewName("/WEB-INF/jsp/fruits/fruitsList.jsp");
            return modelAndView;
        }
        //下面还可以定义增、删、改的 URL 映射方法
}
```

可以看到，在 FruitsControllerTest3 类的声明上方，有一个@Controller 注解信息。该注解表明该类是一个 Handler 控制器类，可以被注解的处理器适配器找到。而 FruitsControllerTest3 类中的 queryFruitsList 方法上，也有一个@RequestMapping 注解信息，在该注解中指定一个 URL 与该方法绑定，即使相关的 URL 请求会触发该方法的调用，也可以被注解的处理器映射器找到。

为了让注解的处理器映射器和适配器找到注解的 Handler，有两种配置方式。第一种方式类似于之前的配置，在 springmvc.xml 中声明相关的 bean 信息即可：

```
<bean class="cn.com.mvc.controller.FruitsControllerTest3"></bean>
```

第二种方式，使用扫描配置，对某一个包下的所有类进行扫描，找出所有使用@Controller 注解的 Handler 控制器类：

```
<context:component-scan base-package="cn.com.mvc.controller"></context:component-scan>
```

然后重新部署工程，重启 Tomcat 服务器，访问以下地址（这里 Tomcat 的端口为 8080）：

http://localhost:8080/SpringMVC_Test/queryFruitsList.action

在浏览器中可以看到如图 9-8 所示的结果。

图 9-8　使用注解的适配器和映射器的测试结果

这说明注解的处理器映射器和适配器及 Handler 扫描配置是正确的。

注意：如果不使用 annotation-driven 标签配置注解的处理器适配器和映射器，而采用手动配置，那么必须保证基于注解的处理器适配器和映射器要成对配置，不然会没有效果。还有一点需要注意，如果在测试过程中出现"java.lang.IllegalArgumentException"，则说明使用了 JDK 8.0 的环境，由于 Spring 3.x 版本不支持 JDK 8.0，因此需要更换编译环境。

第 10 章　前端控制器和视图解析器

通过前面的学习，我们知道，在整个 Spring MVC 的请求流程中，最核心的处理器就是前端控制器 DispatcherServlet，它会根据 web.xml 的配置拦截用户的相关请求，并加载 springmvc.xml 核心配置文件中的配置，然后调用一系列模块处理用户的请求。在得到 Handler 控制器处理的结果后，视图解析器 ViewResolver 会对返回的封装有视图和绑定参数的对象进行解析，获取即将要展示结果的视图实体，最终将返回数据显示在实体视图上。

也就是说，前端控制器 DispatcherServlet 与视图解析器 ViewResolver 在 Spring MVC 中一个居前，一个居后。前端控制器 DispatcherServlet 负责在最前面分发用户的请求，处理一系列核心逻辑。视图解析器 ViewResolver 负责在最后面呈现含有反馈数据的页面信息。这一章我们为大家详细讲解这两个比较重要的模块。

本章涉及的知识点有：

- 前端控制器源码剖析
- 视图解析器的相关配置

10.1　前端控制器源码分析

在 Spring MVC 的请求流程中，一开始的请求处理类就是前端控制器 DispatcherServlet。那么，请求为什么会被发送到 DispatcherServlet 中呢？你应该记得，之前在 Spring MVC 环境搭建的工程中，在 springmvc.xml 中配置了一个请求的拦截机制，该机制就是原始的 Servlet 的配置机制。配置如下：

```
<servlet-mapping>
    <servlet-name>springmvc</servlet-name>
    <url-pattern>*.action</url-pattern>
</servlet-mapping>
```

该配置的含义是，所有以 ".action" 结尾的请求，都会去寻找名为 "springmvc" 的 Servlet 配置。这里就依照 servlet-name 配置了相关的 Servlet，并且指定处理请求的 Servlet 对象是 Spring MVC 的内部 Servlet，也即前端控制器 DispatcherServlet，并且指定其初始化参数，即一个上下文的配置对象 contextConfigLocation，其 value 为 Spring MVC 的核心配置文件 springmvc.xml。

配置如下：

```xml
<servlet>
    <servlet-name>springmvc</servlet-name>
    <servlet-class>org.springframework.web.servlet.DispatcherServlet</servlet-class>
    <init-param>
        <param-name>contextConfigLocation</param-name>
        <param-value>classpath:springmvc.xml</param-value>
    </init-param>
</servlet>
```

通过上面的配置，就可以将以".action"结尾的请求拦截至名为"springmvc"的Servlet配置中，并且初始化加载核心配置文件springmvc.xml，从而调用前端控制器DispatcherServlet。

那么，在Spring MVC的前端控制器DispatcherServlet中，都做了一些什么呢？使用反编译插件或者源码的jar包，来观察一下DispatcherServlet的源代码。由于代码比较多，这里省略了一些变量声明和方法的具体逻辑。DispatcherServlet的整体代码结构如下：

```java
package org.springframework.web.servlet;
//包引入省略
@SuppressWarnings("serial")
public class DispatcherServlet extends FrameworkServlet {
    //相关静态参数
    public static final XXX xxx = "yyy";
    //静态方法
    static {/*加载DispatcherServlet.properties资源文件逻辑（略）*/}
    //一些成员变量
    private XXX yyy;
    //成员变量的set方法
    public void setXXX(boolean xxx) {this.xxx = xxx;}
    //构造方法
    public DispatcherServlet() {super();}
    public DispatcherServlet(WebApplicationContext webApplicationContext) {
        super(webApplicationContext);}
    //具体的方法
    @Override
    protected void onRefresh(ApplicationContext context) {/*具体逻辑略*/}
    protected void initStrategies(ApplicationContext context) {/*具体逻辑略*/}
    private void initMultipartResolver(ApplicationContext context) {/*具体逻辑略*/}
    private void initLocaleResolver(ApplicationContext context) {/*具体逻辑略*/}
    private void initThemeResolver(ApplicationContext context) {/*具体逻辑略*/}
    private void initHandlerMappings(ApplicationContext context) {/*具体逻辑略*/}
    private void initHandlerAdapters(ApplicationContext context) {/*具体逻辑略*/}
    private void initHandlerExceptionResolvers(ApplicationContext context) {/*具体逻辑略*/}
```

```java
    private void initRequestToViewNameTranslator(ApplicationContext context) 
{/*具体逻辑略*/}
    private void initViewResolvers(ApplicationContext context) {/*具体逻辑略*/}
    private void initFlashMapManager(ApplicationContext context) {/*具体逻辑略*/}
    public final ThemeSource getThemeSource() {/*具体逻辑略*/}
    public final MultipartResolver getMultipartResolver() {/*具体逻辑略*/}
    protected <T> T getDefaultStrategy(ApplicationContext context, Class<T> strategyInterface) {
/*具体逻辑略*/
    }
    protected <T> List<T> getDefaultStrategies(ApplicationContext context, Class<T> strategyInterface) {/*具体逻辑略*/}
    protected Object createDefaultStrategy(ApplicationContext context, Class<?> clazz) {
/*具体逻辑略*/
    }
    @Override
    protected void doService(HttpServletRequest request, HttpServletResponse response)
throws Exception {/*具体逻辑略*/}
    protected void doDispatch(HttpServletRequest request, HttpServletResponse response)
throws Exception {/*具体逻辑略*/}
    private void applyDefaultViewName(HttpServletRequest request, ModelAndView mv)
throws Exception {/*具体逻辑略*/}
    private void processDispatchResult(HttpServletRequest request, HttpServletResponse response,
        HandlerExecutionChain mappedHandler, ModelAndView mv, Exception exception)      throws Exception {/*具体逻辑略*/}
    @Override
    protected LocaleContext buildLocaleContext(final HttpServletRequest request)
{/*具体逻辑略*/}
    protected HttpServletRequest checkMultipart(HttpServletRequest request)
        throws MultipartException {/*具体逻辑略*/}
    protected void cleanupMultipart(HttpServletRequest servletRequest) {/*具体逻辑略*/}
    protected HandlerExecutionChain getHandler(HttpServletRequest request)
        throws Exception {/*具体逻辑略*/}
    protected void noHandlerFound(HttpServletRequest request,
HttpServletResponse response)        throws Exception {/*具体逻辑略*/}
    protected HandlerAdapter getHandlerAdapter(Object handler)
        throws ServletException {/*具体逻辑略*/}
    protected ModelAndView processHandlerException(HttpServletRequest request,
HttpServletResponse response,Object handler, Exception ex)
        throws Exception {/*具体逻辑略*/}
```

```
    protected void render(ModelAndView mv, HttpServletRequest request,
HttpServletResponse response)
throws Exception {/*具体逻辑略*/}
    protected String getDefaultViewName(HttpServletRequest request)
throws Exception {/*具体逻辑略*/}
    protected View resolveViewName(String viewName, Map<String, Object> model,
Locale locale,
        HttpServletRequest request)
throws Exception {/*具体逻辑略*/}
    private void triggerAfterCompletion(HttpServletRequest request,
HttpServletResponse response,
        HandlerExecutionChain mappedHandler, Exception ex)
throws Exception {/*具体逻辑略*/}

    private void triggerAfterCompletionWithError(HttpServletRequest request,
HttpServletResponse response,HandlerExecutionChain mappedHandler, Error error)
throws Exception, ServletException {/*具体逻辑略*/}
    private void restoreAttributesAfterInclude(HttpServletRequest request,
Map<?,?> attributesSnapshot) {/*具体逻辑略*/}
}
```

由以上代码，我们可以了解前端控制器 DispatcherServlet 的大体逻辑结构。看到这么复杂的类接口难免有些头大，不过不用着急，一步一步慢慢剖析，理解 Spring MVC 的原理并不难。

通过源码可以知道，DispatcherServlet 继承自 FrameworkServlet，而 FrameworkServet 是继承自 HttpServletBean 的，HttpServletBean 又继承了 HttpServlet。这是因为 DispatcherServlet 本身就得是一个 Servlet，且含有 doGet()和 doPost()方法，Web 容器才可以调用它，所以它的顶级父类为含有 doGet()和 doPost()方法的 HttpServlet。具体的 Web 请求，会经过 FrameServlet 的 processRequest 方法简单处理后，紧接着调用 DispatcherServlet 的 doService 方法，而在这个方法中封装了最终调用处理器的方法 doDispatch。这就预示着，DispatcherServlet 中最主要的核心功能是由 doService 和 doDispatch 实现的。

DispatcherServlet 类拥有许多方法，每一个方法都有相关的用途。但 DispatcherServlet 类的方法类型并不复杂，大致可分为三种：一种是初始化相关处理类的方法；一种是响应 Http 请求的方法；一种是执行处理请求逻辑的方法。为了方便大家理解每一个方法的用途，这里将 DispatcherServlet 中出现的所有方法及相关说明列在一个表中，具体如表 10-1 所示。

表 10-1　DispatcherServlet 类的相关方法

方法名	方法含义
onRefresh	初始化上下文对象后，会回调该方法，完成 Spring MVC 中默认实现类的初始化
initStrategies	对 MVC 的其他部分进行了初始化，例如初始化了处理器映射器、处理器适配器、多媒体解析器、位置解析器、主题解析器、异常解析器、请求到视图名解析器、视图解析器及 FlashMapManager

续表

方法名	方法含义
initMultipartResolver	初始化多媒体解析器，在 initStrategies 方法中被调用
initLocaleResolver	初始化位置解析器，在 initStrategies 方法中被调用
initThemeResolver	初始化主体解析器，在 initStrategies 方法中被调用
initHandlerMappings	初始化处理器映射器，在 initStrategies 方法中被调用
initHandlerAdapters	初始化处理器适配器，在 initStrategies 方法中被调用
initHandlerExceptionResolvers	初始化异常解析器，在 initStrategies 方法中被调用
initRequestToViewNameTranslator	初始化请求到视图名解析器，在 initStrategies 方法中被调用
initViewResolvers	初始化视图解析器，在 initStrategies 方法中被调用
initFlashMapManager	初始化 FlashMapManager，在 initStrategies 方法中被调用
getThemeSource	获取主题资源
getMultipartResolver	获取多媒体解析器
getDefaultStrategy	获取默认的策略配置
getDefaultStrategies	获取默认的策略配置 List 集合
createDefaultStrategy	通过上下文对象和相关对象的 class 类型，创建默认的策略配置
doService	处理 request 请求。无论通过 post 方式还是 get 方式提交的 request，最终都会交由 doservice()处理
doDispatch	处理拦截，转发请求，调用处理器获得结果，并绘制结果视图。在 doService 方法中被调用
applyDefaultViewName	设置默认视图名称。在 ModelAndView 没有配置视图的情况下，会跳转的默认视图
processDispatchResult	处理分派结果，响应用户
buildLocaleContext	创建本地上下文对象
checkMultipart	当前这个请求是否是一个 multipart request（即多媒体信息请求）
cleanupMultipart	清除多媒体请求信息。在 doDispatch 方法中被调用
getHandler	获取具体要执行的 Handler 处理器的方法
noHandlerFound	处理在没有匹配到正确的 Handler 时的逻辑
getHandlerAdapter	获取处理器适配器对象
processHandlerException	处理 Handler 处理器中抛出的异常信息
render	完成视图的渲染工作
getDefaultViewName	获取默认视图名称。在 applyDefaultViewName 方法中被调用
resolveViewName	将 ModelAndView 中的 view 定义为 view name，进而解析为 view 实例。在 render 方法中被调用
triggerAfterCompletion	作用是从当前的拦截器开始逆向调用每个拦截器的 afterCompletion 方法，并且捕获它的异常。在调用 Hander 之前会调用其配置的每一个 HandlerInterceptor 拦截器的 preHandle 方法，若有一个拦截器返回 false，则会调用 triggerAfterCompletion 方法，并且立即返回，不再向下执行。若所有的拦截器全部返回 true 且没有出现异常，则调用 Handler 返回 ModelAndView 对象。在 doDispatch 方法中被调用

续表

方法名	方法含义
triggerAfterCompletionWithError	相当于带有 Error 对象的 triggerAfterCompletion 方法。在 doDispatch 方法中被调用
restoreAttributesAfterInclude	恢复 request 请求参数的快照信息。在 doService 方法中被调用

通过表 10-1，可以清晰地看到前端控制器的所有方法及它们的作用，但是并不需要完全掌握所有方法的具体处理细节，只需要了解核心的处理方法即可。

小贴士：理解了核心方法后，再去理解其他方法的含义也会更加轻松。

前端控制器 DispatcherServlet 类中最核心的方法就是 doDispatch()，下面结合之前学习的 Spring MVC 的具体请求流程，来分析 doDispatch 方法的具体处理逻辑。

首先看一下 doDispatch 方法的逻辑代码：

```java
protected void doDispatch(HttpServletRequest request, HttpServletResponse
response) throws Exception {
    HttpServletRequest processedRequest = request;
    HandlerExecutionChain mappedHandler = null;
    boolean multipartRequestParsed = false;
    WebAsyncManager asyncManager = WebAsyncUtils.getAsyncManager(request);
    try {
        ModelAndView mv = null;
        Exception dispatchException = null;
        try {
            processedRequest = checkMultipart(request);
            multipartRequestParsed = processedRequest != request;
            mappedHandler = getHandler(processedRequest);
            if (mappedHandler == null || mappedHandler.getHandler() == null) {
                noHandlerFound(processedRequest, response);
                return;
            }
            HandlerAdapter ha = getHandlerAdapter(mappedHandler.getHandler());
            String method = request.getMethod();
            boolean isGet = "GET".equals(method);
            if (isGet || "HEAD".equals(method)) {
                long lastModified =ha.getLastModified(request, mappedHandler.
                  getHandler());
                if (logger.isDebugEnabled()) {
                    String requestUri = urlPathHelper.getRequestUri(request);
                    logger.debug("Last-Modified value for [" + requestUri + "] is: "
                      + lastModified);
                }
                if (new ServletWebRequest(request,
                  response).checkNotModified(lastModified)
                    && isGet) {return;}
```

```
        }
        if (!mappedHandler.applyPreHandle(processedRequest, response)) {return;}
        try {
            mv = ha.handle(processedRequest, response, mappedHandler.getHandler());
        }finally {
            if (asyncManager.isConcurrentHandlingStarted()) {return;}
        }
        applyDefaultViewName(request, mv);
            mappedHandler.applyPostHandle(processedRequest, response, mv);
        }catch (Exception ex) {dispatchException = ex;}
        processDispatchResult(processedRequest, response,
                mappedHandler, mv, dispatchException);
        }catch (Exception ex) {
            triggerAfterCompletion(processedRequest, response, mappedHandler, ex);
        }catch (Error err) {
            triggerAfterCompletionWithError(processedRequest,
                response, mappedHandler, err);
        }finally {
            if (asyncManager.isConcurrentHandlingStarted()) {
                mappedHandler.applyAfterConcurrentHandlingStarted
                    (processedRequest, response);
                return;
            }
            if (multipartRequestParsed) {cleanupMultipart(processedRequest);}
        }
    }
```

在 web.xml 中配置了名为"springmvc"的 Servlet，拦截了以".action"结尾的 URL 请求。当 Web 应用接收到该类请求后，会调用前端控制器 DispatcherServlet 类。以下是 DispatcherServlet 处理该类请求的步骤：

第一步，在接收到请求后，通过几级 Serlvet 类型的父类的处理，先调用 doService 在 request 中设置一些必需的参数。最终会调用 DispatcherServlet 的 doDispatch 方法。

第二步，在 doDispatch 方法中，首先检测 request 是否包含多媒体类型（如 File 文件上传），然后将检测后的 request 转换为 processedRequest 对象。之后检测 processedRequest 对象是否为原始 request（如果是，即原来的 request 不包含多媒体信息），然后将 boolean 结果赋给 multipartRequestParsed 变量（若 multipartRequestParsed 为 true，在最后会清除 processedRequest 对象中的多媒体信息）。

第三步，也是十分重要的一步，就是通过调用处理器映射器查找 Handler。调用 getHandler 来获取相关的处理器对象。在 getHandler 方法中，利用处理器映射器 HandlerMapping 通过 request 获取一个包含 Handler 处理器本身和其前后拦截器 interceptor 的处理器执行链 HandlerExecutionChain 对象。

第四步，通过 HandlerExecutionChain 对象获取具体的 Handler 处理器对象，此时使用 getHandlerAdapter 方法获取可以处理该类型的处理器适配器 HandlerAdapter 对象。

第五步，调用 HandlerAdapter 对象的 handle 方法，将可能带有多媒体信息的 processedRequest 对象、原始 request 对象，以及 Handler 处理器本身作为参数传入，handle 方法会根据这些参数去执行开发者自己开发的 Handler 的相关请求处理逻辑，并返回含有反馈信息和结果视图信息的 ModelAndView 对象。

第六步，获得 ModelAndView 对象后，会进行视图渲染，将 model 数据填充到 request 域。在 processDispatchResult 方法中会对 ModelAndView 对象进行处理。而在 processDispatchResult 方法中包含一个 render 方法，其参数为 ModelAndView 对象以及 request 和 response 对象。在 render 方法中，通过 resolveViewName 会获取到实际需要使用的视图 View 对象，这个对象的具体类型是由 XXX 决定的。然后就会执行具体的 View 对象的 render 方法来完成数据的显示过程。这里举一个视图类型的例子，它在 render 方法中具体执行了以下逻辑来绑定结果数据和视图：

```java
protected void exposeModelAsRequestAttributes(Map<String, Object> model, 
HttpServletRequest request) throws Exception {
    //遍历model里面的数据，填充到request域
    for (Map.Entry<String, Object> entry : model.entrySet()) {
        String modelName = entry.getKey();
        Object modelValue = entry.getValue();
        if (modelValue != null) {
            request.setAttribute(modelName, modelValue);
            if (logger.isDebugEnabled()) {
                logger.debug("Added model object '"
                    + modelName + "' of type [" + modelValue.getClass().getName()
                    +"] to request in view with name '" + getBeanName() + "'");
            }
        }else {
            request.removeAttribute(modelName);
            if (logger.isDebugEnabled()) {
                logger.debug("Removed model object '" + modelName +
                "' from request in view with name '" + getBeanName() + "'");
            }
        }
    }
}
```

可以看到，在这里会把 ModelAndView 中 model 的数据遍历出来，分为 key 和 value，并且将数据设置在 request 的 attribute 域中。之后加载页面时就可以使用标签在 requet 域中获取返回参数了。

以上就是整个前端控制器的核心源码的执行过程。

小贴士：这里并没有非常详细地为大家讲解每一个方法的具体逻辑，只是梳理了 DispatcherServlet 的整个处理过程的逻辑，帮助大家理解 Spring MVC 的处理过程，为大家以后进行开发提供基础。

10.2 视图解析器

前面讲解了 Spring MVC 处理流程最前面的模块前端控制器 DispatcherServlet，接下来我们讲解 Spring MVC 处理流程的最后一个模块，即视图解析器 ViewResolver。

前面流程中最终返回给用户的视图为具体的 View 对象，并且 View 对象中包含了 model 中的反馈数据。而视图解析器 ViewResolver 的作用就是，把一个逻辑上的视图名称解析为一个真正的视图，即将逻辑视图的名称解析为具体的 View 对象，让 View 对象去处理视图，并将带有返回数据的视图反馈给客户端。

Spring MVC 提供了很多视图解析器类，下面介绍一些常用的视图解析器类。

10.2.1 AbstractCachingViewResolver

该类为一个抽象类，实现了该抽象类的视图解析器会将其曾经解析过的视图进行缓存，当再次解析视图的时候，它会首先在缓存中寻找该视图，如果找到，就返回相应的视图对象，如果没有在缓存中找到，就创建一个新的视图对象，在返回的同时，将其放置到存放缓存数据的 map 对象中。实现该抽象类的视图解析器类，视图解析的能力会大大提高。

10.2.2 UrlBasedViewResolver

该类是对 ViewResolver 的一种简单实现，它继承了抽象类 AbstractCachingViewResolver（也就是说它具有对已解析视图进行缓存的功能）。这是一种通过拼接资源文件的 URI 路径来展示视图的一种解析器。它通过 prefix 属性指定视图资源所在路径的前缀信息，通过 suffix 属性指定视图资源所在路径的后缀信息（一般是视图文件的格式）。当 ModelAndView 对象返回具体的 View 名称时，它会将前缀 prefix 与后缀 suffix 与具体视图名称拼接，得到一个视图资源文件的具体加载路径，从而加载真正的视图文件并反馈给用户。

例如前缀属性 prefix 配置的值为 "/WEB-INF/page"，后缀 suffix 属性配置的值为 ".jsp"，ModelAndView 中 View 视图的名称为 "/user/login"，那么 UrlBasedViewResolver 最终解析出来的视图资源文件的加载路径就为 "/WEB-INF/page/user/login.jsp"。需要注意的是，默认的 prefix 与 suffix 都为空值。

UrlBasedViewResolver 支持返回的视图名称中含有 "redirect:" 及 "forword:" 前缀，即支持视图的 "重定向" 和 "内部跳转" 设置。例如，当视图名称为 "redirect:login.action" 时，UrlBasedViewResolver 会把返回的视图名称前缀 "redirect:" 去掉，取后面的 login.action 组成一个 RedirectView，在 RedirectView 中把请求返回的 model 模型属性组合成查询参数的形式，组合到 redirect 的 URL 后面，然后调用 HttpServletResponse 对象的 sendRedirect 方法进行重定向。而如果名称中包含 "forword:"，视图名称会被封装成一个 InternalResourceView 对象，然后在服务器端利用 RequestDispatcher 的 forword 方式跳转到指定的地址。

UrlBasedViewResolver 视图解析器在 Spring MVC 核心配置文件 spring.xml 中的配置样例如下：

```xml
<bean class="org.springframework.web.servlet.view.UrlBasedViewResolver">
    <property name="prefix" value="/WEB-INF/jsp" />
    <property name="suffix" value=".jsp" />
    <property name="viewClass"
        value="org.springframework.web.servlet.view.InternalResourceView"/>
</bean>
```

使用 UrlBasedViewResolver 除了要配置前缀属性 prefix 和后缀属性 suffix 之外，还要配置一个"viewClass"，表示解析成哪种视图。上面的样例配置中使用的 viewClass 为 InternalResourceView，它用来展示 JSP 页面。学习过 Java Web 的开发者应该知道，存放在 /WEB-INF/ 下面的内容是不能直接通过 request 请求的方式请求到的，所以一般为了安全性考虑，通常会把 jsp 文件放在 WEB-INF 目录下，而 InternalResourceView 在服务器端以跳转的方式可以很好地解决这个问题。

注意：要使用 jstl 标签展现数据，就要使用 JstlView。

10.2.3 InternalResourceViewResolver

InternalResourceViewResolver 名为"内部资源视图解析器"，是在日常开发中最常用的视图解析器类型。它是 UrlBasedViewResolver 的子类，拥有 UrlBasedViewResolver 的一切特性。

InternalResourceViewResolver 自身的特点是，它会把返回的视图名称自动解析为 InternalResourceView 类型的对象，而 InternalResourceView 会把 Controller 处理器方法返回的模型属性都存放到对应的 request 属性中，然后通过 RequestDispatcher 在服务器端把请求重定向到目标 URL。也就是说，当使用 InternalResourceViewResolver 试图解析的时候，无须再单独指定 viewClass 属性了。样例配置如下：

```xml
<bean
class="org.springframework.web.servlet.view.InternalResourceViewResolver">
    <property name="prefix" value="/WEB-INF/jsp"/>
    <property name="suffix" value=".jsp"></property>
</bean>
```

上面的配置实现了，当一个被请求的 Controller 处理器方法返回一个名为"login"的视图时，InternalResourceViewResolver 会将"login"解析成一个 InternalResourceView 的对象，然后将返回的 model 模型属性信息存放到对应的 HttpServletRequest 属性中，最后利用 RequestDispatcher 在服务器端把请求 forword 到"/WEB-INF/jsp/login.jsp"上。

小贴士：利用前缀和后缀的配置，可以大大减少 Controller 中视图定义的代码。

10.2.4 XmlViewResolver

该视图解析器也继承了 AbstractCachingViewResolver 抽象类（具有缓存视图页面的能力）。

使用 XmlViewResolver 需要添加一个 xml 配置文件，用于定义视图的 bean 对象。当获得 Controller 方法返回的视图名称后，XmlViewResolver 会到指定的配置文件中寻找对应 name 名称的视图 bean 的配置，解析并处理该视图。

如果不指定 XmlViewResolver 的配置文件，那么默认配置文件为/WEB-INF/views.xml，如果不想使用默认值，可以在 springmvc.xml 中配置 XmlViewResolver 时，指定其 location 属性，在 value 中指定配置文件所在的位置。样例配置如下：

```
<bean class="org.springframework.web.servlet.view.XmlViewResolver">
   <property name="location" value="/WEB-INF/config/views.xml"/>
   <property name="order" value="1"/>
</bean>
```

该配置被设置了一个属性"order"，它的作用是，在配置有多种类型的视图解析器的情况下（即使有 ViewResolver 链），order 会指定该视图解析器的处理视图的优先级，order 的值越小优先级越高。特别要说明的是，order 属性在所有实现 Ordered 接口的视图解析器中都适用。

视图 XML 配置文件 views.xml 的配置如下：

```
<?xml version="1.0" encoding="UTF-8"?>
<beans xmlns="http://www.springframework.org/schema/beans"
   xmlns:xsi="http://www.w3.org/2001/XMLSchema-instance"
   xsi:schemaLocation="http://www.springframework.org/schema/beans
    http://www.springframework.org/schema/beans/spring-beans-3.0.xsd">
   <bean id="login" class="org.springframework.web.servlet.view.Internal-ResourceView">
      <property name="url" value="/login.jsp"/>
   </bean>
</beans>
```

views.xml 配置文件遵循的 DTD 规则和 Spring 的 bean 工厂配置文件相同，所以 bean 中的标签规范与 springmvc.xml 中的 bean 相关的规范相同。在上面的配置中添加了一个 id 为"internalResource"的 InternalResourceView 视图类型的 bean 配置，其中配置了 url 的映射参数。当 Controller 返回一个名为"login"的视图时，XmlViewResolver 会在 views.xml 配置文件中寻找相关的 bean 配置中包含该 id 的视图配置，并遵循 bean 配置的 View 视图类型进行视图的解析，将最终的视图页面显示给用户。

小贴士：XmlViewResolver 的默认配置文件为/WEB-INF/views.xml。

10.2.5　BeanNameViewResolver

该视图解析器与 XmlViewResolver 解析器的配置模式类似，也是让返回的逻辑视图名称去匹配配置好的 bean 配置。与 XmlViewResolver 解析器不同的是，XmlViewResolver 将 bean 配置文件配置在外部的 XML 文件中，而 BeanNameViewResolver 将视图的 bean 配置信息一起配置在 Spring MVC 的核心配置文件 springmvc.xml 中。BeanNameViewResolver 要求视图 bean 对象都定义在 Spring 的 application context 中。

这里为大家展示一个例子。在 springmvc.xml 中配置 BeanNameViewResolver 视图解析器，以及一个 id 为 helloWorld 的 InternalResourceview 类型的 bean 对象：

```xml
<bean class="org.springframework.web.servlet.view.BeanNameViewResolver">
    <property name="order" value="1"/>
</bean>

<bean id="helloWorld" class="org.springframework.web.servlet.view.InternalResourceView">
    <property name="url" value="/main.jsp"/>
</bean>
```

当在 Controller 处理类中返回的 ModelAndView 对象中，View 视图的指定名称为"helloWorld"时，会跳转至 main.jsp 页面。

注意：BeanNameViewResolver 不会对视图进行缓存。

10.2.6 ResourceBundleViewResolver

该视图解析器与 XmlViewResolver 解析器一样，继承了 AbstractCachingViewResolver 抽象类，并且也需要有一个配置文件来定义逻辑视图名称和真正的 View 对象的对应关系。与 XmlViewResolver 不同的是，ResourceBundleViewResolver 的配置文件并不是 XML 文件，而是一个 properties 属性文件，且必须放置在 classpath 根目录下。

默认情况下，配置文件为 classpath 根目录下的 view.properties，如果不想使用默认的文件，则可以在 Spring MVC 配置文件中定义 ResourceBundleViewResolver 的 bean 信息时，指定 baseName 为自定义的 properties 文件名称。或者为 baseName 属性指定一个模糊文件头信息，凡是包含该文件头的都可以被加载（如指定 baseName 的名称为 view，那么 view.properties、viewSource.properties 等一切以 view 开头的 properties 都会被加载）。

ResourceBundleViewResolver 的 properties 信息定义如下：

```
userViewSource.(class)=org.springframework.web.servlet.view.InternalResourceView
userViewSource.url=/userManage.jsp
testViewSource.(class)=org.springframework.web.servlet.view.InternalResourceView
testViewSource.url=/test.jsp
```

在该资源文件中，使用 userViewSource.(class)来指定它对应的视图类型，userViewSource.url 指定这个视图的 url 属性。所以上面的资源文件分别配置了名为"userViewSource"和"testViewSource"的两个 InternalResourceView 类型的视图对象，并分别配置了它们对应的 URL 路径。

通过上面的配置文件，ResourceBundleViewResolver 最后实际上会生成如下两个 bean 对象：

```xml
<bean id="userViewSource" class="org.springframework.web.servlet.view.InternalResourceView">
    <property name="url" value="/userManage.jsp"/>
</bean>
```

```xml
<bean id="testViewSource" class="org.springframework.web.servlet.view.
InternalResourceView">
   <property name="url" value="/test.jsp"/>
</bean>
```

其实 ResourceBundleViewResolver 通过 properties 配置出来的结果与 XmlViewResolver 解析器使用 XML 配置文件配置的类似，这使得 ResourceBundleViewResolver 也支持解析多种不同类型的 View（通过配置文件配置不同的视图类型）。

使用 ResourceBundleViewResolver 视图解析器时，首先要在 Spring MVC 的核心配置文件 springmvc.xml 中添加 ResourceBundleViewResolver 的 bean 配置：

```xml
<bean class="org.springframework.web.servlet.view.ResourceBundleViewResolver">
   <property name="basename">
      <value>viewResuorce</value>
   </property>
   <property name="order" value="1" />
</bean>
```

上面指定读取的 properties 属性文件名称为"viewResuorce"，然后指定其优先级 order 为 1。

然后在 classpath 根目录下创建一个名为 "viewResuorce.properties" 的属性文件，在其中进行以下配置：

```
aaa.(class)=org.springframework.web.servlet.view.InternalResourceView
aaa.url=/test1.jsp
bbb.(class)=org.springframework.web.servlet.view.InternalResourceView
bbb.url=/test1.jsp
```

然后，在控制器 Controller 类的映射方法中，可以通过返回代表视图信息的 String 字符串来指定要返回的视图：

```java
@Controller
@RequestMapping("/viewtest")
public class ViewController {
   @RequestMapping("aaa")
   public String TestAAAResource() {
      return "aaa";
   }

   @RequestMapping("bbb")
   public String TestBBBResource() {
      return "aaa";
   }
}
```

当请求 "viewtest/aaa.action" 时，ResourceBundleViewResolver 会按照 Controller 方法返回的逻辑视图名称进行解析，最终返回一个 url 为/index.jsp 的 InternalResourceView 对象。

小贴士：ResourceBundleViewResolver 也支持解析多种不同类型的 View。

10.2.7　FreeMarkerViewResolver 与 VelocityViewResolver

一般来说，FreeMarkerViewResolver 会将 Controller 返回的逻辑视图信息解析为 FreeMarkerView 类型，而 VelocityViewResolver 会将逻辑视图信息解析为 VelocityView。FreeMarkerViewResolver 与 VelocityViewResolver 有一个共同点，就是它们都是 UrlBasedViewResolver 的子类，可以通过 prefix 属性指定视图资源所在路径的前缀信息，通过 suffix 属性指定视图资源所在路径的后缀信息。两者都不需要再指定 viewClass 属性，因为在 ViewResolver 中已经指定了 viewClass 的类型。

以 FreeMarkerViewResolver 为例，FreeMarkerViewResolver 最终会解析逻辑视图配置，返回一种 Freemarker 模板，该模板负责将数据模型中的数据合并到模板中，从而生成标准输出（可以生成各种文本，包括 HTML、XML、RTF、Java 源代码等）。

对于 FreeMarkerViewResolver 的配置，首先在 Spring MVC 的核心配置文件 springmvc.xml 中添加 FreeMarkerViewResolver 的 bean 配置以及前后缀和优先级：

```xml
<bean class="org.springframework.web.servlet.view.freemarker.FreeMarkerViewResolver">
   <property name="prefix" value="fm_"/>
   <property name="suffix" value=".ftl"/>
   <property name="order" value="1"/>
</bean>
```

这里还没有配置完毕，还需要指定 FreeMarkerView 类型最终生成的实体视图（模板文件）的路径以及其他配置，所以需要给 FreeMarkerViewResolver 设置一个 FreeMarkerConfig 的 bean 对象来定义 FreeMarker 的配置信息：

```xml
<bean class="org.springframework.web.servlet.view.freemarker.FreeMarkerConfigurer">
   <property name="templateLoaderPath" value="/WEB-INF/freemarker/template"/>
</bean>
```

定义了 templateLoaderPath 属性后，Spring 可以通过该属性找到 FreeMarker 的模板文件的具体位置。当有模板位于不同的路径时，可以配置 templateLoaderPaths 属性，在其中指定多个资源路径。

然后定义一个 Controller，让其返回 ModelAndView 时，定义一些返回参数和视图信息：

```java
@Controller
@RequestMapping("/viewtest")
public class ViewController {
   @RequestMapping("freemarker")
   public ModelAndView freemarker() {
     ModelAndView mv = new ModelAndView();
     mv.addObject("username", "张三");
     mv.setViewName("freemarker");
     return mv;
   }
}
```

当 FreeMarkerViewResolver 解析逻辑视图信息时，会生成一个 URL 为"前缀+视图名+后缀"（这里即"fm_freemarker.ftl"）的 FreeMarkerView 对象，然后通过 FreeMarkerConfigurer 的配置找到 templateLoaderPath 对应的文本文件的路径，在该路径下找到该文本文件，从而 FreeMarkerView 就可以利用该模板文件进行视图的渲染，并将 model 数据封装到即将要显示的页面上，最终展示给用户。

所以还要在"/WEB-INF/freemarker/template"文件夹下创建一个名为"fm_freemarker.ftl"的文本文件，具体内容如下：

```html
<html>
    <head>
        <title>FreeMarker</title>
    </head>
    <body>
        <h1>My Page</h1>
        <b>Welcome!</b><i>${username}</i>
    </body>
</html>
```

可以看到，在 ftl 格式的文件中也可以使用 ongl 方式获取在 model 中封装的数据。最终返回给用户的视图效果如图 10-1 所示。

小贴士：使用 FreeMarkerViewResolver 可以生成 Freemarker 模板，此模板十分强大，你可以根据模板规则，合并数据模型中的数据生成各种类型的文本，如 HTML、XML、RTF 等。

图 10-1 视图效果

10.2.8 ViewResolver 链

原则上说，是可以在 Spring MVC 的核心配置文件 springmvc.xml 中配置多个视图解析器（ViewResolver）的，将这些 ViewResolver 配置在一起使用，就形成了一个 ViewResolver 链。这些视图解析器之间并不会冲突，因为所有的 ViewResolver 都实现了 Ordered 接口，只需要通过 order 属性为它们指定优先级即可（即按照哪种顺序去调用解析器）。order 属性是 Integer 类型，order 越小，对应的 ViewResolver 将有越高的解析视图的优先级。

当 Controller 返回一个逻辑视图名称时，ViewResolver 链将根据其中 ViewResolver 的优先级来对逻辑视图进行处理，如果高优先级的 ViewResolver 没有解析出视图，说明该视图类型并不为此 ViewResolver 所兼容，此时就会让下一个优先级的 ViewResolver 去解析该视图。如果定义的所有 ViewResolver 都不能解析该视图，就抛出异常。

注意：建议在 ViewResolver 中，将 InternalResourceViewResolver 解析器优先级设置为最低，因为该解析器能解析所有类型的视图，并返回一个不为空的 View 对象。

第 11 章 请求映射与参数绑定

前面我们学习了 Spring MVC 的基本环境搭建、前端控制器、处理器映射器和适配器，以及视图解析器等内容。按照 Spring MVC 的请求流程，已经基本上把请求流程中的重要模块全部学习完了。但是还有一个很重要的模块我们还没有剖析过，那就是平时开发人员需要编写的模块——Handler 处理器模块。

Handler 处理器在 Spring MVC 中占据着重要的位置，它主要负责请求的处理和结果的返回。你是否还记得前面提到过的 MVC 架构，其实作为处理请求逻辑和返回请求结果的模块，Handler 就扮演了 MVC 架构中的控制层（Controller）。本章将详细讲解 Controller 控制层的开发，即 Handler 控制器的开发规范，包括注解的使用、参数的绑定等。

本章涉及的知识点有：

- Controller 与 RequestMapping 注解的配置
- 参数的绑定过程
- 各种类型参数的绑定

11.1 Controller 与 RequestMapping

前面讲解注解的处理器和适配器时，讲到了有一种默认的注解的处理器和适配器配置，即 annotation-driven 标签。它会自动注册处理器映射器和处理器适配器，并且除此之外还提供了数据绑定支持。配置形式如下：

```
<mvc:annotation-driven></mvc:annotation-driven>
```

这种配置在日常开发中是最常用的处理器及映射器的配置，利用 Spring MVC 提供的默认的注解配置，可以省去许多的开发配置，因此提高了开发效率。

在使用 annotation-driven 标签时，处理器 Handler 的类型要符合 annotation-driven 标签指定的处理器映射器和适配器的类型。annotation-driven 标签指定的默认处理器映射器和适配器在 Spring 3.1 之前为 DefaultAnnotationHandlerMapping、AnnotationMethodHandlerAdapter，在 Spring 3.1 之后为 RequestMappingHandlerMapping 和 RequestMappingHandlerAdapter。

每一个处理器适配器都实现了 HandlerAdapter 接口，而 HandlerAdapter 定义了三个方法，源码为：

```
package org.springframework.web.servlet;

import javax.servlet.http.HttpServletRequest;
import javax.servlet.http.HttpServletResponse;
public interface HandlerAdapter {
    boolean supports(Object handler);
    ModelAndView handle(HttpServletRequest request, HttpServletResponse response, Object handler) throws Exception;
    long getLastModified(HttpServletRequest request, Object handler);
}
```

其中的 supports 方法用来检测 Handler 是否是支持的类型，我们需要看一下 3.1 版前后的 AnnotationMethodHandlerAdapter 及 RequestMappingHandlerAdapter 的 supports 方法源码。

AnnotationMethodHandlerAdapter 的 supports 方法源码如下：

```
public boolean supports(Object handler) {
    return getMethodResolver(handler).hasHandlerMethods();
}
```

其中 hasHandlerMethods 方法为 HandlerMethodResolver 的方法，如下：

```
public final boolean hasHandlerMethods() {
    return !this.handlerMethods.isEmpty();
}
```

上面的逻辑表示，Handler 处理器中至少存在一个方法，也即这个 Handler 中至少要有一个含有 @RequestMapping 注解的方法。

对于 RequestMappingHandlerAdapter，其本身并没有重写 supports 方法，它的 supports 方法定义在父类 AbstractHandlerMethodAdapter 中，源码如下：

```
public final boolean supports(Object handler) {
    return handler instanceof HandlerMethod && supportsInternal((HandlerMethod) handler);
}
```

可以看出，RequestMappingHandlerAdapter 支持 HandlerMethod 类型的 Handler，而 HandlerMethod 会访问方法参数、方法返回值及方法的注解，所以它支持含有注解信息的 Handler 类。

在配置了注解的处理器映射器和适配器的情况下，当使用 @Controller 注解去标识一个类时，其实就是告诉 Spring MVC 该类是一个 Handler 控制器类。在配置了 component-scan 标签后，当 Spring 初始化 Bean 信息时，会扫描到所有标注了 @Controller 注解的类，并将其作为 Handler

来加载。

提示：可以在@Controller 注解上指定一个请求域，表示整个 Controller 的服务请求路径在该域下访问。

Spring MVC 的控制层是基于方法开发的，通过前面对 AnnotationMethodHandler- Adapter 及 RequestMappingHandlerAdapter 的 supports 方法源码的剖析，可以知道注解的 Handler 必须在类中实现处理请求逻辑的方法，并且使用注解标注它们处理的 URL 路径。在@Controller 中编写的方法需要标注@RequestMapping 注解，表明该方法是一个处理前端请求的方法。

@RequestMapping 注解的作用是为控制器指定可以处理哪些 URL 请求，该注解可以放置在类上或者方法上。当放置在类上时，提供初步的 URL 请求映射信息，即一个前置请求路径（相对于 Web 应用的根目录）。当放置在方法上时，提供进一步的细分 URL 映射信息，相对于类定义处的 URL。若类定义处未标注 @RequestMapping，则方法处标记的 URL 相对于 Web 应用的根目录。

使用@RequestMapping 注解时，如果为其指定一个 URL 映射名，则指定其 value 属性即可，如映射路径为"/test"：

```
@RequestMapping(value="/test")
```

而一般不在@RequestMapping 中配置其他属性时，可以省去 value 参数名，直接编写一个代表 URL 映射信息的字符串即可，@RequestMapping 会默认匹配该字符串为 value 属性的值：

```
@RequestMapping("/test")
```

但是要注意的是，如果@RequestMapping 中配置了 value 属性之外的其他属性，则必须声明 value 属性，不可省略。

下面是一个@RequestMapping 注解的例子，这里只为其中的方法设置了 RequestMapping 注解：

```
@Controller
public class MyController {
    @RequestMapping("/test")
    public String test() {
        return "success";
    }
}
```

假设工程名为"Spring MVC"，默认后缀名为".action"。那么这里 test()处理的 URL 请求路径则是 http://localhost:8080/SpringMVC/test.action。

如果在类上也添加@RequestMapping 注解，就会为整个 Handler 类的@RequestMapping 的 URL 添加一个前缀路径：

```
@Controller
@RequestMapping("/test")
```

```
public class MyController {
    @RequestMapping("/userTest")
    public String userTest() {
        return "success";
    }
}
```

若工程名为"Spring MVC",默认后缀名为".action",则这里 userTest() 处理的 URL 请求路径是 http://localhost:8080/SpringMVC/test/userTest.action。

注解 @RequestMapping 还可以限定请求方法、请求参数、请求头。

对于请求方法,@RequestMapping 的 method 属性可以指定"GET"或"POST"请求类型,表明该 URL 只能以某种请求方式请求才能获得响应:

```
@Controller
public class MyController {
    @RequestMapping(value="/test",method=RequestMethod.GET)
    public String test() {
        return "success";
    }
}
```

这里访问"/test"请求时,只能接受 GET 请求类型。可以看到,指定的"GET"或"POST"请求类型需要由 RequestMethod 枚举类来表示,以达到一种规范。

对于请求参数,@RequestMapping 的 param 属性可以指定某一种参数名类型,当请求数据中含有该名称的请求参数时,才能进行响应:

```
@Controller
public class MyController {
    @RequestMapping(value="/test",params="username")
    public String test() {
        System.out.println("只接受 username 参数");
        return "success";
    }
}
```

该配置表示,当一个 URL 请求中不含有名称为"username"的参数时,该方法就拒绝此次请求。

对于请求头,@RequestMapping 的 headers 属性可以指定某一种请求头类型,当请求数据头的类型符合指定的值时,才能进行响应:

```
@Controller
public class MyController {

@RequestMapping(value="/test",headers="Content-Type:text/html;charset=UTF-8")
```

```
    public String test() {
        System.out.println("只接受请求头中 Content-Type 为 text/html;charset=UTF-8
的请求");
        return "success";
    }
}
```

该配置表示，当一个请求头中的 Content-Type 为 "text/html;charset=UTF-8" 的参数时，该方法才会处理此次请求。

还有两个属性，分别是 consumes 和 produces。其中 consumes 表示处理请求的提交内容类型（Content-Type），例如 "application/json, text/html"。而 produces 表示返回的内容类型，仅当 request 请求头中的（Accept）类型中包含该指定类型时才返回。

下面是一个 consumes 的例子：

```
@RequestMapping(value = "/pets", method = RequestMethod.POST, consumes=
"application/json")
public void addPet(Pet pet, Model model) {
    // implementation omitted
}
```

该配置表示方法仅处理 request 的 Content-Type 为 "application/json" 类型的请求。

下面是一个 produces 的例子：

```
@Controller
@RequestMapping(value = "/getpet", method = RequestMethod.GET, produces=
"application/json")
@ResponseBody
public Pet getPet(String petId, Model model) {
    // implementation omitted
}
```

该配置表示方法仅处理 request 请求中 Accept 头中包含 "application/json" 的请求，同时暗示了返回的内容类型为 application/json。

小贴士：指定 consumes 和 produces 可以规范请求的 Content-Type 内容类型。

11.2 参数绑定过程

我们知道，当用户在页面触发某种请求时，一般会将一些参数（key/value）带到后台。在 Spring MVC 中可以通过参数绑定，将客户端请求的 key/value 数据绑定到 Controller 处理器方法的形参上。

当用户发送一个请求时，根据 Spring MVC 的请求处理流程，前端控制器会请求处理器映射器 HandlerMapping 返回一个处理器（或处理器链），然后请求处理器适配器 HandlerAdapter 执行相应的 Handler 处理器。此时，处理器映射器 HandlerAdapter 会调用 Spring MVC 提供的参数绑定组件将请求的 key/value 数据绑定到 Controller 处理器方法对应的形参上。

关于 Spring MVC 的参数绑定组件，早期版本中使用 PropertyEditor，其只能将字符串转换为 Java 对象，而后期版本中使用 Converter 转换器，它可以进行任意类型的转换。 Spring MVC 提供了很多的 Converter 转换器，但在特殊情况下需要自定义 Converter（如日期数据绑定）。

Spring MVC 中有一些默认支持的类型，这些类型可以直接在 Controller 类的方法中定义，在参数绑定的过程中遇到该种类型就直接进行绑定。其默认支持的类型有以下几种：HttpServletRequest、HttpServletResponse、HttpSession 及 Model/ModelMap。HttpServletRequest 可以通过 request 对象获取请求信息；HttpServletResponse 可以通过 response 对象处理响应信息；HttpSession 可以通过 session 对象得到 session 中存放的对象；而对于 Model/ModelMap，其中 Model 是一个接口，ModelMap 是一个接口实现，它的作用就是将 model 数据填充到 request 域。

11.2.1 简单类型参数绑定

在 Spring MVC 中还可以自定义简单类型，这些类型也是直接在 Controller 类的方法中定义，在处理 key/value 信息时，就会以 key 名寻找 Controller 类的方法中具有相同名称的形参并进行绑定。

例如下面这个例子：

```
@RequestMapping(value="/queryFruit",method={RequestMethod.GET})
public String queryFruitById(Model model,Integer id)throws Exception{
    //调用 service 获取水果商品列表
    Fruits fruit=fruitsService.queryFruitById(id);
    //通过形参中的 model 将 model 数据传到页面
    //相当于 modelAndView.addObject 方法
    model.addAttribute("fruit", fruit);
    return "fruits/fruitsDetail";
}
```

可以在执行 queryFruit 请求时，为其指定一个参数 id。由于通过 RequestMapping 的 method 属性指定了请求类型为 GET 类型，所以使用下面的 URL 请求：

http://localhost:8080/SpringMVC/test/queryFruit.action?id=1

就可以获得 id 为 1 的水果商品的详细信息。

当然，如果参数名字不为"id"，绑定就不会成功，不过可以通过使用注解的方式为请求参数指定别名。注解@RequestParam 可以对自定义简单类型的参数进行绑定，即如果使用@RequestParam，就无须设置 controller 方法的形参名称与 request 传入的参数名称一致。而不使用@RequestParam 时，就要求 controller 方法的形参名称与 request 传入的参数名称一致，这样才能够绑定成功。

假设执行 queryFruit 请求时，传入的 id 属性名称为 fruit_id，而 Java 代码使用的是驼峰命名，那么可以通过@RequestParam 注解来指定绑定名称，而在形参中继续使用驼峰命名：

```
@RequestMapping(value="/queryFruit",method={RequestMethod.GET})
public  String  queryFruitById(Model  model,@RequestParam(value="fruit_id")
Integer fruitId)
throws Exception{
    //调用 service 获取水果商品列表
    Fruits fruit=fruitsService.queryFruitById(fruitId);
    //通过形参中的 model 将 model 数据传到页面
    //相当于 modelAndView.addObject 方法
    model.addAttribute("fruit", fruit);
    return "fruits/fruitsDetail";
}
```

当 Controller 方法有多个形参时，如果请求中不包含其中的某个形参，此时是不会报错的，所以使用该参数时要进行空校验。如果要求绑定的参数一定不能为空，可使用@RequestParam 注解中的 required 属性来指定该形参是否必须传入，required 属性为"true"指定参数必须传入。例子如下：

```
@RequestMapping(value="/queryFruit",method={RequestMethod.GET})
public String queryFruitById(Model model,
     @RequestParam(value="fruit_id",required=true) Integer fruitId)  throws
Exception{
    //...
}
```

在上面的例子中，如果请求中没有包含 id 这个参数，则会报出如图 11-1 所示的错误。

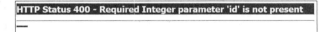

图 11-1　指定传入参数未传入错误

在 Controller 方法的形参中，如果有一些参数可能为空，但是又期望它们为空时有一个默认值，此时可以使用@RequestParam 注解中的 defaultValue 属性来指定某些参数的默认值。例子如下：

```
@RequestMapping(value="/queryFruit",method={RequestMethod.GET})
public String queryFruitById(Model model,
     @RequestParam(value="fruit_id",defaultValue="1")    Integer    fruitId)
throws Exception{
    //...
}
```

在上面的例子中，如果请求中没有 fruit_id 参数，或者 id 参数值为空，此时处理器适配器会使用参数绑定组件将 fruit_id 的默认值 defaultValue（为 1）取出赋给形参 fruitId。

小贴士：利用@RequestParam 注解可以解决很多参数绑定的问题。

11.2.2 包装类型参数绑定

在前面学习 MyBatis 时，我们知道，MyBatis 可以接受的 paramterType 参数除了简单类型之外还可以是包装类型（JavaBean 或类似包装类）。其实这就意味着，Web 端可以接受并绑定包装类型的数据，在 Service 业务层稍微处理之后，交给 DAO 数据处理层处理，MyBatis 利用自己的这一特性，会将包装类型映射在 paramterType 参数中，进而可以与数据库交互，通过包装类型参数查询出结果。

说明：那么 Web 端是由 Spring MVC 前端框架来控制的，我们也知道前面使用 Controller 方法映射了简单类型的参数，同样，Controller 也可以映射前台页面中包含的包装类型参数。

这里为了让大家更好地理解 Spring MVC 处理包装类型的方式，我们在之前的 Spring MVC 样例工程的基础上编写一个小例子。需求很简单，就是可以通过水果的名称、出产地来模糊搜索相关的水果列表。

在之前的 Spring MVC_Test 工程下添加一个水果条件模糊搜索页面。在 WebRoot/WEB-INF/jsp/fruits 路径下编写名为"findFruits.jsp"的 JSP 页面，其中有名称、产地的搜索框和搜索按钮，搜索结果在下面以 table 列表形式显示：

```jsp
<%@ page language="java" contentType="text/html; charset=UTF-8"
    pageEncoding="UTF-8"%>
<%@ taglib uri="http://java.sun.com/jsp/jstl/core" prefix="c" %>
<html>
  <head>
    <meta http-equiv="Content-Type" content="text/html; charset=UTF-8">
    <title>水果列表</title>
  </head>
  <body>
    <form action="queryFruitsByCondition.action" method="post">
        名称：<input type="text" name="name"/>  
        产地：<input type="text" name="producing_area"/>
      <input type="submit" value="搜索"/>
    </form>
    <hr/>
    <h3>搜索结果</h3>
    <table width="300px;" border=1>
      <tr>
        <td>名称</td>
        <td>价格</td>
        <td>产地</td>
      </tr>
      <c:forEach items="${fruitsList }" var="fruit">
        <tr>
          <td>${fruit.name }</td>
          <td>${fruit.price }</td>
```

```
            <td>${fruit.producing_area }</td>
        </tr>
      </c:forEach>
     </table>
   </body>
</html>
```

可以看到，搜索区域是包裹在 form 表单中的，其中要请求的 action 地址为要在 Controller 中编写的模糊搜索方法对应的 URL "queryFruitsByCondition"，而搜索条件的 input 中，可以看到 name 指定的名称为 Fruits 包装类中的属性名，这种类型将会被 Spring MVC 的处理器适配器解析，它会创建具体的实体类，并将相关的属性值通过 set 方法绑定到包装类中。

在 controller 包下创建名为 FindControllerTest 的类，然后给该类添加代表控制器的注解 @Controller，然后编写名为 "queryFruitsByCondition" 的方法，并指定方法参数为 Fruits 实体类，由于是模糊搜索，所以返回多个搜索结果，是一个 list 集合。方法中的逻辑就是将从前端页面传来的 Fruits 实体类，传递给 Service 的模糊查询方法，得到结果。

Controller 类的具体代码如下：

```
package cn.com.mvc.controller;
import java.util.List;
import org.springframework.stereotype.Controller;
import org.springframework.ui.Model;
import org.springframework.web.bind.annotation.RequestMapping;
import cn.com.mvc.model.Fruits;
import cn.com.mvc.service.FruitsService;
import cn.com.mvc.service.FruitsServiceImpl;

@Controller
@RequestMapping("query")
public class FindControllerTest {

    private FruitsService fruitsService = new FruitsServiceImpl();

    @RequestMapping("queryFruitsByCondition")
    public String queryFruitsByCondition(Model model,Fruits fruits){
        List<Fruits> findList=null;
        if(fruits==null||
            (fruits.getName()==null&&fruits.getProducing_area()==null)){
            //如果 fruits 或查询条件为空，默认查询所有数据
            findList=fruitsService.queryFruitsList();
        }else{
            //如果 fruits 查询条件不为空，按条件查询
            findList=fruitsService.queryFruitsByCondition(fruits);
        }
        //将 model 数据传到页面
        model.addAttribute("fruitsList", findList);
```

```
        return "/fruits/findFruits";
    }
}
```

在类名及 queryFruitsByCondition 方法上，分别使用了 @RequestMapping 注解，指定了请求响应，URL 为 "query/queryFruitsByCondition"（action 后缀在 web.xml 中设置）。在该方法中设置了两个参数，一个是返回视图数据的 Model 对象，一个是接收前端页面绑定的实体类对象（封装了 form 表单中的 input 标签中的参数）。通过形参获得 Fruits 实体对象，然后根据 Fruits 的空值情况判断调用不同的 Service 方法来获取不同的数据。

小贴士：这里可以在 Service 中进行空校验，或者直接在 Mapper 的 SQL 配置中进行空校验，省去 Controller 层的多余判定。

值得说明的是，同样可以在形参中放置 HttpServletRequest 和 HttpServletResponse，它们的使用方式和 Servlet 中的 request 和 response 一样。可以不在 Controller 的方法中定义实体类的参数（例如不指定 fruits 形参），也可以直接从 request 通过参数名获取参数本身，例如可以这样获取水果查询实体对象：

```
@RequestMapping("queryFruitsByCondition")
    public String queryFruitsByCondition(Model model,
        HttpServletRequest request,HttpServletResponse response){
      Fruits fruits=request.getParameter("fruits");
        //下面代码省略
}
```

同理，也可以像在 Servlet 中使用 response 一样在 Controller 的方法中使用 response。例如使用 response 进行重定向，但是这里不经过视图解析器解析，而是使用 Servlet 本身的结果页面展示机制。示例如下：

```
response.sendRedirect("home.action");
```

注意，最终返回了一个 JSP 视图的路径 "/fruits/findFruits"，但并不是一个完整的路径，原因是这里视图解析器使用的是 InternalResourceViewResolver，前缀 prefix 为 "/WEB-INF/jsp"，后缀 suffix 为 ".jsp"。所以在这里只需要返回相应的 JSP 视图的名称即可。

这里水果商品的 JavaBean 实体类和之前章节建立的类似，为了规范数据，添加了一个 id 属性。代码如下：

```
package cn.com.mvc.model;
public class Fruits {
    private int id;//id主键
    private String name; //水果名
    private double price; //价格
    private String producing_area; //产地
    //get 与 set 方法省略
}
```

然后将 Service 从之前的测试类中抽象出来，分为接口和实现。再为条件模糊搜索添加一个方法定义，名为"queryFruitsByCondition"：

```java
package cn.com.mvc.service;
import java.util.List;
import cn.com.mvc.model.Fruits;
public interface FruitsService {
    public List<Fruits> queryFruitsList();
    public Fruits queryFruitById(Integer id);
    public List<Fruits> queryFruitsByCondition(Fruits fruits);
}
```

将之前测试类中的两个方法的逻辑放在 Service 的实现类中，将模拟数据库的数据加载到实现类的 init()方法中，并且添加条件模糊搜索方法"queryFruitsByCondition"的实现：

```java
package cn.com.mvc.service;
import java.util.ArrayList;
import java.util.List;
import org.springframework.util.StringUtils;
import cn.com.mvc.model.Fruits;

public class FruitsServiceImpl implements FruitsService{
    public List<Fruits> fruitsList=null;
    public List<Fruits> init(){
        if(fruitsList==null){
        //初始化数据
        fruitsList = new ArrayList<Fruits>();

        Fruits apple = new Fruits();
        apple.setId(1);
        apple.setName("红富士苹果");
        apple.setPrice(2.3);
        apple.setProducing_area("山东");

        Fruits Banana = new Fruits();
        Banana.setId(2);
        Banana.setName("香蕉");
        Banana.setPrice(1.5);
        Banana.setProducing_area("上海");

        fruitsList.add(apple);
        ruitsList.add(Banana);
        return fruitsList;
        }else{
        return fruitsList;
        }
```

```
}
public List<Fruits> queryFruitsList(){//前面讲述过,这里省略}
public Fruits queryFruitById(Integer id)  {//前面讲述过,这里省略}
public List<Fruits> queryFruitsByCondition(Fruits fruits){
    init();
    String name=fruits.getName();
    String area=fruits.getProducing_area();
    List<Fruits> queryList=new ArrayList<Fruits>();
    Fruits f;
    for (int i = 0; i < fruitsList.size(); i++) {
    f=fruitsList.get(i);
    //有一项符合条件就返回
    if((!name.equals("")&&f.getName().contains(name))||
       (!area.equals("")&&f.getProducing_area().contains(area))){
        queryList.add(f);
    }
    }
    return queryList.size()>0?queryList:null;
}
}
```

这里在 Service 中的模糊查询方法中,在 List 集合中匹配包含搜索条件的数据,并封装到结果 List 中,然后返回给调用类。

在页面上访问刚才编写的模糊查询服务,首先在浏览器中输入以下地址:

http://localhost:8080/SpringMVC_Test/query/queryFruitsByCondition.action(端口 8080)

然后可以看到如图 11-2 所示的页面。

如果没有输入任何的查询条件,默认展示所有的水果商品信息,但是如果输入不同的条件,就会查询出不同的结果。例如商品名为 "苹果",那么搜索结果就如图 11-3 所示。

图 11-2　水果商品模糊查询页面

图 11-3　商品名模糊查询页面

可以看到搜索到了所有商品中包含"苹果"关键字的商品列表(这里只有一个符合条件)。

提示:其他的条件查询读者们可以自行尝试,这里不再赘述。

其实在包装类中也可以嵌套包装类,即 Java 实体类中包含其他实体类,此时 Spring MVC 依然可以解析并成功绑定该类型的包装类。下面也举一个例子,例如查询用户姓名为"张三"并且其名下的水果商品中产地包含"山东"的商品,此时就需要这样一个 JavaBean 来作为查询包装类 UserAndProductQryModel:

```
package cn.com.mvc.model;

public class UserAndProductQryModel {
    private User user;
    private Fruits userFruits;
    //get 和 set 方法省略
}
```

可以看到，该查询包装类包括了 User 类和水果商品 Fruits 类作为其属性，那么在进行查询时，指定 input 的 name 属性为"包装对象.属性"的形式。例如下面的搜索页面代码（这里仅对水果产品信息进行查询，同时也可以对用户数据进行查询，它们会同时被绑定在 UserAndProductQryModel 对象中）：

```
<form action="queryFruitsByCondition.action" method="post">
    名称：<input type="text" name="userFruits.name"/>  
    产地：<input type="text" name="userFruits.producing_area"/>
    <input type="submit" value="搜索"/>
</form>
```

在 Controller 中拿到该类型也很简单，只需要使用 UserAndProductQryModel 作为其方法的参数即可，不需要指定其名称：

```
@RequestMapping("queryUserFruitsByCondition")
public String queryUserFruitsByCondition(Model model,UserAndProductQryModel ufruits){
    String name=ufruits.getUserFruits().getName();//获取搜索信息
    //下面处理逻辑省略
    return "/fruits/findFruits";
}
```

当前端页面发出请求后，处理器适配器会解析这种格式的 name，将该参数当作查询包装类的成员参数绑定起来，作为 Controller 方法的形参。这样在 Controller 方法中就可以通过查询包装类获取其包装的其他类的对象。

注意：因为搜索条件中会有中文信息，所以如果查询失败，可以打断点跟踪一下，看中文数据传输到后台后是否发生乱码情况。如果中文数据到后台出现乱码现象，说明需要配置一个过滤器，对传输的数据格式进行统一的转码。一般会在 web.xml 中设置 Spring MVC 的转码过滤器来解决这种问题：

```
<!-- post 乱码过滤器 -->
<filter>
    <filter-name>CharacterEncodingFilter</filter-name>
    <filter-class>org.springframework.web.filter.CharacterEncodingFilter
</filter-class>
    <init-param>
        <param-name>encoding</param-name>
```

```
        <param-value>utf-8</param-value>
    </init-param>
</filter>
<filter-mapping>
    <filter-name>CharacterEncodingFilter</filter-name>
    <url-pattern>/*</url-pattern>
</filter-mapping>
```

该配置表示，名为 CharacterEncodingFilter 的过滤器对所有请求进行过滤，然后该过滤器会以 encoding 指定的编码格式对请求数据进行统一编码。

11.2.3 集合类型参数绑定

有时候前端请求的数据是批量的，此时就要求 Web 端去处理请求时，获取这些批量的请求参数。一般批量的请求参数在 Java 中是以数组或者集合的形式接收的，而 Spring MVC 提供了接收和解析数据和集合参数类型的机制。当前端请求的参数为批量数据时，处理器适配器会根据批量的类型，以及 Controller 的形参定义的类型，进行数据绑定，使得前端请求数据绑定到相应的数组或集合参数上。

第一种是数组类型的请求参数。在 JSP 页面可能出现类似复选框的表单，让用户选择一个或者多个数据进行操作，例如：

```
<form action="fruitsArrayTest.action" method="post">
    <table width="300px;" border=1>
        <tr>
            <td>选择</td>
            <td>名称</td>
            <td>价格</td>
            <td>产地</td>
        </tr>
        <c:forEach items="${fruitsList }" var="fruit">
            <tr>
                <td><input type="checkbox" name="fids" value="${fruit.id}"/></td>
                <td>${fruit.name }</td>
                <td>${fruit.price }</td>
                <td>${fruit.producing_area }</td>
            </tr>
        </c:forEach>
    </table>  <br/>
    <input type="submit" value="批量测试提交">
</form>
```

该页面如图 11-4 所示。

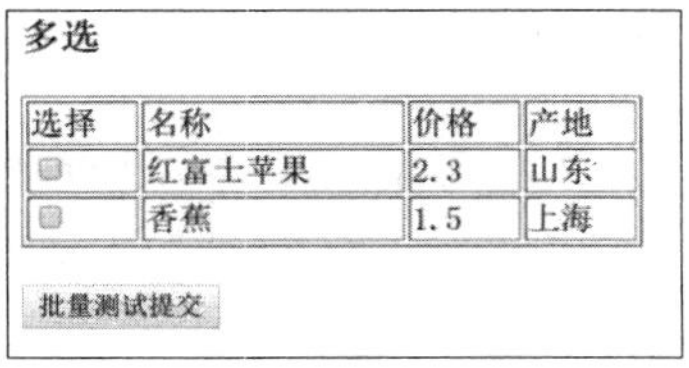

图 11-4 列表复选框页面

此时一个或多个被选中的 input 控件的 name 是相同的，这就需要在 Web 端使用一个 name 相同的数组类型的参数去接收批量参数。对于该例，在 Web 端使用一个名为 fids 的形参去接收批量请求参数：

```
@RequestMapping("fruitsArrayTest")
public void FruitsArray(Model model,int[] fids){
    for (int i = 0; i < fids.length; i++) {
        System.out.println("fids["+i+"]="+fids[i]);
    }
}
```

当在前端页面选择所有的复选框后，单击"批量测试提交"按钮，可以在控制台观察到如图 11-5 所示的结果。

图 11-5 获取数组类型结果页面

这说明在 Web 端拿到了前端的多个水果商品的 id 数据，即通过数组形式成功绑定了前端传递的批量数据。

注意：form 表单的多选控件的 name 属性要和 Controller 相关方法的形参保持一致。

第二种是 List 类型的请求参数。当想把页面上的批量数据通过 Spring MVC 转换为 Web 端的 List 类型的对象时，每一组数据的 input 控件的 name 属性使用"集合名[下标].属性"的形式，当请求传递到 Web 端时，处理器适配器会根据 name 的格式将请求参数解析为相应的 List 集合。如下面的页面：

```
<form action="fruitsListTest.action" method="post">
    <table width="300px;" border=1>
        <tr>
            <td>名称</td>
            <td>价格</td>
            <td>产地</td>
        </tr>
        <c:forEach items="${fruitsList }" var="fruit" varStatus="status">
        <tr>
            <td><input name="fruitList[${status.index}].name" value="${fruit.name }"/></td>
```

```
        <td><input name="fruitList[${status.index}].price" value="${fruit.price }"/>
</td>
        <td><input name="fruitList[${status.index}].producing_area"
                              value="${fruit.producing_area }"/></td>
    </tr>
   </c:forEach>
   </table>  <br/>
      <input type="submit" value="批量测试提交">
</form>
```

为了让大家更好地理解，给出 HTML 代码，此页面被编译后的纯 HTML 代码为：

```
<form action="fruitsListTest.action" method="post">
    <table width="300px;" border=1>
      <tr>
        <td>名称</td>
        <td>价格</td>
        <td>产地</td>
      </tr>
      <tr>
        <td><input name="fruitList[0].name" value="红富士苹果"/></td>
        <td><input name="fruitList[0].price" value="2.3"/></td>
        <td><input name="fruitList[0].producing_area" value="山东"/></td>
      </tr>
      <tr>
        <td><input name="fruitList[1].name" value="香蕉"/></td>
        <td><input name="fruitList[1].price" value="1.5"/></td>
        <td><input name="fruitList[1].producing_area" value="上海"/></td>
      </tr>
    </table>  <br/>
      <input type="submit" value="批量测试提交">
</form>
```

可以看到，每一行的参数 name 都使用"集合名[下标].属性"的形式，当 form 表单被提交之后，会将该批量数据转化为 Controller 对应的方法的包装类参数中，对应该包装类参数的集合名相同的属性对象。如下面的 Controller 处理方法：

```
@RequestMapping("fruitsListTest")
public void FruitsList(Model model,ListQryModel listQryModel){
   List<Fruits> fruitList=listQryModel.getFruitList();
   for (int i = 0; i < fruitList.size(); i++) {
      System.out.println("fruitList["+i+"].name="+fruitList.get(i).getName());
   }
}
```

使用 ListQryModel 包装类作为形参，来接收前台传来的 List 集合数据。在 ListQryModel 包装类中定义了以下信息：

```
package cn.com.mvc.model;
import java.util.List;
public class ListQryModel {
    private List<Fruits> fruitList;
    //get 与 set 方法省略
}
```

注意，包装类中定义的 List 集合属性，其名称一定要与 JSP 页面中 input 的 name 属性定义的"集合名[下标].属性"形式中的集合名一致，这样处理器适配器才可以正确绑定该 List 集合。

在 JSP 页面中单击"批量测试提交"按钮之后，Controller 方法执行的结果如图 11-6 所示。

图 11-6　获取 List 类型结果页面

在 Controller 的包装类的属性中成功获取了前台的请求参数，这证明 List 集合类型数据获取成功。

注意：form 表单的集合元素的 name 属性要和 Controller 相关方法的 List 形参对象名称保持一致。

第三种是 Map 类型的请求参数。当想把页面上的批量数据通过 Spring MVC 转换为 Web 端的 Map 类型的对象时，每一组数据的 input 控件的 name 属性使用"Map 名['key 值']"的形式，当请求传递到 Web 端时，处理器适配器会根据 name 的格式将请求参数解析为相应的 Map 集合。如下面的页面：

```
<form action="fruitsMapTest.action" method="post">
    <table width="300px;" border=1>
      <tr>
        <td>名称</td>
        <td>价格</td>
        <td>产地</td>
     </tr>
      <tr>
        <td><input name="fruitMap['name']" value="凤梨"/></td>
    <td><input name="fruitMap['price']" value="5.7"/></td>
    <td><input name="fruitMap['producing_area']" value="广州"/></td>
      </tr>
    </table>   <br/>
    <input type="submit" value="批量测试提交">
</form>
```

这里每一个 input 的参数都使用了"Map 名['key 值']"的表达形式，这种形式的数据被提交时，会被处理器适配器解析为 Controller 对应的方法含有相同 Map 名的 Map 类型属性的包装类参数。如下面的 Controller 处理方法：

```
@RequestMapping("fruitsMapTest")
public void FruitsMap(Model model,MapQryModel MapQryModel){
   Map<String,Object> fruitMap=MapQryModel.getFruitMap();
   for(String key:fruitMap.keySet()){
      System.out.println("fruitMap["+key+"]="+fruitMap.get(key));
   }
}
```

这里使用了 MapQryModel 包装类作为接收请求参数的对象。在 MapQryModel 包装类中，定义了映射用的 Map 属性，其名称与 "Map 名['key 值']" 形式中的 Map 名保持一致，如下：

```
package cn.com.mvc.model;
import java.util.Map;
public class MapQryModel {
   private Map<String,Object> fruitMap;
   //get 与 set 方法省略
}
```

此时在前端页面单击"批量测试提交"按钮，可以在 Web 端的控制台中看到如图 11-7 所示的结果。

图 11-7　获取 Map 类型结果页面

在 Controller 的包装类的属性中成功获取了前台的请求参数，这证明 Map 集合类型数据获取成功。

注意：form 表单的 Map 元素的 name 属性要和 Controller 相关方法的 Map 形参名，以及对应的 key 键保持一致。

第 12 章 Validation 校验

在一个运行的 Web 系统中，一定少不了校验的环节。校验一般分为前端校验和后台校验，前端校验一般使用脚本语言，对即将要提交的数据进行校验，不符合业务要求的将给予提示。而后台校验一般是逻辑性校验，例如校验用户的某种凭证是否过期，某种参数是否不在合法请求范围内等在前端不方便校验的数据。

对于 MVC 模式的 Web 应用，不同层面校验的机制是不同的。例如在 Controller 控制层，会校验页面请求参数的合法性；在 Service 业务层，主要校验关键业务参数，且仅限于 Service 接口中使用的参数。而对于 DAO 数据交互层，一般不需要再进行校验。

在后端校验的都是比较常用的数据，绝大部分业务处理逻辑都使用一样的校验方法，这时候如果在每个方法里都添加这种校验逻辑，会使代码臃肿而不好维护，因此需要将校验逻辑集中起来。Spring MVC 为此提供了多种校验机制，其中有 Bean Validation 及 Spring Validator 接口校验。在 Spring 4.0 之后，支持 Bean Validation 1.0（JSR-303）和 Bean Validation 1.1（JSR-349）校验，可以单独集成 Hibernate 的 validation 校验框架，用于服务端的数据校验。要在项目中使用 Bean Validation 校验机制，需要添加相关 jar 包。有关校验的 jar 包如图 12-1 所示。

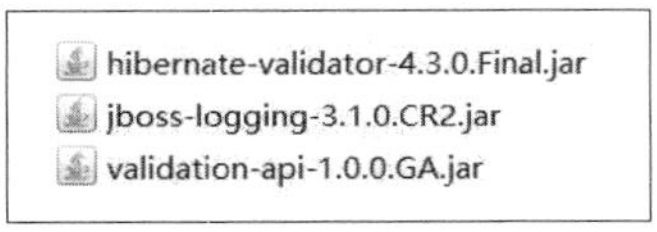

```
hibernate-validator-4.3.0.Final.jar
jboss-logging-3.1.0.CR2.jar
validation-api-1.0.0.GA.jar
```

图 12-1 Validation 校验机制相关依赖

其中 validation-api.jar 提供了 Bean Validation 的基本校验机制，以及用于 xml 文档验证的 api。hibernate-validator.jar 是 Hibernate 的一个验证框架，其中包含了 Bean Validation 的校验约束拓展，不需要和 Hibernate 的其他部分绑定就可以使用。即使项目中没有使用 Hibernate，但是使用了 Hibernate 的 validation 机制，就要引入 Hibernate 的依赖 jar 包 jboss-logging.jar。

本章涉及的知识点有：

- Bean Validation 数据校验
- Spring Validator 接口校验
- 分组校验

提示：本章的样例代码在之前的 Spring MVC_Test 工程的基础上编写。

12.1　Bean Validation 数据校验

Bean Validation 校验框架的一个重要特性就是，检测实体封装类 JavaBean 中的数据。它会使用简洁的注解语法来对 Bean 中的某个属性进行校验。

为了让大家了解 validation 校验的机制，下面我们要对前台传来的数据进行二次校验，看一下前台传来的水果商品参数中的水果名称是否长度超限，生产地信息是否为空。

12.1.1　搭建 validation 校验框架

在做校验之前，先将 Spring MVC 的 validation 校验框架搭建起来。首先在 annotation-driven 的注解驱动配置上添加一个 validator 属性，为其指定一个"validator"值，该值为"校验器"的名称。配置如下：

```xml
<mvc:annotation-driven validator="validator"/>
```

然后需要在核心配置文件 springmvc.xml 中添加名为"validator"的校验器配置，具体配置代码如下：

```xml
<!-- 校验器 -->
<bean id="validator"
    class="org.springframework.validation.beanvalidation.
LocalValidatorFactoryBean">
    <property name="providerClass" value="org.hibernate.validator.
HibernateValidator" />
    <property name="validationMessageSource" ref="messageSource" />
</bean>
```

这里定义了一个 id 为 "validator" 的校验器，指定其中的校验器提供类是 "HibernateValidator"，即添加的 Hibernate 校验器。而下面的 validationMessageSource 指的是校验使用的资源文件，在该文件中配置校验的错误信息。如果不手动指定校验资源文件，则会默认使用 classpath 下的 ValidationMessages.properties。

这里自己定义 validationMessageSource 对应的错误信息配置文件，在核心配置文件 springmvc.xml 中添加 id 为 messageSource 的资源属性文件配置：

```xml
<!-- 校验错误信息配置文件 -->
<bean id="messageSource"
    class="org.springframework.context.support.
ReloadableResourceBundleMessageSource">
    <property name="basenames">
        <list>
            <value>classpath:ProductValidationMessages</value>
```

```xml
        </list>
    </property>
    <property name="fileEncodings" value="utf-8" />
    <property name="cacheSeconds" value="120" />
</bean>
```

加载错误信息定义的资源文件的类为 ReloadableResourceBundleMessageSource，需要为其指定资源文件名 basenames、资源文件编码格式 fileEncodings，以及资源文件内容的缓存时间 cacheSeconds（单位为 s）。可以在 basenames 配置中添加多个资源文件的配置信息，这里添加的是 classpath 下的名为"ProductValidationMessages"的属性文件。文件编码格式设置为"utf-8"，而内容缓存时间设置为 120 s。

设置了名为"ProductValidationMessages"的属性文件后，就要在 config 中创建 ProductValidationMessages.properties 配置文件，用来配置校验错误信息。这里先不编写其中内容，要根据后面的校验情况按需添加。

由于该校验机制是给处理器 Controller 使用的，而加载和调用处理器的是处理器适配器 HandlerAdapter，所以要为处理器适配器的配置添加校验器，如下：

```xml
<mvc:annotation-driven conversion-service="conversionService" validator="validator">
</mvc:annotation-driven>
```

以上配置在注解的处理器映射器和适配器中添加了 conversion-service 及 validator 属性。其中 validator 属性的值就是上面添加的校验器配置的 id。由于 validator 还需要检测前台来的日期、数字类型数据是否正确，所以在其 conversion-service 属性中配置了一个可以将字符串转换为 Date 类型或数字类型的 Java 类，其配置如下：

```xml
<bean id="conversionService"
    class="org.springframework.format.support.FormattingConversionService-FactoryBean"/>
```

这里 conversionService 启用了 FormattingConversionServiceFactoryBean 类来做类型转换。如果就是使用 FormattingConversionServiceFactoryBean 类，那么上面的 conversion-service 属性及 bean 配置可以不写，因为使用 <mvc:annotation-driven/> 注解后，默认会注册一个 ConversionService，即 FromattingConversionServiceFactoryBean。

小贴士：配置校验器的参数 providerClass 用于添加校验器实例类。而校验需要加载的资源文件路径则配置在 validationMessageSource 参数中，在该文件中配置校验的错误信息。

12.1.2　添加校验注解信息

要求检测水果商品的名称和生产地，所以打开 Fruits 的 JavaBean 类，在名称和生产地上添加校验的注解信息，代码如下：

```java
package cn.com.mvc.model;
```

```
import javax.validation.constraints.Size;
import org.hibernate.validator.constraints.NotEmpty
public class Fruits {
    private int id;//id主键
    @Size(min=1,max=20,message="{fruits.name.length.error}")
    private String name; //水果名
    private double price; //价格
    @NotEmpty(message="{fruits.producing_area.isEmpty}")
    private String producing_area; //产地
    //get 与 set 方法省略
}
```

可以看到，在 name 属性上添加了@Size 注解，并且指定了其最小（min）和最大（max）字符限制，其中的 message 用来提示校验出错误时显示的错误信息。校验非空使用的注解为@NotEmpty，其中也指定了 message 错误信息。通过包的引入可以知道，分别使用了 Bean Validation 的约束及 Hibernate Validation 的拓展约束。

此时在 config 中创建的 ProductValidationMessages.properties 配置文件就派上用场了。在该 properties 文件中添加上面注解中 message 指定的错误信息对应的中文显示信息：

```
#添加校验错误提示信息
fruits.name.length.error=请输入1到20个字符的商品名称
fruits.producing_area.isEmpty=请输入商品的生产地
```

接下来在 Controller 方法中捕捉校验信息，以之前用于商品模糊搜索的 Controller 方法为例：

```
@RequestMapping("queryFruitsByCondition")
public String queryFruitsByCondition(Model model,
            @Validated Fruits fruits,BindingResult bindingResult){
    //获取校验错误信息
    List<ObjectError> allErrors = null;
    if(bindingResult.hasErrors()){
        allErrors=bindingResult.getAllErrors();
        for(ObjectError objectError:allErrors){
            //输出错误信息
            System.out.println(objectError.getDefaultMessage());
        }
    }
    List<Fruits> findList=null;
    if(fruits==null||
        (fruits.getName()==null&&fruits.getProducing_area()==null)){
        //如果 fruits 或查询条件为空，默认查询所有数据
        findList=fruitsService.queryFruitsList();
    }else{
        //如果 fruits 查询条件不为空，按条件查询
        findList=fruitsService.queryFruitsByCondition(fruits);
    }
```

```
    //将 model 数据传到页面
    model.addAttribute("fruitsList", findList);
    return "/fruits/findFruits";
}
```

这里，在 Controller 方法的形参 fruits 前面添加了 @Validated 注解，在后面添加了 BindingResult 类。一般会在需要校验的 Bean 形参前面加@Validated 注解，标注该参数需要执行 Validated 校验，而在需要校验的 Bean 形参后边添加 BindingResult 参数接收校验的出错信息。

小贴士：这里需要注意，@Validated 和 BindingResult 注解是成对出现的，并且在形参中出现的顺序是固定的（一前一后）。

12.1.3 测试 validation 校验效果

上面的例子使用 println 打印错误信息，这是为了测试错误信息是否能输出，如果正常输出，下一步再让错误输出到页面。启动项目，打开模糊搜索界面，故意输入一个超过 20 个字符的名称和为空的生产地，然后单击"搜索"按钮，如图 12-2 所示。

图 12-2 validation 校验测试

在控制台中可以看到如图 12-3 所示的结果。

图 12-3 validation 校验结果

如果想在页面中显示这个结果，也很容易，只需要在返回结果页面时，将错误信息定义在即将返回页面的 model 对象中即可：

```
//将错误传到页面
model.addAttribute("allErrors",allErrors);
```

然后在页面中可以定义一个 div，专门用来显示错误信息：

```
<!-- 显示错误信息 -->
<c:if test="${allErrors!=null}">
   <c:forEach items="${allErrors}" var="error">
      <font color="red">${error.defaultMessage}</font><br/>
   </c:forEach>
</c:if>
```

然后重启项目，输入超过 20 个字符的名称和空白的生产地信息，再次单击"搜索"按钮，可以看到此时页面上输出了错误信息，如图 12-4 所示。

图 12-4　validation 校验页面结果

Bean validation 校验测试成功。

小贴士：在正式开发环境中，一般由前端设计人员来设计报错界面。

12.1.4　validation 注解全面介绍

上面在 Bean 里面添加的注解信息，在 Bean validation 机制中叫作"constraint"约束，分为 Bean validation 本身的 constraint 及 Hibernate 提供的拓展 constraint。上面的例子中使用了一部分 constraint，全部的 constraint 如表 12-1 和表 12-2 所示。

表 12-1　Bean Validation 中内置的 constraint

constraint	详细信息
@Null	被注释的元素必须为 null
@NotNull	被注释的元素必须不为 null
@AssertTrue	被注释的元素必须为 true
@AssertFalse	被注释的元素必须为 false
@Min(value)	被注释的元素必须是一个数字，其值必须大于等于指定的最小值
@Max(value)	被注释的元素必须是一个数字，其值必须小于等于指定的最大值
@DecimalMin(value)	被注释的元素必须是一个数字，其值必须大于等于指定的最小值
@DecimalMax(value)	被注释的元素必须是一个数字，其值必须小于等于指定的最大值
@Size(max, min)	被注释的元素的大小必须在指定的范围内
@Digits (integer, fraction)	被注释的元素必须是一个数字，其值必须在可接受的范围内
@Past	被注释的元素必须是一个过去的日期
@Future	被注释的元素必须是一个将来的日期
@Pattern(value)	被注释的元素必须符合指定的正则表达式

表 12-2　Hibernate Validation 附加的 constraint

constraint	详细信息
@Email	被注释的元素必须是电子邮箱地址
@Length	被注释的字符串的大小必须在指定的范围内
@NotEmpty	被注释的字符串必须非空
@Range	被注释的元素必须在合适的范围内

以上两个表展示了 Validation 所有的 constraint 约束信息。一个 constraint 通常由一个 annotation 注解和一个相关的 constraint validator 约束校验器组成，它们是一对多的关系，也即一个 annotation 会对应多个 constraint validator 约束校验器。当程序运行时，Bean Validation 会根据被注释的元素的具体类型，选择合适的 constraint validator 约束校验器对数据进行校验。

小贴士：不同的 constraint 有不同的校验效果，在日常开发中，可以根据需要，在重要的字段上添加适当的 constraint 约束。

12.2 分组校验

当使用 Bean Validation 校验框架的时候，一般都会将校验信息配置在对应的实体 JavaBean 中，如上面的 Fruits 实体类：

```java
package cn.com.mvc.model;
import javax.validation.constraints.Size;
import org.hibernate.validator.constraints.NotEmpty;
public class Fruits {
    private int id;//id 主键
    @Size(min=1,max=20,message="{fruits.name.length.error}")
    private String name;  //水果名
    private double price;  //价格
    @NotEmpty(message="{fruits.producing_area.isEmpty}")
    private String producing_area;  //产地
    //get 与 set 方法省略
}
```

这样一来，所有使用该实体类 Bean 的 Controller 类对应的方法都要进行一次校验。但是有一些 Controller 仅仅将 Fruits 实体类作为查询条件（例如里面只有一个 id），这样 Fruits 实体类再进行 Bean Validation 校验就会出问题，导致该查询方法抛出不该抛出的异常。

即直接定义在 JavaBean 中的校验注解，需要满足当 JavaBean 被多个 Controller 所共用时，每个 Controller 方法对该 JavaBean 有不同的校验规则。

小贴士：没有设置分组校验的 JavaBean 对所有 Controller 类的校验规则都是一致的。

12.2.1 设置分组校验

在 Spring MVC 中提供了"分组校验"的方式，将不同的校验规则分给不同的组，当在 Controller 方法中校验相关的实体类 Bean 时，可以指定不同的组使用不同的校验规则。

首先创建两个组接口，第一个校验组接口名为 FruitsGroup1：

```java
package cn.com.mvc.validator.group;
//校验分组 1
public interface FruitsGroup1 {
    //接口中不需要定义任何方法，仅对不同的校验规则进行分组
}
```

第二个组接口命名为 FruitsGroup2：

```java
package cn.com.mvc.validator.group;
```

```
//校验分组2
public interface FruitsGroup2 {
    //接口中不需要定义任何方法，仅对不同的校验规则进行分组
}
```

值得注意的是，分组接口中不需要编写任何的方法定义，该接口仅仅作为分组校验的一个标识接口。

然后将 Fruits 实体类中的两个校验分配给不同的组：

```
package cn.com.mvc.model;
import javax.validation.constraints.Size;
import org.hibernate.validator.constraints.NotEmpty;
import cn.com.mvc.validator.group.FruitsGroup1;
import cn.com.mvc.validator.group.FruitsGroup2;
public class Fruits {
    private int id;//id主键
    @Size(min=1,max=20,message="{fruits.name.length.error}",groups=
{FruitsGroup1.class})
    private String name;  //水果名
    private double price;  //价格
    @NotEmpty(message="{fruits.producing_area.isEmpty}",groups=
{FruitsGroup2.class})
    private String producing_area;  //产地
    //get 和 set 方法省略
}
```

可以看到，将 name 的长度校验指派给了 FruitsGroup1 代表的组，而 producing_area 的空值校验分配给了 FruitsGroup2 代表的组。

在 Controller 中指定实体类校验规则所属组时，只需要在该实体类前面的@Validated 注解中添加一个 value 值即可，该 value 值指定校验规则所在的组接口：

```
@RequestMapping("queryFruitsByCondition")
public String queryFruitsByCondition(Model model,@Validated(value=
FruitsGroup1.class) Fruits fruits,
    BindingResult bindingResult){
    //方法具体代码省略
}
```

此时指派的校验组为 FruitsGroup1，其校验规则为，仅仅校验商品名长度是否在 1 到 20 之间，而对于出产地 producing_area 字段将不做任何校验。

小贴士：在 Bean 的校验字段的注解中添加 groups 属性，并指定相应名称，就可以实现分组校验。

12.2.2　测试分组校验效果

编写完上面的信息后，重启项目，回到水果商品搜索界面，输入一个长度超过 20 的商品名称，而对出产地不填写任何信息，如图 12-5 所示。

图 12-5　validation 分组校验测试

单击"搜索"按钮，可以看到，页面只显示了名称的检验信息，如图 12-6 所示。

图 12-6　validation 分组校验测试结果

然后在控制台中也只打印了关于 name 的校验异常信息，没有关于 producing_area 字段的校验信息，如图 12-7 所示。

图 12-7　validation 分组校验控制台日志

测试结果说明指定的分组校验是成功的。当 Controller 仅需要对同一个实体 Bean 中的不同字段进行不同的校验时，可以使用分组校验来指派不同的校验规则，然后在不同的 Controller 方法参数中的@Validated 注解中指定需要的校验规则所在的组接口即可。

12.3　Spring Validator 接口校验

除了上面讲述的 Bean Validation 校验机制外，Spring MVC 还有自己的校验机制，即 Validator 接口校验。Spring MVC 提供了一个 Validator 验证接口，可以使用它来验证自己定义的实体对象。该验证接口使用一个 Errors 对象工作，当验证器验证失败的时候，会向 Errors 对象填充验证失败的信息。

小贴士：Bean Validation 是在需要校验的 JavaBean 中进行约束指定，而 Spring 的 Validator 接口校验是实现 Validator 接口，并编写指定类型的校验规则。

12.3.1　Validator 接口的使用

为了让大家理解 Validator 验证接口，下面通过一个例子来说明 Validator 验证接口的使用方法。首先定义一个需要验证的实体类，这里使用之前的 User 实体类：

```
package cn.com.mvc.model;
public class User {
    private String username;
    private String password;
    //get 和 set 方法省略
}
```

为了校验 User 实体类中的属性是否有问题，使用 Spring MVC 提供的 Validator 接口对 User 类进行校验。需要编写一个 Validator 接口的实现类，并实现 Validator 接口的 supports 方法和 validate 方法。supports 方法主要用于判断当前的 Validator 实现类是否支持校验当前需要校验的实体类，如果支持，该方法返回 true，此时才可以调用 validate 方法来对需要校验的实体类进行校验。

编写一个 Validator 接口的实现类，来校验 User 的 username 与 password 属性是否为空，且 password 的长度不能小于 6 位，具体代码如下：

```
package cn.com.mvc.validator;
import org.springframework.validation.Errors;
import org.springframework.validation.ValidationUtils;
import org.springframework.validation.Validator;
import cn.com.mvc.model.User;
public class UserValidator implements Validator {
    public boolean supports(Class<?> clazz) {
        return User.class.equals(clazz);
    }
    public void validate(Object obj, Errors errors) {
        ValidationUtils.rejectIfEmpty(errors, "username", "Username.is.empty", "用户名不能为空");
        User user = (User) obj;
        if (null == user.getPassword() || "".equals(user.getPassword())){
            //指定验证失败的字段名、错误码、默认错误信息
            errors.rejectValue("password", "Password.is.empty","密码不能为空");
        }else if(user.getPassword().length()<6){
            //指定验证失败的字段名、错误码、默认错误信息
            errors.rejectValue("password", "length.too.short", "密码长度不得小于6位.");
        }
    }
}
```

在上面的校验类中，supports 方法只对"cn.com.mvc.model.User"类型的实体类进行校验。然后在 validate 方法中编写具体的校验逻辑，并根据不同的校验结果，将错误放入错误对象 Errors 中。

在 validate 方法中使用了 Errors 错误对象的若干方法，而 Errors 是存储和暴露数据绑定错误和验证错误相关信息的接口，其提供了存储和获取错误消息的方法。该接口的源码如下：

```
package org.springframework.validation;
public interface Errors {
    //---全局错误消息（验证/绑定对象全局的）---
    //注册一个全局的错误码
    void reject(String errorCode);
    //注册一个全局的错误码，当根据errorCode没有找到相应错误消息时，使用defaultMessage作
为错误消息
    void reject(String errorCode, String defaultMessage);
    //注册一个全局的错误码，当根据errorCode没有找到相应错误消息时（带错误参数的），使用
defaultMessage作为错误消息
    void reject(String errorCode, Object[] errorArgs, String defaultMessage);
    //---局部错误消息（验证/绑定对象字段的）---
    //注册一个对象字段的错误码，field指定验证失败的字段名
    void rejectValue(String field, String errorCode);
    void rejectValue(String field, String errorCode, String defaultMessage);
    void rejectValue(String field, String errorCode, Object[] errorArgs, String defaultMessage);
    //---局部错误消息（验证/绑定对象字段的）---
    boolean hasErrors();                //是否有错误
    boolean hasGlobalErrors();          //是否有全局错误
    boolean hasFieldErrors();           //是否有字段错误
    Object getFieldValue(String field); //返回当前验证通过的值，或验证失败时失败的值；
}
```

关于Errors的两个方法，第一个rejectValue方法设置了错误字段名为"password"，注册全局错误码"Password.is.empty."。第二个rejectValue方法除了设置错误字段名和全局错误码外，还设置默认消息"密码长度不得小于6位"，当校验器从messageSource没有找到错误码"Password.is.empty."对应的错误信息时，则显示默认消息"密码长度不得小于6位"。

小贴士：Errors是存储和暴露数据绑定错误和验证错误相关信息的接口。

而在User校验类中最初使用的ValidationUtils是Spring提供的一个校验工具类，第一个参数是错误信息要装入的Errors对象，然后紧跟着是错误的字段名称、全局错误码，最后设置一个错误参数，该参数在全局错误码中可以根据位置引入。

定义好UserValidator之后，想要使用它，需要在Controller中的initBinder方法中为DataBinder设置一个Validator（即UserValidator），然后在相关方法的形参中添加BindingResult对象，当Controller通过UserValidator检测出错误时，会将错误放置在BindingResult对象的Errors属性中，通过其hasErrors()方法可以获知检测User对象中的属性时是否异常。

代码如下：

```
package cn.com.mvc.controller;
import java.util.List;
import javax.validation.Valid;
import org.springframework.stereotype.Controller;
import org.springframework.ui.Model;
```

```java
import org.springframework.validation.BindingResult;
import org.springframework.validation.DataBinder;
import org.springframework.validation.ObjectError;
import org.springframework.web.bind.annotation.InitBinder;
import org.springframework.web.bind.annotation.RequestMapping;
import cn.com.mvc.model.User;
import cn.com.mvc.validator.UserValidator;

@Controller
@RequestMapping("user")
public class UserControllerTest {
    @InitBinder
    public void initBinder(DataBinder binder) {
        binder.setValidator(new UserValidator());
    }
    @RequestMapping("toLogin")
    public String toLoginPage() {
        //跳转至登录界面
        return "/user/login";
    }
    @RequestMapping("login")
    public String login(Model model,@Valid User user, BindingResult result) {
        //登录检测
        List<ObjectError> allErrors = null;
        if (result.hasErrors()){
            allErrors=result.getAllErrors();
            for(ObjectError objectError:allErrors){
                //输出错误信息
                System.out.println("code="+objectError.getCode()+
                    " DefaultMessage="+objectError.getDefaultMessage());
                //或将错误传到页面
                model.addAttribute("allErrors",allErrors);
            }
            return "/user/login";
        }else{ //其他逻辑 }
        return "/user/loginSuccess";
    }
}
```

上面的代码首先通过 initBinder 方法，为 DataBinder 对象设置 Validator 校验对象。当在执行"user/login.action"请求的时候，login 方法的形参中要放置前面提到的 BindingResult 参数，它会将 DataBinder 中的 Validator 的校验结果中的错误对象，封装在自己的 Errors 对象集合中。在相关的方法中同样通过 getAllErrors 获得校验的所有异常信息。

小贴士：在 Controller 相关方法的形参中添加 BindingResult 对象，当 Controller 通过 UserValidator 检测出错误时，会将错误放置在 BindingResult 对象的 Errors 属性中。

12.3.2 Validator 接口验证测试

在 WEB-INF 下创建 user 文件夹，分别放置 login.jsp 和 loginSuccess.jsp 页面。前者是登录页面，后者是登录成功页面。页面代码如下：

```jsp
<%@ page language="java" import="java.util.*" pageEncoding="utf-8"%>
<%@ taglib uri="http://java.sun.com/jsp/jstl/core" prefix="c" %>
<html>
  <head>
    <title>登录</title>
  </head>
  <body>
    <form action="login.action" method="post">
          账号：<input type="text" name="username" /></br>
          密码：<input type="password" name="password" /></br>
    <input type="submit" value="登录"/>
    <!-- 显示错误信息 -->
    <c:if test="${allErrors!=null}">
      <c:forEach items="${allErrors}" var="error">
        <br/><font color="red">${error.defaultMessage}</font>
      </c:forEach>
    </c:if>
    </form>
  </body>
</html>
```

登录成功页面：

```jsp
<%@ page language="java" import="java.util.*" pageEncoding="utf-8"%>
<html>
  <head>
    <title>登录结果页面</title>
  </head>
  <body>
    <font color="green">登录成功!O(∩_∩)O</font>
  </body>
</html>
```

然后在浏览器中输入地址："user/login.action"，进入登录页面，如图 12-8 所示。

图 12-8 登录页面

不输入账号，然后设置小于 6 位的密码，单击"登录"按钮之后，回馈页面如图 12-9 所示。

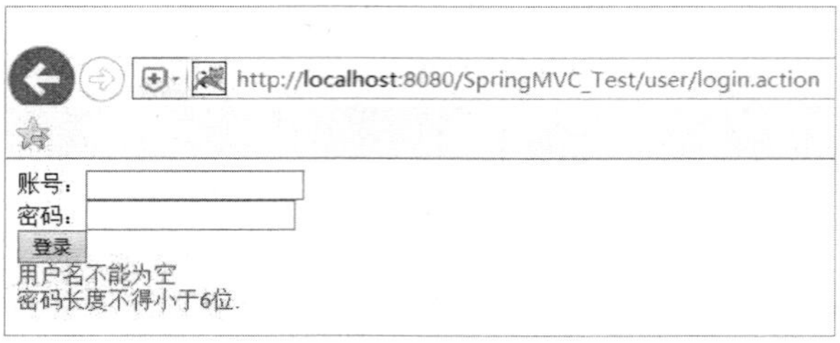

图 12-9　登录校验结果页面

还可以在控制台看到 println 输出的 Error 的 Code 错误码和 DefaultMessage 默认错误信息，如图 12-10 所示。

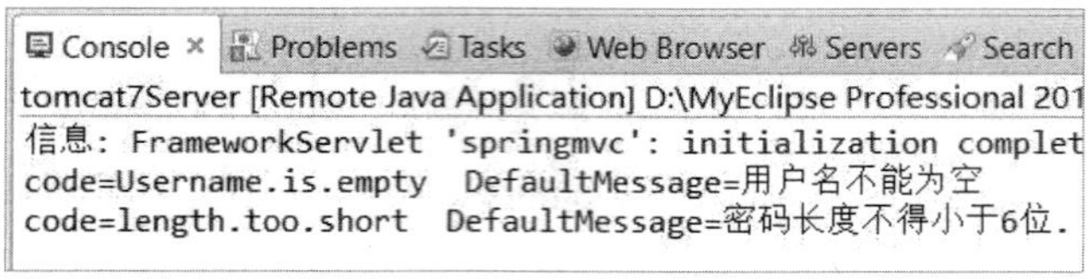

图 12-10　控制台输出

由测试结果可以看出，我们编写的 Validator 校验实现类起到了校验 User 的作用。

在 UserControllerTest 中，login 方法首先会接收客户端发送的一个 User 对象，利用前面定义的 UserValidator 对接收到的 User 对象进行校验。而在 login 方法的 User 形参前，使用@Valid 注解对其进行标注，这是因为只有当使用@Valid 标注需要校验的参数时，Spring 才会对其进行校验。而在校验的参数后面，必须给定一个包含 Errors 的参数，可以是 Errors 本身，也可以是其子类 BindingResult。如果不设置包含 Errors 的参数，Spring 会直接抛出异常，而设置后 Spring 会将异常的处理权交由开发人员，由开发人员来处理形参中包含 Error 参数的对象。这里注意，这个参数必须紧挨着@Valid 注解标注的参数。

小贴士：使用@Valid 标注需要校验的参数，Spring 才会对其进行校验。

第 13 章 异常处理和拦截器

在 Web 项目正式上线或者运行时，往往会出现一些不可预料的异常信息。对于逻辑性或设计性问题，开发人员或者维护人员需要通过日志，查看异常信息并排除异常；而对于用户，则需要为其呈现出其可以理解的异常提示页面，让用户有一个良好的使用体验。所以异常的处理对于一个 Web 项目来说是非常重要的。

而在系统中，有时候也需要拦截用户的一些请求，进行校验和处理。此时就需要一个拦截机制，在请求真正到达 Controller 层之前将其拦截，进行适当处理或校验之后，根据情况决定放行还是拒绝。拦截器经常被用于检测用户的 session 登录状态或者访问权限。

Spring MVC 提供了强大的异常处理和拦截机制，满足了 Web 系统开发的需求。本章对 Spring MVC 的异常处理和拦截机制进行讲解。

本章涉及的知识点有：

- 全局异常处理器
- 拦截器定义与配置

提示：本章的样例代码在之前 Spring MVC_Test 工程的基础上编写。

13.1 全局异常处理器

系统中的异常一般分为两大类：预期异常和运行时异常。对于前者一般通过捕获异常来获取异常信息，而后者主要通过规范代码的开发、测试，通过一些技术手段来减少运行时异常的发生。

在 Spring MVC 中，提供了一个全局异常处理器,用于对系统中出现的异常进行统一处理。在一般的系统中，DAO、Service 及 Controller 层出现的异常都以"throws Exception"的形式向上层抛出,最后都会由 Spring MVC 的前端控制器 DispatcherServlet 统一交由全局异常处理器进行异常处理。流程如图 13-1 所示。

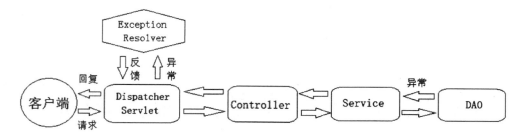

图 13-1　Spring MVC 异常处理流程

对于预期的异常，通常要定义一个自定义异常类。该异常类用于在发生该类型的预期异常之后，由代表该异常的异常类存储相关的异常信息，最终由全局异常处理器来处理该异常。

这里以上一章操作的 User 类的异常为例，定义一个专门处理 User 相关操作抛出的异常的自定义异常类。自定义异常类的名称为 UserException，定义的代码如下：

```java
package cn.com.mvc.exception;
public class UserException extends Exception{
  //异常信息
  private String message;
  public UserException(String message){
     super(message);
     this.message=message;
  }
  public String getMessage() {return message;}
  public void setMessage(String message) {this.message = message;}
}
```

自定义异常类继承了 Exception 父类。Exception 类为 java.lang.Throwable 的子类，用于描述程序能够捕获的异常。在 UserException 中设置了一个成员变量 message，专门用来存放异常信息。当需要抛出 UserException 类型的异常时，通过其构造方法就可以设置其异常信息，后期在全局异常处理器中，可以通过 UserException 类的 getMessage 方法来获取相关的异常信息。

当系统遇到异常时，不同层的异常会抛向上一级，并最终抛向 Spring MVC 的全局异常处理器。下面定义最重要的全局异常处理器，该全局异常处理器要实现的主要功能是：第一，解析出异常类型，判断异常属于那种异常类；第二，如果该异常类型是系统自定义的异常，直接取出异常信息，并在错误页面展示。如果该异常类型不是系统自定义的异常，构造一个自定义的异常类型，信息为"未知错误"。第三，构建异常信息展示视图信息，将异常信息绑定到异常界面的 Model 域中，然后跳转到相关的异常信息显示页面。

全局异常处理器这里命名为 UserExceptionResolver，即该核心异常处理器专门用于处理系统中所有有关 User 的异常。这里要注意的是，全局异常处理器要实现 Spring MVC 提供的 HandlerExceptionResolver 接口，该接口的源码如下：

```java
public interface HandlerExceptionResolver {
  ModelAndView resolveException(HttpServletRequest request, HttpServletResponse
```

response, Object handler, Exception ex);
}

可以看到，HandlerExceptionResolver 接口中定义了一个名为 resolveException 的方法，该方法主要用于处理 Controller 中的异常。参数"Exception ex"即为 Controller 或其下层抛出的异常。参数"Object handler"就是处理器适配器要执行的 Handler 对象。resolveException 方法的返回值类型是 ModelAndView，也就是说，可以通过这个返回值来设置发出异常时显示的页面。

所以定义全局异常处理器时，需要实现 HandlerExceptionResolver 接口，并且实现 resolveException 方法。我们自己定义的异常处理器 UserExceptionResolver 的主要代码如下所示：

```java
package cn.com.mvc.exception;
import javax.servlet.http.HttpServletRequest;
import javax.servlet.http.HttpServletResponse;
import org.springframework.web.servlet.HandlerExceptionResolver;
import org.springframework.web.servlet.ModelAndView;
public class UserExceptionResolver implements HandlerExceptionResolver{
    @Override
    public ModelAndView resolveException(HttpServletRequest request,
            HttpServletResponse response, Object handler, Exception ex) {
        //1.解析出异常类型。
        UserException userException=null;
        if(ex instanceof UserException){
            /*2.如果该异常类型是系统自定义的异常，
            直接取出异常信息，在错误页面展示。   */
            userException=(UserException)ex;

        }else{
            /*3.如果该异常类型不是系统自定义的异常，
            构造一个自定义的异常类型（信息为"未知错误"）。*/
            userException=new UserException("未知错误");
        }
        //错误信息
        String message=userException.getMessage();
        ModelAndView modelAndView=new ModelAndView();
        //将错误信息传到页面
        modelAndView.addObject("message",message);
        //指向到错误界面
        modelAndView.setViewName("/errorPage/userError");
        return modelAndView;
    }
}
```

在实现的 resolveException 方法中，针对属于 UserException 类型的异常，进行异常对象获取。若异常不属于 UserException 类型，定义一个 message 异常信息为"未知错误"的默认 UserException 对象。然后将 UserException 中对应的异常信息 message 取出，初始化

modelAndView 对象,将 message 异常信息放入 modelAndView 对象的 Model 域中,用于界面展示;而视图信息设置在 modelAndView 对象的 viewName 属性中,用于异常展示页面视图的跳转。

小贴士:定义全局异常处理器需实现 HandlerExceptionResolver 接口并实现 resolveException 方法。

抛出异常后,要有相应的符合用户体验的友好界面显示异常,所以要定义异常显示页面。上面定义的异常信息视图页面的名称为"userError",所以在 WEB-INF/jsp/errorPage 下创建名为 "userError.jsp" 的异常显示页面,代码如下:

```jsp
<%@ page language="java" import="java.util.*" pageEncoding="utf-8"%>
<!DOCTYPE HTML PUBLIC "-//W3C//DTD HTML 4.01 Transitional//EN">
<html>
  <head>
    <title>提示</title>
  </head>
  <body>
    <img src="${pageContext.request.contextPath}/image/error.jpg"
        width="50px;" height="50px;"/></br>
        抱歉,访问异常,具体信息如下:</br>
    <h2><font color="red">${message}</font></h2></br>
  </body>
</html>
```

该页面给用户显示了异常警告图片,以及告知用户异常相关的信息。

为了验证自定义异常抛出和全局异常处理器的作用,在之前的 UserControllerTest 的 Controller 类的 login 方法中,进行异常判定与抛出:

```java
@RequestMapping("login")
public String login(Model model,@Valid User user, BindingResult result) throws
UserException {
    //查询用户是否为黑名单用户
    boolean isBlackUser = checkBlackList(user);
    //如果用户在黑名单,抛出异常,结束程序
    if(isBlackUser){
        throw new UserException("无权限访问!");
    }
    //...其他逻辑代码略
    return "/user/loginSuccess";
}
private boolean checkBlackList(User user) {
    String blackArray [] = {"jack","tom","jean"};
    for (int i = 0; i < blackArray.length; i++) {
        if(user.getUsername().equals(blackArray[i])){
            return true;
```

```
            }
        }
        return false;
}
```

以上代码的作用是，当用户登录时检测其是否是黑名单用户，如果是黑名单用户，则抛出"无权限访问"的异常。

然后在 Spring MVC 全局配置文件 springmvc.xml 中将定义的全局异常处理器配置进去：

```
<bean class="cn.com.mvc.exception.UserExceptionResolver"></bean>
```

虽然只添加了一个 bean 的加载配置，但是只要该 bean 对应的类实现了 HandlerExceptionResolver 接口，这个类就会被 Spring MVC 作为一个全局异常处理器。

下面检测配置的异常处理器是否运行正常。启动项目，在登录界面输入用户名"jack"，单击"登录"按钮，如图 13-2 所示。

当单击"登录"按钮时，Controller 的方法 login 就会进行黑名单检测，此时"jack"正为黑名单用户，因此就不能执行下面的逻辑，而抛出"无权限访问"异常信息。如图 13-3 所示。

图 13-2　全局异常处理测试

图 13-3　全局异常测试结果

可以看到，全局异常处理器处理了抛出的 UserException 类型的异常，并且跳转到相关的异常界面，并显示预先设置的异常信息 message。

异常信息不仅可以在代码中定义,也可以像 validator 一样在 properties 中配置异常代号对应的中文信息。

小贴士：一般系统中的异常信息不会硬编码在代码中，配置 properties 来定义异常的中、英文信息是比较常见的做法。

首先编写一个资源配置文件，名为"exceptionMapping.properties"，放置在根目录源文件夹 config 下。在文件中配置刚刚无权操作的异常信息定义，前面是异常代号，后面是异常对应的中文释义：

```
user.not.have.power=无权限访问！
```

然后编写一个读取 properties 文件的辅助类，当传入一个异常代号时，其会返回异常代号对应的 value 中文释义：

```
package cn.com.mvcUtil;
import java.io.IOException;
import java.io.InputStream;
import java.util.Properties;
```

```java
public class ExceptionPropertyUtil {
    private Properties prop;// 属性集合对象
    private InputStream fis;// 属性文件输入流
    private void init() throws IOException{
        prop = new Properties();
        fis = this.getClass().getResourceAsStream("/exceptionMapping.properties");
        prop.load(fis);// 将属性文件流装载到Properties对象中
        fis.close();// 关闭流
    }
    public String getExceptionMsg(String ExceptionCode) throws IOException{
        init();
        String msg = prop.getProperty(ExceptionCode);
        if(msg!=null){
        return msg;
        }else{
        return "未定义异常";
        }
    }
}
```

然后在 UserException 中的 getMessage 方法中，在获取异常时，使用 ExceptionPropertyUtil 通过约定好的代号获取相应的中文异常信息：

```java
public String getMessage() {
    try {
        return new ExceptionPropertyUtil().getExceptionMsg(message);
    } catch (IOException e) {
        e.printStackTrace();
    }
    return message;
}
```

然后在 Controller 相关的方法中，只需要传入异常代号即可：

```java
//查询用户是否为黑名单用户
boolean isBlackUser = checkBlackList(user);
//如果用户在黑名单，抛出异常，结束程序
if(isBlackUser){
    throw new UserException("user.not.have.power");
}
```

这样以后就可以通过资源配置文件来定义异常的中文信息，方便统一管理和编辑异常信息。

小贴士：异常信息配置文件可以被设置为不同语言种类的文件，方便后期进行国际化操作。

13.2 拦截器定义与配置

在系统中，经常需要在处理用户请求之前和之后执行一些行为，例如检测用户的权限，或者将请求的信息记录到日志中，即平时所说的"权限检测"及"日志记录"。当然不仅仅这些，所以需要一种机制，拦截用户的请求，在请求的前后添加处理逻辑。

Spring MVC 提供了 Interceptor 拦截器机制，用于请求的预处理和后处理。在 Spring MVC 中定义一个拦截器有两种方法：第一种是实现 HandlerInterceptor 接口，或者继承实现了 HandlerInterceptor 接口的类（例如 HandlerInterceptorAdapter）；第二种方法是实现 Spring 的 WebRequestInterceptor 接口，或者继承实现了 WebRequestInterceptor 的类。这些拦截器都是在 Handler 的执行周期内进行拦截操作的。下面分别介绍这两种拦截器接口的使用。

13.2.1 HandlerInterceptor 接口

首先来看看 HandlerInterceptor 接口的源码：

```
package org.springframework.web.servlet;
import javax.servlet.http.HttpServletRequest;
import javax.servlet.http.HttpServletResponse;
import org.springframework.web.method.HandlerMethod;
public interface HandlerInterceptor {
    boolean preHandle(HttpServletRequest request, HttpServletResponse response, Object handler)
        throws Exception;
    void postHandle(HttpServletRequest request, HttpServletResponse response, Object handler, ModelAndView modelAndView)throws Exception;
    void afterCompletion(HttpServletRequest request, HttpServletResponse response, Object handler, Exception ex)throws Exception;
}
```

如果要实现 HandlerInterceptor 接口，就要实现其三个方法，分别是 preHandle、postHandle 及 afterCompletion。

preHandle 方法在执行 Handler 方法之前执行。该方法返回值为 Boolean 类型，如果返回 false，表示拦截请求，不再向下执行。而如果返回 true，表示放行，程序继续向下进行（如果后面没有其他 Interceptor，就会直接执行 Controller 方法）。所以，此方法可以对请求进行判断，决定程序是否继续执行，或者进行一些前置初始化操作及对请求做预处理。

postHandle 方法在执行 Handler 之后，返回 modelAndView 之前执行。由于该方法会在 DispatcherServlet 进行返回视图渲染之前被调用，所以此方法多被用于统一处理返回的视图，例如将公用的模型数据（例如导航栏菜单）添加到视图，或者根据其他情况指定公用的视图。

afterCompletion 方法在执行完 Handler 之后执行。由于是在 Controller 方法执行完毕后执行该方法，所以该方法适合进行统一的异常或者日志处理操作。

这里需要注意的是，由于 preHandle 方法决定了程序是否继续执行，所以 postHandle 及 afterCompletion 方法只能在当前 Interceptor 的 preHandle 方法的返回值为 true 时才会执行。

在实现了 HandlerInterceptor 接口之后，需要在 Spring 的类加载配置文件中配置拦截器实现类，才能使拦截器起到拦截的效果。HandlerInterceptor 类加载配置有两种方式，分别是"针对 HandlerMapping 配置"和"全局配置"。

针对拦截器配置，需要在某个 HandlerMapping 配置中将拦截器作为其参数配置进去，此后通过该 HandlerMapping 映射成功的 Handler 就会使用配置好的拦截器。样例配置如下：

```xml
<bean class="org.springframework.web.servlet.handler.BeanNameUrlHandlerMapping">
    <property name="interceptors">
        <list>
            <ref bean="hInterceptor1"/>
            <ref bean="hInterceptor2"/>
        </list>
    </property>
</bean>
<bean id="hInterceptor1" class="cn.com.mvc.interceptor.HandlerInterceptorDemo1"/>
<bean id="hInterceptor2" class="cn.com.mvc.interceptor.HandlerInterceptorDemo1"/>
```

这里为 BeanNameUrlHandlerMapping 处理器映射器配置了一个 interceptors 拦截器链，该拦截器链中包含了两个拦截器，名称分别是"hInterceptor1"与"hInterceptor2"，具体的实现分别对应下面 id 为"hInterceptor1"与"hInterceptor2"的 bean 配置。

此种配置的优点是针对具体的处理器映射器进行拦截操作，缺点是如果使用多个处理器映射器，就要在多处添加拦截器的配置信息，比较烦琐。

针对全局配置，只需要在 Spring 的类加载配置文件中添加"<mvc:interceptors>"标签对，在该标签对中配置的拦截器，可以起到全局拦截器的作用，这是因为该配置会将拦截器注入每一个 HandlerMapping 处理器映射器中。样例配置如下：

```xml
<!-- 拦截器 -->
<mvc:interceptors>
    <!-- 多个拦截器,顺序执行 -->
    <mvc:interceptor>
        <!-- /**表示所有url 包括子url 路径 -->
        <mvc:mapping path="/**"/>
        <bean class="cn.com.mvc.interceptor.HandlerInterceptorDemo1"/>
    </mvc:interceptor>
    <mvc:interceptor>
        <mvc:mapping path="/**"/>
        <bean class="cn.com.mvc.interceptor.HandlerInterceptorDemo2"/>
    </mvc:interceptor>
</mvc:interceptors>
```

在上面的配置中，可以在"<mvc:interceptors>"标签下配置多个 interceptor 拦截器，这些拦截器会顺序执行。在每个拦截器中，可以定义拦截器响应的 url 请求路径，可以是某一个子域下的请求，也可以是上述例子中的"/**"的形式，表示拦截所有 url（包括子 url 路径）。通过 bean 标签配置拦截器的具体实现。

小贴士：在日常开发中，可能会根据业务需求，配置多种拦截器来过滤不同信息。

13.2.2　WebRequestInterceptor 接口

HandlerInterceptor 主要进行请求前及请求后的拦截，而 WebRequestInterceptor 接口是针对请求的拦截器接口的，该接口方法参数中没有 response，所以使用该接口只进行请求数据的准备和处理。

首先来看 WebRequestInterceptor 接口的源码：

```
package org.springframework.web.context.request;
import org.springframework.ui.ModelMap;
public interface WebRequestInterceptor {
    void preHandle(WebRequest request) throws Exception;
    void postHandle(WebRequest request, ModelMap model) throws Exception;
    void afterCompletion(WebRequest request, Exception ex) throws Exception;
}
```

可以看到，WebRequestInterceptor 接口中也定义了三个方法，所以实现 WebRequestInterceptor 接口进行拦截的机制也是实现这三种方法。每个方法都含有 WebRequest 参数，WebRequest 的方法定义与 HttpServletRequest 基本相同。在 WebRequestInterceptor 中对 WebRequest 进行的所有操作都将同步到 HttpServletRequest 中，然后在当前请求中一直传递。

在 WebRequestInterceptor 中，preHandle、postHandle 及 afterCompletion 方法的使用与在 HandlerInterceptor 中略有不同。

preHandle 方法也是在执行 Handler 方法之前执行。该方法返回值为 void，即无返回值。由于没有返回值，使用该方法主要进行数据的前期准备。利用 WebRequest 的 setAttribute(name, value, scope) 方法，将需要准备的参数放到 WebRequest 的属性中。WebRequest 的 setAttribute 方法的第三个参数 scope 的类型为 Integer，在 WebRequest 的父层接口 RequestAttributes 中为它定义了三个常量，如表 13-1 所示。

表 13-1　RequestAttributes 相关常量释义

常量名	真实值	释义
SCOPE_REQUEST	0	代表只有在 request 中可以访问
SCOPE_SESSION	1	如果环境允许它代表一个局部的隔离的 session，否则就代表普通的 session，并且在该 session 范围内可以访问

续表

常量名	真实值	释义
SCOPE_GLOBAL_SESSION	2	如果环境允许，它代表一个全局共享的session，否则就代表普通的session，并且在该session范围内可以访问

postHandle方法也是在执行Handler之后，返回modelAndView之前执行。postHandle方法中有一个数据模型ModelMap，它是Controller处理之后返回的Model对象。可以通过改变ModelMap中的属性来改变Controller最终返回的Model模型。

afterCompletion方法也是在执行完Handler之后执行。如果为之前的preHandle方法中的WebRequest准备了一些参数，那么在afterCompletion方法中，可以将WebRequest参数中不需要的准备资源释放掉。

最后，WebRequestInterceptor拦截接口与HandlerInterceptor有以下两点区别：

- HandlerInterceptor接口的preHandle有一个Boolean类型的返回值，而WebRequestInterceptor的preHandle方法没有返回值。
- HandlerInterceptor是针对请求的整个过程的，接口的方法中都含有response参数。而WebRequestInterceptor是针对请求的，接口方法参数中没有response。

小贴士：注意WebRequestInterceptor与HandlerInterceptor的实质性区别。

13.2.3 拦截器链

根据前面的学习我们知道，在一个Web工程中，甚至在一个HandlerMapping处理器适配器中都可以配置多个拦截器，每个拦截器都按照提前配置好的顺序执行。但是值得注意的是，它们内部的执行规律并不像多个普通Java类一样，它们的设计模式是基于"责任链"的模式。大家都知道，拦截器的preHandle是有请求放行或拦截的规律的，所以拦截器链的执行首先从preHandle方法开始，逐步执行每一个拦截器的preHandle方法，若是某一个拦截器的preHandle返回false，则后面的所有拦截器的preHandle方法就不能够执行了。与此类似，postHandle与afterCompletion的执行也对责任链中的其他拦截器的执行有所影响，其实这些方法就是紧紧围绕着Controller的执行来根据不同的执行周期顺序执行的。

为了让大家更加理解拦截器链的执行模式，我们编写两个全局的拦截器，并在它们的每个方法中打印日志，然后观察它们的运行模式。

在原来的测试工程Spring MVC_Test中创建两个实现了HandlerInterceptor接口的拦截器，名称分别为"HandlerInterceptorDemo1"和"HandlerInterceptorDemo2"。其中HandlerInterceptorDemo1的代码为：

```
package cn.com.mvc.interceptor;
import javax.servlet.http.HttpServletRequest;
import javax.servlet.http.HttpServletResponse;
import org.apache.commons.logging.Log;
import org.apache.commons.logging.LogFactory;
```

```java
import org.springframework.ui.ModelMap;
import org.springframework.web.context.request.WebRequest;
import org.springframework.web.servlet.HandlerInterceptor;
import org.springframework.web.servlet.ModelAndView;
public class HandlerInterceptorDemo1 implements HandlerInterceptor {
    //创建该类的日志对象
    Log log = LogFactory.getLog(this .getClass());
    @Override
    public boolean preHandle(HttpServletRequest request,
            HttpServletResponse response, Object handler) throws Exception {
        log.info( "Demo1's preHandle method start" );
        return true;//放行
    }
    @Override
    public void postHandle(HttpServletRequest request,
            HttpServletResponse response, Object handler,
            ModelAndView modelAndView) throws Exception {
        log.info( "Demo1's postHandle method start" );
    }
    @Override
    public void afterCompletion(HttpServletRequest request,
            HttpServletResponse response, Object handler, Exception ex)
            throws Exception {
        log.info( "Demo1's afterCompletion method start" );
    }
}
```

以上代码分别通过 log 对象打印了每个方法的 info 级别的日志信息，然后在 preHandle 方法中放行。HandlerInterceptorDemo2 的方法与 HandlerInterceptorDemo1 的几乎相同，唯一的区别就是 log 对象打印 "Demo2" 相关的信息，代码在这里不再赘述。

接下来在 Spring MVC 的类加载文件 springmvc.xml 中配置这两个全局拦截器，作为一个拦截器链，配置信息如下：

```xml
<!-- 拦截器 -->
<mvc:interceptors>
    <!-- 多个拦截器，顺序执行 -->
    <mvc:interceptor>
        <!-- /**表示所有 url 包括子 url 路径 -->
        <mvc:mapping path="/**"/>
        <bean class="cn.com.mvc.interceptor.HandlerInterceptorDemo1"/>
    </mvc:interceptor>
    <mvc:interceptor>
        <mvc:mapping path="/**"/>
        <bean class="cn.com.mvc.interceptor.HandlerInterceptorDemo2"/>
    </mvc:interceptor>
</mvc:interceptors>
```

然后重启工程,在浏览器中随便访问一个之前编写的某个 Controller 的请求,观察控制台的输出情况。这里测试工程的控制台输出如图 13-4 所示。

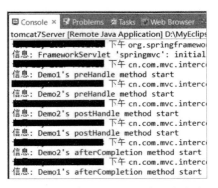

图 13-4　拦截器链运行顺序测试结果

通过控制台信息可以观察到,两个拦截器的执行顺序并不是完全线性的,而是根据不同的方法功能而穿插运行,这也是"责任链"设计模式的一个特点。为了更加清晰地理解刚才的测试过程,我们使用 UML 时序图来表示刚才的运行过程,如图 13-5 所示。

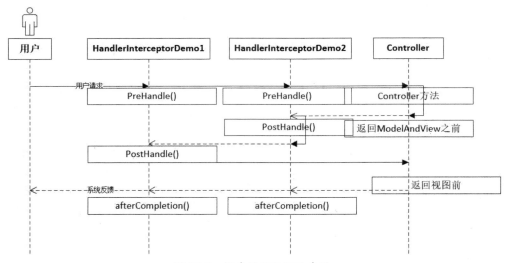

图 13-5　拦截器链运行时序图

可以看到,拦截器 Demo1 首先执行了其 preHandle 方法,打印日志并返回 true,从而放行请求。接下来请求被拦截器 Demo2 拦截,Demo2 执行其 preHandle 方法,也打印了日志并返回 true 放行。随后请求到达 Controller 的具体方法中,然后处理完方法的具体逻辑在返回 ModelAndView 或渲染视图之前,执行了 Demo2 的 postHandle 方法,打印了日志信息,原因是此时拦截器的流程正处于 Demo2 的周期中。然后当 Demo2 的 postHandle 方法执行结束后,紧接着回到 Demo1 的执行过程,去执行 Demo1 的 postHandle 方法,打印相关的日志。接下来 Controller 方法执行完毕,在返回结果视图前,执行了 Demo2 的 afterCompletion 方法,打印相关日志,紧接着执行了 Demo1 的 afterCompletion 方法,打印相关日志,完成整个请求过程的拦截。

小贴士：在运行时序图中可以看到，多个拦截器是根据目前请求处理的状态进行分层校验的。

13.2.4 拦截器登录控制

上面讲述了 Spring MVC 中的拦截器机制，下面通过一个样例来使用拦截器完成登录控制，具体为拦截用户的请求，判断用户是否已经登录，如果用户没有登录，则跳转到 login 界面，如果用户已登录，则放行。

首先创建登录拦截器 LoginInterceptor，实现 HandlerInterceptor 接口，实现其三个方法。这里因为要判断用户的登录情况，所以主要以 preHandle 方法为主，具体代码如下所示：

```java
package cn.com.mvc.interceptor;
import javax.servlet.http.HttpServletRequest;
import javax.servlet.http.HttpServletResponse;
import org.springframework.web.servlet.HandlerInterceptor;
import org.springframework.web.servlet.ModelAndView;
public class LoginInterceptor implements HandlerInterceptor {
    @Override
    public boolean preHandle(HttpServletRequest request,
            HttpServletResponse response, Object handler) throws Exception {
        String uri=request.getRequestURI();
        //判断当前请求地址是否是登录地址
        if(!(uri.contains("Login")||uri.contains("login"))){
            //非登录请求
            if(request.getSession().getAttribute("user")!=null){
                //说明已经登录过，放行
                return true;
            }else{
                //没有登录,跳转到登录界面
                response.sendRedirect(request.getContextPath()+"/user/toLogin.action");
            }
        }else{
            //登录请求，直接放行
            return true;
        }
        return false;//默认拦截
    }
    @Override
    public void postHandle(HttpServletRequest request,
            HttpServletResponse response, Object handler,
            ModelAndView modelAndView) throws Exception {}
    @Override
    public void afterCompletion(HttpServletRequest request,
            HttpServletResponse response, Object handler, Exception ex)
```

```
            throws Exception {}
}
```

这里要说明的是,在用户登录成功之后,会将用户信息封装在 user 对象中,并放置在全局的 session 会话对象中。在上面的代码中,在 preHandle 方法中编写了控制用户登录权限的逻辑。首先判断请求是否是去往登录界面,如果是则直接返回 true 放行。如果不是,则检测用户的 user 信息是否在 session 中,如果不在,则说明用户没有登录,跳转至 login 页面。如果 session 中包含了 user 对象,则说明用户已经登录,此时直接返回 true 放行。

小贴士:在 preHandle 方法中除了检验用户会话情况外,在用户登录状态下,也可以进行权限检测。

编写完拦截器的空值逻辑后,需要在 Spring MVC 的类加载文件 springmvc.xml 中配置该全局拦截器类:

```
<!-- 拦截器 -->
<mvc:interceptors>
    <!-- 多个拦截器,顺序执行 -->
    <mvc:interceptor>
        <!-- /**表示所有 url 包括子 url 路径 -->
        <mvc:mapping path="/**"/>
        <bean class="cn.com.mvc.interceptor.LoginInterceptor"/>
    </mvc:interceptor>
</mvc:interceptors>
```

修改在前几章编写的 login 方法,在最后将用户的登录数据存储在 user 对象中,然后放置在 session 中:

```
@RequestMapping("toLogin")
public String toLoginPage() {
    //跳转至登录界面
    return "/user/login";
}

@RequestMapping("login")
public String login(Model model,HttpServletRequest request,User user) throws UserException, IOException {
    //检测账号密码,成功即登录成功
    boolean flag = checkUser(user);
    if(flag){
        //将用户信息放入 session
        request.getSession().setAttribute("user", user);
    }else{
        model.addAttribute("errorMsg","账号或密码错误!");
        return "/user/login";
    }
    return "/user/loginSuccess";
```

```
}
private boolean checkUser(User user) {
   if(user.getUsername().equals("zhangsan")
           &&user.getPassword().equals("qwe123")){
      return true;
   }
   return false;
}
```

登录失败时，会将错误信息"errorMsg"封装在 model 中。在 login.jsp 中将登录失败的错误信息展示给用户：

```
<!-- 显示错误信息 -->
<c:if test="${errorMsg!=null}">
   <font color="red">${errorMsg}</font>
</c:if>
```

然后在水果商品列表的 JSP 页面中添加"注销"链接，用户单击该链接后会退出登录：

```
<a href="${pageContext.request.contextPath}/user/loginout.action">注销</a>
```

相关的 Controller 代码：

```
@RequestMapping("loginout")
public String loginout(Model model,HttpServletRequest request) throws
UserException, IOException {
   if(request.getSession().getAttribute("user")!=null){
      //将用户信息从 session 中清除
      request.getSession().removeAttribute("user");
   }else{
      model.addAttribute("errorMsg","注销失败！用户已注销");
   }
   return "/user/login";
}
```

然后在浏览器中先访问登录页面请求"toLoginPage.action"，此时请求会被直接放行，可以看到登录界面，如图 13-6 所示。

然后输入账号和密码，进行登录操作（由于没有连接数据库，这里暂时允许账号为"zhangsan"，密码为"qwe123"的用户通过）。当输入的账号和密码错误时，结果如图 13-7 所示。

图 13-6　登录界面

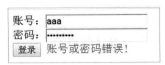

图 13-7　输入错误的账号和密码

然后输入正确的账号和密码，单击"登录"按钮之后，发现登录成功，如图13-8所示。

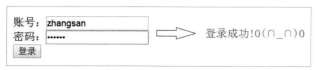

图13-8　输入正确的账号和密码

此时在浏览器中输入水果商品的请求链接"query/queryFruitsByCondition.action"，可以成功访问水果商品的页面，如图13-9所示。

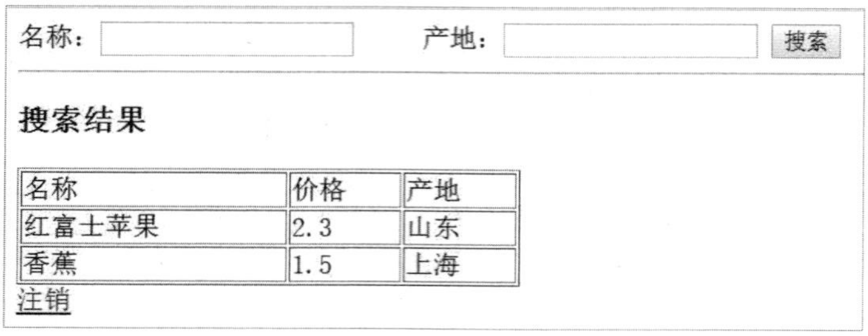

名称	价格	产地
红富士苹果	2.3	山东
香蕉	1.5	上海

注销

图13-9　水果商品列表页面

这时单击"注销"链接，退出账号，此时session会话中的user对象也被清除，页面会跳转回登录页面。此时不进行登录，直接访问水果商品的请求链接，发现页面被强制跳转回login页面，提示用户进行登录操作。

小贴士：一般系统中有无须登录即可查看的页面，此时可以分析用户的请求路径，若是非登录状态即可查看的资源，则可以直接放行。若不是再去检测用户是否为登录状态。

上面的操作可以用如图13-10所示的流程图表示。

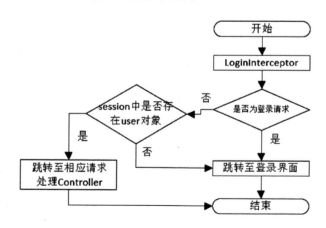

图13-10　登录拦截器请求处理流程

测试结果证明了拦截器的配置是成功的。

第 14 章 Spring MVC 其他操作

通过前面章节的学习，我们已经基本熟悉了整个 Spring MVC 的开发细节和流程。除了前面讲述的 Spring MVC 的基本知识点外，在日常开发中，可能还会遇到上传文件、进行 JSON 数据交互和实现某种请求风格等常用的操作，Spring MVC 对这些功能也提供了良好的支持。本章着重介绍在开发过程中如何利用 Spring MVC 框架来实现一些常见的操作。

本章涉及的知识点有：

- 利用 Spring MVC 上传文件
- 利用 Spring MVC 实现 JSON 交互
- 利用 Spring MVC 实现 RESTful 风格

14.1 利用 Spring MVC 上传文件

在传统的 JSP/Servlet 的开发模式下，在页面中通过 form 表单中 type 为 file 的 input 标签来添加本地文件资源，然后为 form 表单设置"enctype='multipart/form-data'"的属性。当上传文件时，该 HTTP 请求会被 Servlet 容器（如 Tomcat）包装成 HttpServletRequest 对象，再由前端所请求的相应 Servlet 进行处理。当请求至 Servlet 时，request 中会包含前台传递过来的 file 类型的图片参数，然后一点一点地解析这个 HTTP 请求，分离出其中的文本表单和上传的文件类型，效率比较低。后期的开发中有开发者使用 Apache 开源上传软件包 fileupload 来解决该问题，但是依然避免不了手动编写区分数据类型、转码等一系列代码的工作。

Spring MVC 的请求数据参数化的处理机制，使得上传中小型文件变得方便、快捷。在前端页面，与传统开发模式一样，使用 type 为 file 的 input 标签来添加文件，同样为 form 表单设置"enctype='multipart/form-data'"的属性，当此类型的表单被提交后，Spring MVC 会对 multipart 类型的数据进行解析。

下面通过实现一个图片上传样例，让大家了解 Spring MVC 上传文件的配置和操作。仍然以之前的 Spring MVC_Test 工程为基础。

使用 Spring MVC 上传文件，首先需要在类加载配置文件 springmvc.xml 中配置 multipart 类型解析器，具体配置语句如下：

```xml
<!-- 文件上传 -->
<bean id="multipartResolver"
class="org.springframework.web.multipart.commons.CommonsMultipartResolver">
    <!-- 设置上传文件的最大尺寸为 5MB -->
    <property name="maxUploadSize">
        <value>5242880</value>
    </property>
</bean>
```

上面配置了一个多类型文件解析器 CommonsMultipartResolver，其中配置了 maxUploadSize 属性，该属性设置了上传文件占用的最大容量。

使用 Spring MVC 上传文件，其内部实现也使用 Apache 开源上传软件包 fileupload 与 io 包，所以要将两个 jar 包的依赖引入工程中，如图 14-1 所示。

在开始编写上传图片的代码之前，要考虑图片上传到哪个位置是合适的。

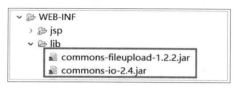

图 14-1 Spring MVC 上传文件依赖 jar

在一些文件存储量很小的工程中，有一些上传文件放置在工程本身的目录下，但是随着文件上传的量越来越大，工程本身所在的文件夹容量会越来越大，不仅打包和部署的效率会降低，工程的启动和运行也会变慢，所以一般不会采用这一做法。

还有一种做法，是将图片专门上传到一个 Web 应用工程所在容器（如 Tomcat）位于的服务器中，单独开辟一个盘符或文件夹用于存储上传的图片，这种做法让上传的文件与工程本身分离，工程的打包和启动效率不受到任何影响。但是如果以后出现了海量图片，Web 应用工程所在的服务器的效率会降低，这样也会间接地降低 Web 应用的执行效率，所以在上传图片量不大的情况下，可以采用该做法。

现在一般的互联网应用，都会为自己的文件上传单独架设一个文件服务器（有集群的应用，可能会有多台文件服务器），也有独立处理文件上传、图片访问的服务。

小贴士：图片和文件资源的处理方式会直接影响系统的运行效率，所以要使用一种妥善的方式来处理以后将会出现的大量文件资源。

在测试程序中，关于文件的存储位置，我们选择第二种处理方式。由于是本地开发，也没有所谓的服务器，所以 Tomcat 容器所在的机器就是 PC 机。将图片的存储路径设在硬盘的某一个盘符下的文件夹中即可。

直接将文件放置在盘符下，在工程中是无法直接访问图片的。为了让工程可以方便地访问文件资源，需要在 Tomcat 中配置一个虚拟目录，该目录映射了一个存放文件的物理地址。在 Tomcat 中使用虚拟目录就可以访问放置在物理地址下的图片文件。

要设置虚拟目录，修改 Tomcat 目录下的 conf 文件夹下的 server.xml 配置文件，在最下方的 Host 标签对中添加以下配置：

```xml
<Context docBase="G:\upload" path="/pic" reloadable="false"/>
```

这里配置了，当访问"/pic"路径时，映射提供服务机器的 G 盘下的 upload 文件夹所在的目录。

在 G 盘下创建名为 upload 的文件夹，放置一个名为 test.jpg 的测试图片，如图 14-2 所示。

然后启动 Tomcat 容器，在浏览器中访问设置好的文件虚拟路径下的"test.jpg"图片，可以看到提前放置好的图片资源，如图 14-3 所示。

图 14-2　上传图片物理路径　　　　　　图 14-3　访问虚拟路径下的图片

关于图片资源的文件夹设置，建议分级创建图片目录，以提高 I/O 性能。一般采用按日期（年、月、日）进行分级创建。

接下来进行图片上传功能的编写。首先创建一个上传图片的页面，在工程的 WebRoot/WEB-INF/jsp 文件夹下创建一个名为"ImgUploadTest.jsp"的页面，用于上传图片，如图 14-4 所示。

图 14-4　创建上传图片的前端页面

然后在 ImgUploadTest.jsp 页面中添加上传图片的前端页面代码：

```jsp
<%@ page language="java" import="java.util.*" pageEncoding="utf-8"%>
<%@ taglib uri="http://java.sun.com/jsp/jstl/core" prefix="c" %>
<html>
<head>
    <meta charset="utf-8">
    <title>上传图片测试</title>
</head>
<body>
    <form action="uploadImg.action" method="post" enctype="multipart/form-data">
        <c:if test="${image !=null}">
            <img src="/pic/${image}" width=100 height=100/><br/>
        </c:if>
        <input type="file" name="file" /><br/>
        <input type="submit" value="上传" />
```

```
        </form>
    </body>
</html>
```

在该页面中，添加了一个包含"enctype='multipart/form-data'"属性的 form 表单，并且其中包含一个 type 为 file 的 input 标签。然后声明了 C 标签，用于检测该页面是否含有图片信息，如果含有，显示 img 标签，并且 src 指向虚拟路径。

小贴士：在上传文件类型的数据时，需要在 from 表单中指定"enctype='multipart/form-data'"属性，这样在请求时才会将相关文件封装并传输。

接下来编写处理该上传请求的 Controller。在该工程中创建一个名为"UploadControllerTest"的 Java 类，在其中添加@Controller 注解，代表该类是一个处理器类。然后编写一个名为 uploadImg 的方法，并添加@RequestMapping("uploadImg")注解，代表处理该路径的请求。具体实现代码如下：

```java
package cn.com.mvc.controller;
import java.io.File;
import java.util.UUID;
import javax.servlet.http.HttpServletRequest;
import org.springframework.stereotype.Controller;
import org.springframework.ui.Model;
import org.springframework.web.bind.annotation.RequestMapping;
import org.springframework.web.multipart.MultipartFile;
@Controller
public class UploadControllerTest {
    @RequestMapping("toUploadPage")
    public String toUploadPage(Model model)throws Exception{
        return "/ImgUploadTest";
    }
    @RequestMapping("uploadImg")
    public String uploadImg(Model model,MultipartFile file)throws Exception{
        //上传的图片的原始名称
        String originalFilename=file.getOriginalFilename();
        String newFileName = null;
        //上传图片
        if(file!=null&&originalFilename!=null&&originalFilename.length()>0){
            //存储图片的物理路径
            String pic_path="G:\\upload\\";
            //新的图片名称（UUID 的随机名称）
            newFileName=UUID.randomUUID()
+originalFilename.substring(originalFilename.lastIndexOf("."));
            File newFile=new File(pic_path+newFileName);
            //将内存中的数据写入磁盘
            file.transferTo(newFile);
```

```
    }
    //回显刚才上传的图片名称
    model.addAttribute("image", newFileName);
    //重回到上传页面
    return "/ImgUploadTest";
    }
}
```

在上面的代码中，toUploadPag 方法用来跳转至图片上传页面，而 uploadImg 方法用来处理图片的上传逻辑。在 uploadImg 方法的参数中可以看到一个名为"file"的 MultipartFile 类型的参数，该参数的名称为映射前端上传页面的图片资源 input 标签的 name 属性。在 Spring MVC 中，MultipartFile 类主要用来接收并转换 request 请求中 multipart 类型的文件数据。执行 Controller 获得 MultipartFile 类型的参数后，就可以使用该参数进行文件的处理了。

MultipartFile 类常用的方法如表 14-1 所示。

表 14-1　MultipartFile 类的常用方法

方法名	返回值	释义
getContentType()	String	获取文件 MIME 类型
getInputStream()	InputStream	获取文件流
getName()	String	获取 form 表单中文件组件的名字
getOriginalFilename()	String	获取上传文件的原名
getSize()	long	获取文件的大小，单位为 byte
isEmpty()	boolean	是否为空
transferTo(File dest)	void	将数据保存到一个目标文件中

介绍完 MultipartFile 类，下面重点分析 uploadImg 代码中的上传逻辑，分为以下几步：

第一步，先获取上传图片的原始文件名称。获取原始名称的原因是为了下一步获取文件的格式信息。

第二步，判断前端是否将图片信息传输过来，如果图片信息不为空，则声明图片存储路径，以及设置图片在存储路径中的名称。这里重新设置图片的名称是为了防止用户有同名文件上传，造成文件替换或者冲突异常。图片名称的生成基于 UUID 的生成规则，随机性比较大，几乎不会出现重名的情况。

第三步，将存储路径及图片名称合并，生成 File 对象，执行 transferTo 方法，将内存中的图片缓存写入在前面设置的存储目录中。如果上传的是大文件，并且要让用户看到进度条，需要使用 IO 流来进行读写操作，并且实时返回读写进度。

第四步，如果需要将图片存入数据库，则需要执行存储数据的操作，存储图片的随机名称即可，使用时从数据库取出图片的名称，在 JSP 页面中通过虚拟路径获取图片资源即可。如果要回显图片，将图片名称放入 Model 对象中即可。然后跳转到视图。

小贴士：MultipartFile 类主要用来接收并转换 request 请求中 multipart 类型的文件数据。

下面来测试图片上传样例。启动测试工程，然后在浏览器中输入跳转到图片上传页面的请求路径，稍后可以看到上传页面，如图14-5所示。

上传页面中一开始是没有图片的，因为还没有上传图片。接下来在本地选择一张图片，进行上传，如图14-6所示。

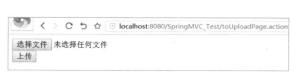 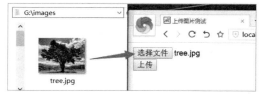

图 14-5　图片上传页面　　　　　　　图 14-6　选择图片上传

然后单击"上传"按钮，此时后台对前端传来的图片资源进行上传。稍作停留之后，页面会刷新，并且在刷新后的页面中看到了刚才上传的图片，如图14-7所示。

图 14-7　图片上传结果

这说明刚才的图片已经成功上传到服务端。右键单击查看源码，可以看到，图片是 img 标签加载的，其中的 src 中放置上传图片的虚拟路径，以及名称和格式，如图14-8所示。

图 14-8　图片的虚拟路径

前面提到过，图片存储在物理磁盘 G 的 upload 文件夹下，到该文件夹下查看，会看到刚才上传的图片，如图14-9所示。

图 14-9　物理路径下的图片

可以看到，生成的新图片的名称为一段英文符号代码，这是之前在程序中生成的 UUID 序列号，可以保证图片上传的名称不冲突。

至此，上传图片的整个开发过程就完成了。

补充：当需要上传多张图片时，可以在页面创建多个 name 相同的 type 为 file 的标签，这样就可以提交多张图片。或者利用移动端 HTML 5 的特性，一个 input 一次性选择多张图片。多张图片的选择方式主要以前端设计为主，不过多介绍，这里主要介绍后台的处理逻辑，因为不论前端的图片选择模式如何，后台的上传处理逻辑是相同的。在处理图片上传的 Controller 方法中，在参数中使用 MultipartFile 类的数组来接收相同 name 的文件资源。示例代码如下：

```
@RequestMapping("uploadImg")
public String uploadImg(Model model,@RequestParam("files") MultipartFile[] files)
    throws Exception{
    //利用数组的方式来处理多张图片，处理过程略
}
```

注意：假设前端文件 input 的 name 为"files"，那么 Controller 方法中的 MultipartFile 数组的前面要添加@RequestParam("files")注解，表示解析所有名为 files 的文件资源，将其添加至 MultipartFile 数组（这里 MultipartFile 数组的名称仅为参数名称，可以任意命名），该注解不可省略。

14.2 利用 Spring MVC 实现 JSON 交互

在传统的企业级应用中，多个系统之间的交互经常使用 WebService 来实现，这种模式可以跳出不同系统之间编程语言、操作系统等硬性条件的限制，实现不同系统之间的弹性交互。WebService 的实现模式就是，所有系统的数据传输都遵循一种固定的格式，拼接需要交互的数据。解析时也按照约定的解析规则解析。

现如今由于移动互联网的兴起，简洁的 JSON 格式成为很多系统之间进行交互的主要格式。移动端的前台系统（Android 或 IOS）与后台交互时，普遍使用 HTTP 协议进行 JSON 格式信息的传输，以实现移动系统前后端之间的信息交互。还有一些网页异步加载功能，也是利用 JavaScript 语言或相关插件（jQuery 等前端脚本框架）实现 Ajax 异步数据请求，与后台进行 JSON 格式的 HTTP 信息交互。

JSON 的数据格式规则十分简洁，书写格式为"数据名称:值"，组合中的名称写在前面（在双引号中），值对写在后面（同样在双引号中），中间用冒号隔开，最外层添加一对花括号即可：

```
{"userName":"Jack"}
```

当有多个参数时，使用英文逗号隔开。JSON 中的值可以有多种类型，每种类型有不同的表现形式，如表 14-2 所示。

表 14-2 JSON 中值的主要表现形式

格式	JSON 格式
数字（整数或浮点数）	{"age":23,"height":172.45}
字符串（在双引号中）	{"name":"张三"}

续表

格式	JSON 格式
逻辑值（true 或 false）	{"isEmpty":true}

数组（在方括号中）	{
	"people":[
	{"firstName":"Brett","lastName":"McLaughlin","email":"aaaa"},
	{"firstName":"Jason","lastName":"Hunter","email":"bbbb"},
	{"firstName":"Elliotte","lastName":"Harold","email":"cccc"}
	]
	}

对象（在花括号中）	{
	"people":
	{"firstName":"Brett","lastName":"McLaughlin","email":"aaaa"}
	}

空（null）	{"tellphonenumber":null}

早期 JSON 的组装和解析都是通过手动编写代码来实现的，这种方式效率不高，所以后来有许多的关于组装和解析 JSON 格式信息的工具类出现，如 json-lib、org-json、fast-json 及 jackson 等，可以解决 JSON 交互的开发效率。

Spring MVC 同样为开发者提供了一种简洁的实现不同数据格式交互的机制（JSON、XML 以及其他数据格式），其会将前台传来的 JSON/XML 等格式信息自动转换为相应的包装类，或者将输出的信息转换为 JSON/XML 等格式的数据。

Spring MVC 主要利用类型转换器（messageConverters）将前台信息转换成开发者需要的格式。然后在相应的 Controller 方法接收参数前添加@RequestBody 注解，进行数据转换，或在方法的返回值类型处添加@ResponseBody 注解，将返回信息转换成相关格式的数据。

这里主要讲解使用 Spring MVC 来解析或生成 JSON 格式信息的方法。下面结合一个具体需求，编写一个示例，让大家了解 Spring MVC 对 JSON 格式数据的处理方法。

需求是，如果请求的是 JSON 信息，就将 JSON 格式信息转换成相关的包装类参数，在返回信息时，统一使用 JSON 格式输出。逻辑流程如图 14-10 所示。

@RequestBody 注解的特点就是，根据请求参数的 contentType 决定是否将相关格式转换至包装类，如果 contentType 是目标类型，就进行转换。这里转换的是 JSON 数据，所以要求将前端请求的 contentType 指定为 "application/json" 类型，而普通 key/value 请求参数的 contentType 默认为 "application/x-www-form-urlen" 类型。

小贴士：一般在进行 Ajax 异步交互时，@RequestBody 注解要根据异步请求的数据类型进行相应设置。

第14章 Spring MVC 其他操作 | 225

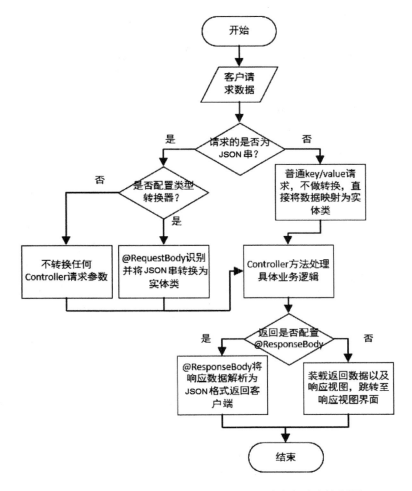

图 14-10 Spring MVC 处理 JSON 请求与响应流程图

接下来在测试工程中实现一个 JSON 的交互过程。Spring MVC 对于 JSON 的解析和组装是基于开源工具类 jackson 的，所以要使用 Spring MVC 进行 JSON 数据交互，必须引入 jackson 的两个依赖 jar 包 "jackson-core-asl.jar" 和 "jackson-mapper-asl.jar"，将它们放置在测试工程的 lib 下并加载到编译环境，如图 14-11 所示。

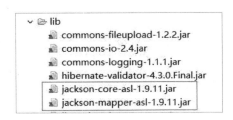

图 14-11 加入相关依赖

引入相关的依赖后，需要在类加载配置文件 springmvc.xml 中，为处理器适配器 HandlerAdapter 配置类型转换器列表 messageConverters，并在其中添加需要的类型转换器。这样当请求到达处理器适配器层时，配置的@RequestBody 和@ResponseBody 注解就会利用具体的类型转换器 messageConverter 将请求信息转换为指定的格式。具体配置如下：

```xml
<!--注解适配器 -->
<bean
class="org.springframework.web.servlet.mvc.method.annotation.RequestMappingHandlerAdapter">
    <property name="messageConverters">
        <list>
            <bean
class="org.springframework.http.converter.json.MappingJacksonHttpMessageConverter"></bean>
        </list>
    </property>
</bean>
```

可以看到，为类型转换器列表 messageConverters 的 list 配置了一个 JSON 类型的转换器 MappingJacksonHttpMessageConverter，这样只要请求到达 Controller 方法，标注@RequestBody 和@ResponseBody 注解的参数都会自动执行类型转换，目标类型就是配置的具体的类型转换器，这里是 JSON 格式的转换器。

要注意的是，如果配置了"<mvc:annotation-driven />"，则表明使用 Spring MVC 提供的注解型配置，其中 Spring MVC 已经帮助配置了注解的处理器适配器和映射器，即 DefaultAnnotationHandlerMapping 和 AnnotationMethodHandlerAdapter 两个 bean，同时为注解的处理器适配器配置类型转换器，这里为 AnnotationMethodHandlerAdapter 初始化 7 个转换器，如表 14-3 所示。

表 14-3 类型转换器列表

转换器类	作用
ByteArrayHttpMessageConverter	负责读取和写入二进制格式的数据
StringHttpMessageConverter	负责读取和写入字符串格式的数据
ResourceHttpMessageConverter	负责读取和写入资源文件数据
SourceHttpMessageConverter	负责读取和写入 xml 中 javax.xml.transform.Source 定义的数据
XmlAwareFormHttpMessageConverter	负责读取和写入基本的 xml 格式数据
Jaxb2RootElementHttpMessageConverter	通过 Jaxb2 读写 xml 信息，将请求消息转换到标注 XmlRootElemen 和 XmlType 注解的类中
MappingJacksonHttpMessageConverter	负责读取和写入 JSON 格式的数据

其中就有需要的 JSON 类型转换器，所以如果已配置了"<mvc:annotation-driven />"，就无须再单独配置了。这里，测试用例使用的是自动注解配置，这样可以提升开发效率。

小贴士：在日常的开发中，如果没有特殊要求，使用自动注解配置，可以提高开发效率。

下面编写测试页面，在测试工程的 WEB-INF/jsp 下创建名为"JsonTest.jsp"的页面。在该页面上设置一个 textarea 输入框,在其中可以编写相关的 JSON 字符串信息,然后单击下方的"发送"按钮，可以将 JSON 格式信息发送到后台。界面效果如图 14-12 所示。

图 14-12　JSON 信息传输测试页面

页面具体实现代码如下：

```jsp
<%@ page language="java" import="java.util.*" pageEncoding="UTF-8"%>
<html>
  <head>
    <title>Json Test</title>
  </head>
  <body>
    <textarea id="jsonMsg" cols="30" rows="5" placeholder="请输入 json 格式信息"></textarea>
    <br/><button onclick="submitMsg()">发送</button>
  </body>
  <script type="text/javascript"
        src="${pageContext.request.contextPath }/js/jquery-1.4.4.min.js">
</script>
  <script type="text/javascript">
      //请求格式为 JSON，输出格式为 JSON
      function submitMsg(){
          var message=$('#jsonMsg').val();
          $.ajax({
              type:'post',
              url:'${pageContext.request.contextPath}/JsonTest.action',
              contentType:'application/json;charset=utf-8',
              data:message,//数据格式是 JSON 串
              success:function(data){//返回 JSON 结果
                  alert("username="+data["username"]+
                      ",password="+data["password"]);
              }
          });
      }
  </script>
</html>
```

在上面的代码中，引入了 jQuery 脚本框架（需要在工程中引入 js 文件，这里在 WebRoot 下创建了 js 文件夹，将 jquery-1.4.4.min.js 放置在该文件夹下，并在测试页面使用 script 标签将 js 插件引入），来使用其封装好的 Ajax 异步 HTTP 交互方法。当在 textarea 中输入相关的 JSON

数据后，单击"发送"按钮会触发 submitMsg 的 javascript 方法，在该方法中首先使用 jQuery 的 DOM 语法，获取 id 为"jsonMsg"的标签中的 value 值（这里就是在 textarea 中输入的 JSON 信息）。然后使用 jQuery 的 Ajax 方法，定义 HTTP 协议的传输类型为 post，请求路径为即将编写的 Controller 方法对应的路径，数据格式 ContentType 设置为 JSON 格式，编码格式 charset 设置为工程的默认编码格式即可，这里为 utf-8。然后 data 为要传输的数据，这里将 textarea 中的数据设置进去。最后 Ajax 方法还提供了两个回调函数，分别为 success 和 error，在这里改写了 success 方法，当 http 请求成功发送并返回时，会执行该方法，在请求结束后将后台返回的数据用 alert 弹窗弹出。

小贴士：这里不过多讲解关于 jQuery 及 Ajax 的知识，需要深入了解 jQuery 及 Ajax，可以在官方文档中学习。

下面编写处理 JSON 请求的 Controller，在测试工程中编写名为"JsonControllerTest"的 Controller 类，添加跳转至测试页面的方法以及处理 JSON 请求的方法，具体代码如下：

```java
package cn.com.mvc.controller;
import org.apache.commons.logging.Log;
import org.apache.commons.logging.LogFactory;
import org.springframework.stereotype.Controller;
import org.springframework.ui.Model;
import org.springframework.web.bind.annotation.RequestBody;
import org.springframework.web.bind.annotation.RequestMapping;
import org.springframework.web.bind.annotation.ResponseBody;
import cn.com.mvc.model.User;
@Controller
public class JsonControllerTest {
    //创建该类的日志对象
    Log log = LogFactory.getLog(this.getClass());
    @RequestMapping("toJsonTestPage")
    public String toUploadPage(Model model)throws Exception{
        return "/JsonTest";
    }
    
    @RequestMapping("/JsonTest")
    public @ResponseBody User JsonTest(@RequestBody User user){
        log.info("userInfo[username:"+user.getUsername()
                +",password:"+user.getPassword()+"]");
        //@ResponseBody 将 User 转成 JSON 格式输出
        return user;
    }
}
```

代码中的 toUploadPage 是跳转至"JsonTest.jsp"测试页面的导向方法，而 JsonTest 方法用来接收 JSON 请求和返回 JSON 数据。可以看到，在 JsonTest 方法的返回值类型前添加了 @ResponseBody 注解，用来表示该类型需要通过类型转换器转换。而在 JsonTest 方法的形参上添加了@RequestBody 注解，表示将请求的 JSON 格式信息映射到 user 类的字段进行转换。在 JsonTest 方法中，没有过多逻辑，只是通过 log 日志类打印转换后的 user 对象的数据，以此来判定数据是否转换成功。

小贴士：在进行 JSON 格式数据的组装和解析时，如果格式不正确，则直接影响程序处理数据的结果。

下面进行 JSON 格式数据交互的测试。由于在 Controller 方法中预接收的参数为 User 类型，User 类中有 username 与 password 两个字段，所以 json 方法也要包装这两个字段的相关信息，因而在测试页面的 textarea 文本框中输入一个组装好的关于 user 信息的 JSON 字符串，如图 14-13 所示。

这里注意，如果添加了前面章节中编写的登录拦截器，在未登录的情况下，有可能拿到的反馈信息是登录界面的 HTML 信息，所以要保证不被拦截器拦截或者处于登录状态。

单击"发送"按钮，可以得到后台反馈结果，如图 14-14 所示。

图 14-13　编辑 JSON 信息

图 14-14　后台响应信息

可以看到，后台返回了 user 的 JSON 数据，这证明 JSON 数据被成功传递到了后台，且后台将 user 对象转换为 JSON 数据作为响应数据。

当单击发送请求的按钮后，在控制台中也可以看到打印出的 user 对象的相关信息，如图 14-15 所示。

图 14-15　控制台日志信息

这说明 JSON 信息已经被映射并转换为 user 对象。

为了观察请求的信息传输格式及其他 HTTP 交互参数，可以将浏览器的开发者工具打开（具体的打开方式根据不同浏览器而定，这里不做过多介绍），选择"网络"控制台。当单击"发送"按钮时就可以看到 HTTP 请求和回复的相关参数信息。图 14-16 所示就为整个 JSON 交互过程的参数信息。

图 14-16　HTTP 请求与响应头信息

可以看到，请求的参数格式类型 Content-Type 为"application/json"，而后台响应数据的 Content-Type 也为"application/json"。证明 JSON 交互样例编写成功。

小贴士：经常观察网络请求的报文信息，就可以对 HTTP 网络请求与响应多一些了解。

前面提到过，在页面传输 JSON 数据时，@RequestBody 注解会将其转换为相关的实体类，原理其实就是当请求数据的 Content-Type 为需要转换的数据格式时，@RequestBody 注解的参数就会使用为处理器适配器配置的类型转换器进行映射和转换，而如果不是需要转换的格式，则不予转换。如果去掉@RequestBody 注解，则 Controller 方法仅会利用 Spring MVC 处理普通 HTTP 请求信息。下面去掉 Controller 中 user 参数前的@RequestBody 注解，然后在测试页面中不输入 JSON 数据，而是输入普通的键值对信息，如图 14-17 所示。

由于要发送的是普通的 key/value 类型数据，不再是 JSON 数据，所以要将 submitMsg 方法中 Ajax 的 contenType 注释掉，因为键值对形式不需要指定 contentType，其默认格式会被指定为"application/x-www-form-urlen"。单击"发送"按钮后，在控制台依然可以看到 log 日志对象打印的信息，且在前台拿到的反馈信息为将 JSON 格式解析后得到的 user 对象的两个相关数据，如图 14-18 所示。

图 14-17　编辑普通键值对信息

图 14-18　后台响应信息

然后在浏览器开发者工具中也可以看到，传输的信息格式为默认的 key/value 格式，而响应信息的格式依然是 JSON 格式，如图 14-19 所示。

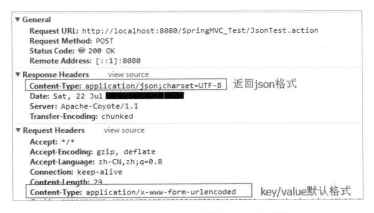

图 14-19　HTTP 请求与响应头信息

至此，Spring MVC 的 JSON 交互样例编写并测试结束。以后可以通过配置类型转换器，配合@RequestBody 及@ResponseBody 注解实现 JSON 数据或其他数据类型的交互。

注意：使用"<mvc:annotation-driven />"自动注解配置，可以转换多种类型的数据格式，因为自动注解配置默认加载了 7 种类型转换器。而如果不使用自动注解配置，只是单独配置了 JSON 转换器，则配置了@RequestBody 的参数只能接收并解析 JSON 格式的数据，如果想解析或组装其他类型的数据，则需要添加新的类型转换器。

14.3　利用 Spring MVC 实现 RESTful 风格

Spring MVC 支持实现 RESTful 风格的请求。首先介绍 RESTful 的基本概念，并利用 Spring MVC 配置与编写 RESTful 风格的样例，来演示如何通过 Spring MVC 实现一个简单的基于 RESTful 风格请求的后台服务。

14.3.1　RESTful

RESTful 为"Representational State Transfer"的缩写，中文释义为"表现层状态转换"。RESTful 不是一种标准，而是一种设计风格。RESTful 本质上是一种分布式系统的应用层解决方案，它的主要作用是充分并正确利用 HTTP 协议的特性，规范资源获取的 URI 路径。通俗地讲，RESTful 风格的设计允许将参数通过 URL 拼接传到服务端，目的是让 URL 看起来更简洁实用。并且对于不同操作，要指定不同的 HTTP 方法（POST/GET/PUT/DETELE）。可以这么说，只要是具有上述相关约束条件和原则的应用程序或设计就可以被称作 RESTful 风格的应用。

在 RESTful 风格的请求路径中，资源是由 URI 来指定的，RESTful 通过规范资源的表现形式来操作资源，其是资源状态的一种表达。一个满足 RESTful 的程序或设计应满足以下条件和约束：

第一，对请求的 URL 进行规范。RESTful 风格的 URL 的设计目的是将资源通过合理方式暴露出来。在 RESTful 风格的 URL 中不会出现动词，而是使用 HTTP 协议的动词。表 14-4 列出了非 RESTful 风格的 URL 及 RESTful 风格的 URL 的区别。

表 14-4　非 RESTful 与 RESTful 的 URL 区别

非 RESTful 风格的 URL	RESTful 风格的 URL
POST ...rest/userManage/getUserList	GET ...rest/userManage/Users
POST ...rest/userManage/addUser?id=1	POST ...rest/userManage/getUser/1
POST ...rest/userManage/editUser?id=1	PUT ...rest/userManage/editUser/1
POST ...rest/userManage/deleteUser?id=1	DELETE ...rest/userManage/deleteUser/1

从表中可以看到，遵循 RESTful 风格的 URL 比较简洁和规范，而且更容易理解 URL 请求所要表达的需求。

第二，充分利用 HTTP 方法。在表 14-5 中，前面是 HTTP 请求对应的动作方法，包含了 GET、POST、PUT、PATCH 及 DETELE 方法，需要在不同的请求场景下使用不同的 HTTP 方法。表 14-5 还列出了 HTTP 动作方法的具体使用场景。

表 14-5　HTTP 方法及使用场景

HTTP 方法名	使用场景
GET	从服务器取出资源（一项或多项）
POST	在服务器新建一个资源
PUT	在服务器更新资源（客户端提供完整资源数据）
PATCH	在服务器更新资源（客户端提供完整资源数据）
DELETE	从服务器删除资源

一般在非 RESTful 风格设计的应用中基本上只使用 POST、GET 类型的 HTTP 动作方法，而在 RESTful 风格设计的应用中充分利用了 HTTP 协议的另外动作方法，统一了数据操作的接口，使得 URL 请求变得简洁化、透明化。

小贴士：RESTful 风格的请求简洁、规范，可以清晰地看出它所要表达的需求。

14.3.2　使用 Spring MVC 实现 RESTful 风格

Spring MVC 可以使用@RequestMapping 的路径设置，结合@PathVariable 的参数指定，来实现 RESTful 风格的请求。下面编写一个样例，实现一个在服务端处理 RESTful 风格请求的 Controller 方法。

样例要实现，通过拼接水果商品的 id 来实现一个 RESTful 风格的请求，并向后台发送该请求，以此来获取 JSON 格式的水果商品信息。在原来的 Spring MVC 测试工程的水果商品 Controller 测试类"FruitsControllerTest"中添加一个处理 RESTful 风格请求的 Controller 方法，具体方法代码如下所示：

```
@RequestMapping(value="/queryFruit/{id}",method={RequestMethod.GET})
public @ResponseBody Fruits getFruitById(Model model,@PathVariable("id") Integer fruitId)
    throws Exception{
```

```
    //调用service获取水果商品列表
    Fruits fruit=fruitsService.queryFruitById(fruitId);
    return fruit;
}
```

在该方法中,在@RequestMapping 注解的请求路径中添加了一个动态数据"{id}",它的作用是解析前台的请求路径,将动态数据所在的位置解析为名为 id 的请求参数。而在 Controller 的参数中,使用@PathVariable 注解,在其中指定请求参数的 key 名称,并映射在后面定义的形参上,这里定义 fruitid 形参来接收名为 id 的请求参数。方法体中其余的操作就是正常的业务逻辑,最后使用@ResponseBody 注解加上之前配置的类型转换器,返回客户端 JSON 类型的水果详细信息。总的来说,利用 Spring MVC 实现 RESTful 风格主要就在于请求路径和请求参数的映射,以及 RequestMethod 的指定。

之前在测试工程的 web.xml 配置文件中,配置了 Spring MVC 的前端控制器,用于集中处理请求,配置如下:

```
<servlet>
    <servlet-name>springmvc</servlet-name>
    <servlet-class>org.springframework.web.servlet.DispatcherServlet
</servlet-class>
    <init-param>
        <param-name>contextConfigLocation</param-name>
        <param-value>classpath:springmvc.xml</param-value>
    </init-param>
</servlet>

<servlet-mapping>
    <servlet-name>springmvc</servlet-name>
    <url-pattern>*.action</url-pattern>
</servlet-mapping>
```

可以看到,前端控制器过滤的是后缀为".action"的请求路径,所以编写的 RESTful 风格的请求是不能被前端控制器过滤并解析的,所以要修改该配置,使得 RESTful 风格的请求可以被 Spring MVC 的前端控制器处理:

```
<servlet-mapping>
    <servlet-name>springmvc</servlet-name>
    <url-pattern>/</url-pattern>
</servlet-mapping>
```

这里修改成了过滤所有请求类型的请求至前端控制器。这可能会带来静态资源访问的问题,下一小节处理该问题。

重启测试工程,然后在浏览器中输入以下路径:

http:localhost:8080/SpringMVC_Test/queryFruit/1

即要查询 id 为 1 的水果商品信息,按回车键访问该路径,可以看到页面跳转并显示 id 为 1

的水果商品信息，如图 14-20 所示。

图 14-20　RESTful 风格请求结果

成功查询到了 id 为 1 的水果商品信息，这说明 RESTful 风格的请求服务编写成功。

小贴士：为了使 RESTful 风格的请求被处理，Spring MVC 的前端控制器的过滤路径 url-pattern 需要被指定为全路径。

上面的代码为查询类型的请求代码，而新增、修改以及删除的请求与此类似，区别就是需要指定不同的 RequestMethod（POST/PUT/DELETE）。样例代码如下：

```java
//添加水果商品
@RequestMapping(value="/addFruit",method={RequestMethod.POST})
public String addFruit(Model model,Fruits fruit)
       throws Exception{
   //具体添加逻辑
   return "...";
}
//通过 id 删除水果商品
@RequestMapping(value="/deleteFruit/{id}",method={RequestMethod.DELETE})
public String deleteFruitById(Model model,@PathVariable("id")Integer fruitId)
       throws Exception{
   //具体删除逻辑
   return "...";
}
//修改水果商品信息
@RequestMapping(value="/editFruit",method={RequestMethod.PUT})
public String editFruitById(Model model,Fruits fruit)
       throws Exception{
   //具体修改逻辑
   return "...";
}
```

前端在访问 RESTful 风格的增、删、改请求时，需要配置 HTTP 请求的方法（method 参数）。如果是在 JSP 页面上使用 form 表单的提交方式来请求 RESTful 风格的服务，需要根据请求的类型，在 form 表单标签中指定 HTTP 请求的相关 method 参数。而当使用 JavaScript 脚本实现 Ajax 异步请求，或者在其他系统中使用 HttpClient 进行 HTTP 接口交互时，也是如此。

但是很多 Web 框架是不支持 GET 与 POST 类型以外的 HTTP 请求的，在这种情况下只能将 HTTP 请求类型设为 POST，然后在请求数据中添加名为"_method"的参数，来指定请求的真正类型。然后需要在 Web 工程中配置过滤器来将带有"_method"参数的 POST 请求类型转换为真正的请求类型，才能让系统正确处理这些请求。这里在 web.xml 中配置名为 hiddenHttpMethodFilter 的过滤器，配置如下：

```xml
<filter>
    <filter-name>hiddenHttpMethodFilter</filter-name>
    <filter-class>org.springframework.web.filter.HiddenHttpMethodFilter</filter-class>
</filter>

<filter-mapping>
    <filter-name>hiddenHttpMethodFilter</filter-name>
    <url-pattern>/*</url-pattern>
</filter-mapping>
```

hiddenHttpMethodFilter 过滤器的主要作用是，将含有"_method"参数的 POST 请求，转换为"_method"参数指定的真正请求，然后 RESTful 风格的服务方法就可以正确处理该类请求。

配置好 HTTP 类型的过滤器后，就可以对 PUT、DELETE 等方法进行访问。在请求参数中分别添加"_method:'PUT'"和"_method:'DELETE'"，如此就可以访问水果商品的修改及删除方法了。

14.3.3 静态资源访问问题

前面在 web.xml 中配置了符合 RESTful 风格的 DispatcherServlet 前端控制器过滤器，实现了正确处理 RESTful 风格请求的机制。但是这种过滤方式会造成静态资源无法访问的问题，例如在 WebRoot 下的 image 文件夹下放置一张 logo.jpg 图片，如图 14-21 所示。

图 14-21 放置测试图片

由于图片放置在 WEB-INF 文件夹外（由于 JavaWEB 的保护机制，WEB-INF 文件夹下的文件不可直接访问），所以原则上是可以通过直接访问静态资源的方式获取到该图片的，但是输入"http://localhost:8080/SpringMVC_Test/image/logo.jpg"的请求路径后，发现并没有成功获取到图片资源，如图 14-22 所示。

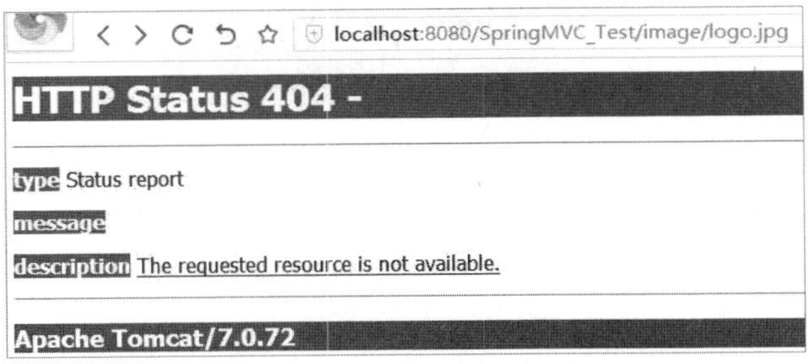

图 14-22 访问图片资源结果

这是为什么呢？原因在于在 web.xml 中配置的前端控制器的请求过滤机制，为了接收 RESTful 风格的请求，将过滤的后缀去除了，变成过滤所有后缀的请求路径，此时静态资源会被当作一个业务请求被前端控制器处理，前端控制器没有发现能够处理该请求的 Controller 控制器方法，所以对外抛出了 404（请求资源不可用）错误。

如果想正确处理静态资源，但又要保证 RESTful 请求的正常响应，可以通过下面两种方法来解决。

方法一，在类加载配置文件 springmvc.xml 中使用 "mvc:resources" 配置静态资源的解析路径，将需要加载的静态资源的 URI 路径配置在标签中，然后配置该 URI 映射的真实资源路径。配置样例如下：

```
<!-- 静态资源的解析，包括:js/css/img... -->
<mvc:resources location="/js/" mapping="/js/**"/>
<mvc:resources location="/img/" mapping="/img/**"/>
<mvc:resources location="/css/" mapping="/css/**"/>
```

当在类加载配置文件 springmvc.xml 中配置了静态资源文件的解析路径后，前端控制器就会根据请求 URL 中的具体子路径来映射出静态资源的真实路径，然后为前端反馈真实的静态资源信息。

方法二，在类加载配置文件 springmvc.xml 中使用 "<mvc:default-servlet-handler/>" 配置默认的 Servlet 处理器，该配置将在 Spring MVC 上下文中定义一个 DefaultServletHttpRequestHandler，它会对进入 DispatcherServlet 前端控制器的请求进行筛查，如果发现是没有经过映射的请求，就将该请求交由 Web 应用服务器默认的 Servlet 处理，如果不是静态资源的请求，才由 DispatcherServlet 前端控制器继续处理。此时就可以将请求中的静态资源与其他业务请求分开处理，从而正常地返回静态资源信息。

在 springmvc.xml 中分别使用两种配置，重启测试工程后，仍然可以访问 logo.jpg 的静态资源路径，如图 14-23 所示。

图 14-23　修改后访问图片的结果

这说明静态资源请求被单独进行了处理，从而既保证了 RESTful 请求能够被 Controller 控制器正确处理并响应，也保证了静态资源的正常获取。

小贴士：一般需要根据 Spring MVC 中央处理器的 url-pattern 指定的机制，来决定如何处理静态资源的访问。

第 4 篇　Spring MVC 与 MyBatis 项目实战

第 15 章　项目分析与建模

第 16 章　开发框架环境搭建

第 17 章　核心代码以及登录模块编写

第 18 章　零售商及货物管理模块

第 19 章　购销合同管理模块

第 15 章　项目分析与建模

前面几篇具体讲解了 MyBatis 数据库持久层框架的基本知识和基础开发，同时也介绍了 Spring MVC 表现层框架的基本原理和具体实施。学习了 MyBatis 与 Spring MVC 框架的知识后，如果想着手进行实际的开发，需要将它们进行整合。在下面的章节中，我们通过一个具体的小型项目的开发，来学习 MyBatis 与 Spring MVC 的整合，以及使用这个框架组合来进行具体业务功能的设计与开发。

本章主要对该小型项目进行分析与设计，总结出具体需求，并搭建原型结构，以作为后期具体业务模块开发的参考。

本章涉及的知识点有：

- 项目需求分析
- 项目 UML 图例
- 项目数据库建模

提示：本章中出现的建模工具等软件，请读者自行下载安装，由于篇幅问题，这里不再讲解安装过程。

15.1　项目需求分析

该项目的背景是，在一些偏远的农村地区，有一些果农开辟了大量的土地用于种植水果，并且招募了大量的工人来种植、维护和采摘水果。果农们的主要经济来源就是将水果批发给当地或外地的水果零售商，以及饭店和菜市场。但是仅仅靠传统的销售渠道，销量经常得不到保障，导致水果滞销，给果农们造成很大的经济损失。

针对这一现象，需要给果农们开发一款网络销售平台，通过与零售商在线上建立合作关系，以电子订单来代替传统纸质订单，对水果商品的销售价格、运费及包装费进行自动计算和总结，从而解决果农产品滞销的问题。

15.1.1 系统主要使用者业务关系分析

设计该系统时，首先要考虑软件使用主角"果农"与"零售商"之间的关系，以及他们的盈利模式，这里针对果农与零售商的贸易关系绘制了一个关系图，如图 15-1 所示。

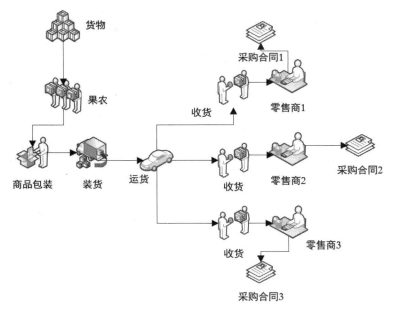

图 15-1 果农与零售商贸易关系图

通过果农与零售商的贸易关系图可以知道，果农采摘的苹果放在仓库代售，然后经过工人的包装、装货，司机师傅的运送，货物到达零售商处，由零售商收货，最终结款。而送什么水果，送多少，送往哪里，什么时间，这些都是由果农与零售商建立的采购合同所决定的。零售商首先与果农联系，然后确定整体采购合同的内容，之后在预定发货阶段，果农对水果进行采摘，预加工和包装后，由司机将货物运送到指定地点，然后由零售商确认到货后，结束采购合同。

小贴士：通过用户的整个业务交互情况，可以对软件的前期设计有一个大致的思路。

15.1.2 系统主要使用者经济关系分析

那么在与零售商进行整个贸易交互的过程中，会出现很多与金钱有关的活动，因此需要掌握整个流程的经济来往情况，以此划定系统的重点模块。果农与零售商在贸易交互中的经济关系分析如图 15-2 所示。

通过图 15-2 可以看出，果农与零售商之间的经济关系涉及水果商品的成本、商品的包装材料费，以及运输商品的运输费。果农的盈利在于高出水果成本的差价，而零售商需要支付的是水果商品本身的价格，以及包装费和运输费，那么这几项经济数据，是采购合同的重点，也是最终零售商与果农进行结算的重要依据。

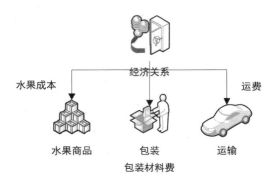

图 15-2　果农与零售商经济关系图

该需求的整体流程分析就是这样，不是十分复杂。需要正确理解果农与零售商的整个运转流程，以及流程中涉及的经济关系，这对接下来的系统设计很重要。

小贴士：用户之间的经济交易，直接决定整个业务需求的重点功能部分。

15.2　项目 UML 图例

在进行系统设计时往往需要使用一些图示来帮助说明整个系统的流程、系统的模块等信息。关于这些图示，业内已经总结出了一套规范，通过这套规范，可以更加科学高效地绘制系统的设计图。

用来设计系统流程、模块的主流规范是 UML（Unified Modeling Language）统一建模语言，该规范于 20 世纪 90 年代中期形成，是一种支持模块化和软件系统开发的图形化语言。UML 建模工具有很多种，包括 Visio、IBM Rational Rose、StarUML 及 ArgoUML 等。这里我们使用微软的 Visio 软件来绘制系统的 UML 图。

15.2.1　UML 图的类型

在绘制系统的 UML 图之前，先来了解一下 UML 图的类型。UML 图的主要类型如表 15-1 所示。

表 15-1　UML 图的主要类型

类型	说明
用例图	从用户的角度描述系统的功能
类图	显示模型的静态结构，特别是模型中存在的类、类的内部结构及它们与其他类的关系等
时序图	通过描述对象之间发送消息的时间顺序显示多个对象之间的动态协作
活动图	阐明业务用例实现的工作流程
状态图	描述一个实体基于事件反应的动态行为，显示该实体如何根据当前所处的状态对不同的事件做出反应
协作图	表达不同事物相互协作完成一个复杂功能
部署图	描述系统运行时的结构,展示硬件的配置及软件如何部署到网络结构中

初步设计系统时最常用到的 UML 图类型有用例图、类图和时序图。下面我们来绘制水果

网络销售平台的 UML 图。

小贴士：了解不同种类的 UML 图，对后期理解软件开发的业务需求有很重要的作用。

15.2.2　绘制系统用例图

首先绘制系统的用例图。所谓用例图，就是显示谁将是系统的使用者、用户希望系统提供什么服务，以及系统能够为用户提供什么样的服务。本系统以果农和零售商为主要角色，以商品的库存管理、零售商信息管理、采购合同管理等为主要功能，那么该系统的用例图应该如图 15-3 所示来设计。

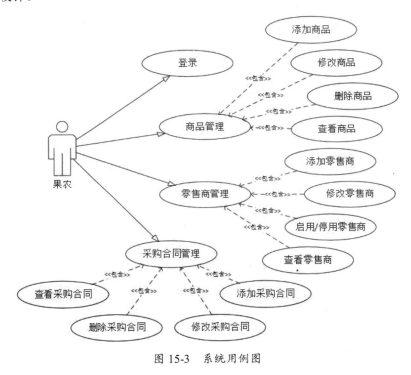

图 15-3　系统用例图

该用例图显示了系统的主要使用者——"果农"可以使用的服务，这也是系统对外开放的服务。

小贴士：用例图从用户的角度描述系统的功能。

15.2.3　绘制系统模块图

仅仅依靠用例图，开发者还不能形成明确的模块设计思路。对于系统模块，应使用功能结构图来表示。该系统一共分为 4 大模块，每一个模块下还有子模块，如图 15-4 所示。

可以看到，该系统主要有"零售商管理"、"商品管理"、"采购合同管理"及"用户设置" 4 大模块。

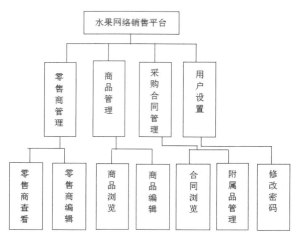

图 15-4　系统功能结构图

　　零售商管理模块主要用于管理与果农建立合作关系的零售商的信息。零售商的信息被录入系统后，在创建采购合同时，就可以关联这些信息。对于零售商的管理，除了可以录入零售商信息外，还可以编辑零售商的信息。另外，当果农不再与零售商合作时，可以选择"停用"零售商，这样以后构建采购合同的时候就不会出现该零售商的信息。选择"启用"零售商，在构建采购合同时就可以选择该零售商。此种方式避免了物理删除的极端做法，保证用户数据的可恢复性。

　　商品管理模块主要用于在库水果信息的管理。果农可将要出售的水果商品库存录入商品管理模块，在构建采购合同时，可以将在库商品添加到采购合同中，保证在库存充足的情况下构建采购合同，以免出现发货时货物不足的情况。另外，可以将水果的价格添加到商品信息中，用于采购合同的结款计算。当水果信息有变动时，可以进行修改。当水果商品出现问题时，可以删除该水果信息。

　　采购合同管理模块主要用于果农与零售商之间建立的采购合同的管理。果农可以与零售商建立合作，零售商将需要的水果商品的种类和数量告知果农，果农就可以在采购合同模块创建采购合同，同时将在零售商管理模块添加的零售商信息关联至采购合同，并且将相关的水果商品信息关联至采购合同。同时对于附属品，如包装商品所使用的包装材料费用，以及运输过程中产生的运费也要显示在合同内，合同生成后会自动计算总销售金额。

　　用户设置模块主要用于用户信息的修改，因为是果农内部使用的系统，所以这里仅提供密码修改功能即可。

　　至此，该系统的大致模块基本设计完毕，也生成了可视化的图例，这对后期的开发有重要的指导作用。

　　小贴士：模块结构图基本上奠定了要开发的主要功能块。

15.3　项目数据库建模

　　一个系统最重要的功能就是数据交互，所以数据在整个软件系统中占据着十分重要的位置。

一般使用数据库来存储应用产生的数据，而这些数据又需要使用一定的格式来约束，所以要设计存储数据的表结构。

由于 MySQL 是一款轻量级的、开源免费并且无开发平台限制的数据库软件，十分适合进行中小型系统的开发，所以本系统选择 MySQL 数据库作为数据存储模块。

15.3.1　系统数据关系分析

为系统创建数据库，就要创建相关的表结构，以存储系统产生的数据。那么首先需要明确，系统要存储哪些数据，不同的数据又有什么关联。这里绘制了一个系统数据关系的草图，用来表示系统数据之间的具体关系，如图 15-5 所示。

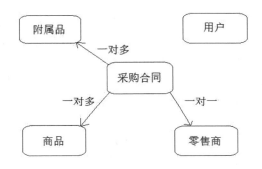

图 15-5　系统数据关系图

可以看到，采购合同分别与商品、零售商及附属品有关系。因为一个采购合同可能要购买多种类型的水果商品，所以采购合同和商品是一对多的关系。同理，商品的包装类型可能不止一种（袋装、箱装），所以一个采购合同可能对应多种附属品。而一个采购合同的合作方只能是零售商，所以采购合同和零售商是一对一的关系。最后，用户表基于以上关系来设计。根据关系图，一共要创建六张表，其中包含一张中间表，主表分别是用户表、采购合同表、商品表、附属品表及零售商表。

15.3.2　系统主要表设计

首先是用户表。该系统会为用户提供登录注册功能，所以用户表中需要存储用户的基本信息和账号密码。用户表的字段设计如表 15-2 所示。

表 15-2　用户信息表 user

字段名	数据类型	长度	是否主键	描述
userid	varchar	50	是	用户 ID
username	varchar	50	否	账号
password	varchar	50	否	密码

续表

字段名	数据类型	长度	是否主键	描述
name	varchar	50	否	姓名
telephone	varchar	20	否	手机号

这里的 userid 字段的数据类型为 varchar，因为系统选择 UUID 主键生成策略，而不是自增主键，这样便于以后数据的迁移和合并。

然后是商品表。由于该系统服务于果农，所以商品类型自然是水果，那么表结构的设计应该遵循水果的基本属性。水果商品表的字段设计如表 15-3 所示。

表 15-3　水果商品信息表 commodities

字段名	数据类型	长度	是否主键	描述
fruitid	Varchar	50	是	商品 ID
name	Varchar	50	否	水果名称
price	double	精确到两位小数	否	价格
locality	varchar	100	否	产地
createtime	datetime	默认值	否	录单时间

水果商品表中除了有水果的名称、价格及产地外，还包括水果信息录入系统的时间，这样便于管理者浏览和检查商品录入的情况。

接下来是附属品表。附属品主要指商品的包装材料，一般随商品设置，与商品的关系是一对一的关系，即一个商品就需要一个附属品来包装。所以附属品表中应含有一个外键与商品表进行关联。附属品表的字段设计如表 15-4 所示。

表 15-4　附属品信息表 accessory

字段名	数据类型	长度	是否主键	描述
accessoryid	varchar	50	是	附属品 ID
fruitid	varchar	50	外键	商品 ID
name	varchar	50	否	附属品名称
price	varchar	50	否	价格
createtime	datetime	默认值	否	创建时间

可以看到，除了附属品主键外，还有附属品所属的商品 ID 外键。其余是附属品的基本信息和创建时间。后面会通过中间表将附属品与商品和采购合同关联起来。

然后是零售商表。零售商表主要用来存储零售商的信息，运送货物给零售商，需要零售商的地址信息。零售商的姓名和联系方式也是零售商的重要信息。零售商表的字段设计如表 15-5 所示。

表 15-5 零售商信息表 retailer

字段名	数据类型	长度	是否主键	描述
retailerid	varchar	50	是	零售商 ID
name	varchar	50	否	零售商姓名
telephone	varchar	50	否	零售商电话
address	varchar	100	否	零售商地址
status	int	1	否	状态（0/1）
createtime	datetime	默认值	否	创建时间

该表中除了零售商的基本信息以外，还有一个状态字段，当用户不再和某个零售商合作时，可以将其设置为停用（数字 0）状态，这样用户在创建采购合同时就不会看到该零售商。如果用户想恢复与该零售商的合作，将状态改为启用（数字 1）即可。

最后，最重要的也是关联关系最多的表，即采购合同表。采购合同表主要用来确定零售商的订货信息，以及总金额的计算。采购合同表字段设计如表 15-6 所示。

表 15-6 采购合同表 contract

字段名	数据类型	长度	是否主键	描述
contractid	varchar	50	是	合同 ID
barcode	varchar	50	否	合同号
type	int	1	否	运输类型
retailerid	varchar	50	外键	零售商 ID
createtime	datetime	默认值	否	创建时间

该表中的 type 代表运输类型，分为省内（数字 1）和省外（数字 2）。该表除了包含采购合同的基本信息外，还有一个采购商的外键 id，水果商品的 id 并不记录在该表中，因为合同与商品是一对多的关系。可以使用中间表来表示。

采购合同与商品、附属品的关联关系，使用中间表来表示。使用中间表可以表示合同与商品及附属品之间一对多的关系。中间表的字段设计如表 15-7 所示。

表 15-7 中间表 middle_tab

字段名	数据类型	长度	是否主键	描述
middleid	varchar	50	是	中间表 ID
contractid	varchar	50	外键	合同 ID
fruitid	varchar	50	外键	商品 ID
number	int	11	否	商品数量

在中间表中，将采购合同和附属商品进行了关联，另外还增加了商品的数量统计，以便后期按照商品的单价和数量来计算最终价格。

设计完数据库的表结构后，需要对数据库进行建模。建模的目的是要采用图形化的模式来表示表结构及表与表之间的关联关系，还可以根据该关系图生成建表的 SQL 语句。

小贴士：一般设计完表结构后，不会立即创建表单，而是进行数据库建模。这样不仅使数据库关系更加清晰，也能够通过第三方工具创建带有关联关系的表单。

我们使用的数据库建模工具是 PowerDesigner。PowerDesigner 由 Sybase 公司发行，是目前比较流行的数据库建模系统。使用 PowerDesigner 可以进行多种数据库设计，包括概念数据模型（Conceptual Data Model）和物理数据模型（Physical Data Model）：

- 概念数据模型（Conceptual Data Model），也被称为信息模型，它以实体－联系（Entity-RelationShip，E-R）理论为基础。它的主要作用是将现实世界中的客观对象抽象为实体（Entity）和联系（Relationship）。
- 物理数据模型（Physical Data Model）根据概念设计，来对应到真实的物理结构，是对真实数据库的描述。在关系型数据库中，其描述的内容包括表、视图、字段、数据类型、长度、主键、外键、索引、约束、是否为空、默认值等。

下面首先使用 PowerDesigner 建立数据库概念模型，如图 15-6 所示（这里由于篇幅原因，不再展示建模过程，读者可自行学习 PowerDesigner 软件的使用方法）。

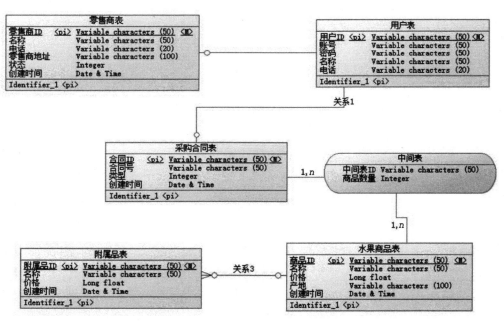

图 15-6　系统数据概念模型图

通过数据库概念模型可以清晰地看到各个数据库表中包含的字段，以及各表之间的关系。在表关系的连接线上，可以看到树叉类型的连接点（多点和一点），其清晰地展示了一对多和一对一的关系。由该模型图可以清晰地看到采购合同与零售商、商品以及附属品间的关联关系。

在 PowerDesigner 中，可以将建立好的概念模型图，转换为对应数据库真实结构的物理模型图。这里在 PowerDesigner 的文件选项中，选择"Generate Physical Data Model"选项即可进行向物理模型的转换。转换完成后,可以看到转换成功的物理模型图,如图 15-7 所示。

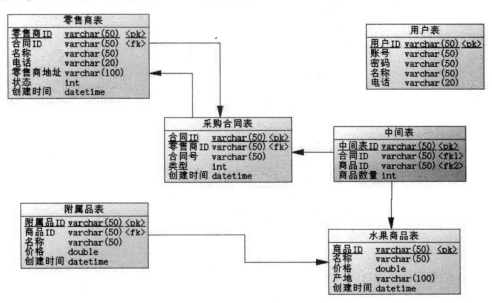

图 15-7　系统数据物理模型图

通过物理模型图可以清晰地看到数据库表结构的设计,以及主键和外键的关联关系。表与表之间的关系通过连线可以直观地展现出来。

小贴士:注意数据库表之间的连线方向与表从属关系的联系。

每一个物理实体表的表结构的 SQL 创建语句是可以看到的,双击该实体表,在弹出框中选择"Preview"选项,即可看到相关的建表语句,如图 15-8 所示。

图 15-8　查看实体表建表语句

当然,PowerDesigner 也提供了物理模型图整体建表语句的导出功能。在上方选项菜单中找到"Generate Database",单击后 PowerDesigner 即会生成相关的数据库建表语句。最终生成的系统数据库的建表语句会被封装在 SQL 脚本文件中,如图 15-9 所示。

图 15-9　生成建表 SQL 脚本

由于系统使用的数据库为 MySQL,因此需要提前下载好数据库软件,并在系统中配置相关服务启动项,才可以进行建表工作。一般数据库的操作都是在控制台使用命令行操作,这里为了能够更加直观地观察和编辑数据库表结构,需要使用一个数据库图形化界面工具,来帮助更加方便快捷地操作数据库。

我们使用 SQLyog 数据库图形化界面管理工具,该软件的界面如图 15-10 所示。

图 15-10　SQLyog 软件界面

在 SQLyog 中配置数据库的连接地址、连接端口,以及相关的登录账号和密码后,即可登录数据库,如图 15-11 所示。

图 15-11　配置数据库连接信息

然后创建一个名为"fruit_manage"的数据库，设置编码格式为 utf-8，然后将之前使用 PowerDesigner 生成的建表 SQL 脚本导入执行，就会自动创建数据库表结构。

在 SQLyog 操作界面中，左侧是系统的数据库表的列表，右键单击要查看的表，选择"查看数据"命令，就可以在右侧信息栏看到表的数据，如图 15-12 所示。

图 15-12　数据库表信息

同时也可以右键单击表，选项修改表结构命令，就可以看到每一个表的具体结构信息，可以在此进行修改，如图 15-13 所示。

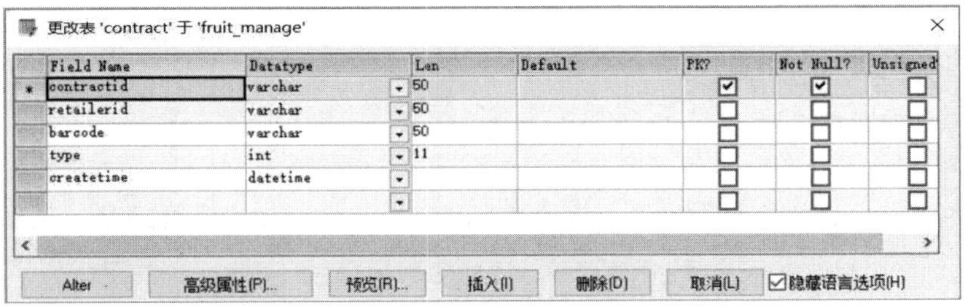

图 15-13　数据库表结构信息

至此，系统的数据库建模和物理创建已经完成。数据库的设计和建模是软件开发中十分重要的环节，而数据库的建立为系统提供了强大的数据支撑。

小贴士：系统的数据库设计及建模的规范化，对系统数据的稳定性具有很大的影响。

第 16 章　开发框架环境搭建

上一章主要进行了需求分析、UML 图设计及数据库创建，这一章就要着手进行项目的具体开发了。我们在第 1 章中已经搭建了 Java Web 的具体开发环境，下面主要在之前环境的基础上，讲解 Spring MVC 与 MyBatis 整合的框架环境搭建。

本章涉及的知识点有：

- 项目的依赖、实体对象及映射文件配置
- 项目各层级基础搭建
- 项目框架环境搭建

提示：本章中出现的工具等软件，请读者自行下载安装，由于篇幅问题，这里不再讲解安装过程。

16.1　搭建工程的 Maven 环境

在之前的测试工程中，都是直接将 jar 包放置在工程的 lib 文件夹下，但是在真实的开发中，一个项目需要多个开发人员开发，而且 jar 包的版本不同，其依赖的其他 jar 包版本也不同，不正确的引入可能会导致版本兼容问题。因此，在多人开发模式中，jar 包依赖的管理不能仅仅依靠 jar 文件。目前业内最常用的资源管理插件是 Maven，下面为工程准备 Maven 插件，来管理依赖资源。

16.1.1　Maven 下载配置

Maven 是目前业内比较常用的项目管理和项目构建工具，它可以对项目依赖的 jar 包进行管理，可以让项目保持基本的依赖，排除冗余 jar 包，并且可以让开发者轻松地对依赖的 jar 包进行版本升级。除此之外，Maven 还可以清理、编译、测试、打包、发布项目。

要在开发环境的机器上安装 Maven，需要在开发工具 MyEclipse 中安装 Maven 插件（高版本的编译器中已经含有 Maven 插件，无须安装）。

首先在 Maven 官网下载 Maven 的最新版本：

http://maven.apache.org/download.cgi

由于开发环境为 Windows 环境，所以需要选择 zip 格式的文件包进行下载（带有 src 的文件是包含源码的压缩包，这里暂时不需要），这里选择 3.5.0 版，如图 16-1 所示。

下载完成后解压到相应的盘中，这里选择解压至 D 盘。解压后的 maven 目录中包含若干文件夹和配置文件，如图 16-2 所示。

图 16-1　下载 Maven 压缩包

图 16-2　Maven 根目录

在 maven 目录中，bin 文件夹下为 Maven 的一些运行脚本；boot 文件夹下放置了 Maven 的加载类库框架；conf 文件夹下放置了 Maven 的配置文件 setting.xml，以及日志文件；lib 文件夹下放置了 Maven 运行所需要的所有 Java 类库。除文件夹外，NOTICE 文件记录 Maven 包含的第三方软件。

解压完 maven 文件夹后，需要配置 Maven 的环境变量。和 Java 的环境变量一样，配置在系统的"高级系统变量"中。Maven 的环境变量需要配置"MAVEN_HOME"及"Path"参数，其中"MAVEN_HOME"参数的值为 Maven 的安装地址，而"Path"参数的值为根目录下的 bin 文件夹地址，如图 16-3 所示。

图 16-3　Maven 环境变量

安装完 Maven 后，需要验证 Maven 安装是否成功。打开计算机的命令提示符控制台，输入"mvn -v"，如果看到 Maven 的相关版本信息，则证明 Maven 的安装是成功的，如图 16-4 所示。

图 16-4　Maven 安装结果测试

如果没有出现 Maven 的版本信息，说明安装或配置环境变量的时候出现了问题，也有可能是机器中已经安装了 Maven，出现了重复安装问题。

Maven 安装成功后，就要准备创建工程了。在创建工程之前，需要将安装的 Maven 信息配置在 MyEclipse 中，更换编译器默认的 Maven 配置。

打开 MyEclipse，选择工作空间，进入编辑区域后，选择 MyEclipse 选项区的"Window->Preferences"选项对 MyEclipse 中的 Maven 进行编辑，如图 16-5 所示。

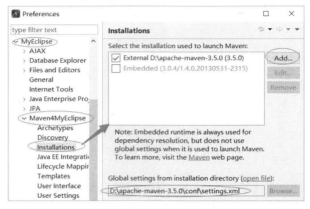

图 16-5　MyEclipse 中的 Maven 插件配置

这里对 Maven 插件的配置进行了修改，新建了一个 Maven 插件的安装路径，路径指向上一步安装好的 Maven 插件的根目录。

小贴士：如果在控制台输入 mvn 指令后没有出现响应信息，则需要检查 Maven 的环境变量配置是否正确。

16.1.2　创建 Maven 工程

下面就要新建开发工程了。在 MyEclipse 的 File 选项区或者 package Explorer 的空白区域选择"New"选项，然后在弹出框中选择构建一个 Maven 工程，如图 16-6 所示。

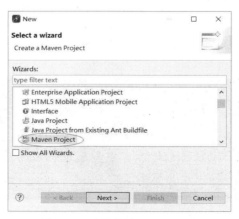

图 16-6　选择新建 Maven 工程

选择构建 Maven 工程后，下一步要创建参数。选择创建工程模式时，要勾选 Create a simple project（不使用骨架）选项，如图 16-7 所示。

使用骨架是为了构建一套工程框架标准，然而我们需要创建纯净的、自助配置框架的工程，所以这里不需要 Maven 自动生成骨架。

在创建 Maven 工程的最后一步，需要填写工程的组 id、工程 id（即 Maven 工程名）、版本号、打包方式及 JDK 的编译版本等信息，如图 16-8 所示。

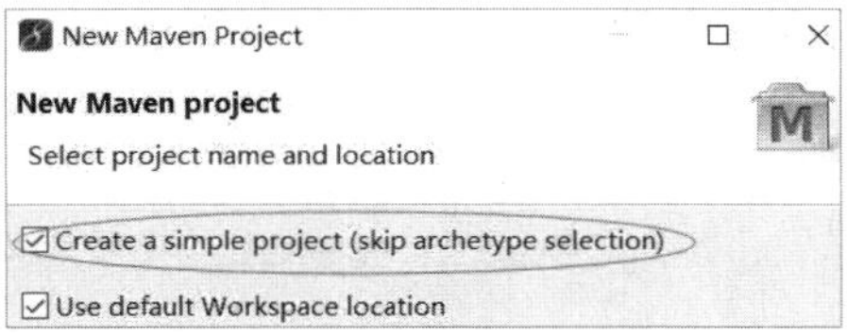

图 16-7　选择不使用骨架 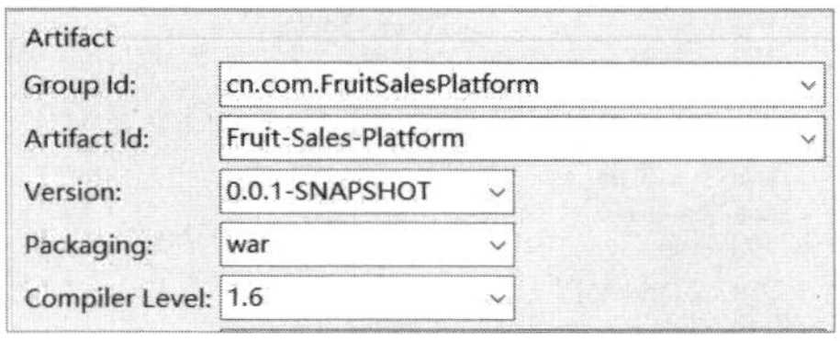　　　　　　　图 16-8　填写工程基本信息

这里填写的工程的组 id 为"cn.com.FruitSalesPlatform"，意思是公共组织开发的平台系统。工程名为"Fruit-Sales-Platform"，意思为"水果销售平台"。版本信息为"0.0.1-SNAPSHOT"，是 Maven 工程默认的最初版本。Packaging 打包方式为 war 包，这是因为开发的是 Web 工程，最终是要发布到 Tomcat 中的，而 Tomcat 编译 Web 工程时是编译 war 格式的工程压缩包，所以这里打包方式要选择 war 格式。编译级别这里选择插件提供的最高级别 1.6（该创建模式下，只提供了 1.6 版本，可以根据需要后期手动更改版本）。

单击"Finish"按钮完成创建，此时可以在左侧 package Explorer 工程区看到创建好的名为"Fruit-Sales- Platform"的 Maven 工程，如图 16-9 所示。

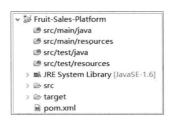

图 16-9　新建的 Maven 工程

由于以后可能会引入框架的新特性，所以这里的"JRE System Library"环境建议修改为之前配置的 JDK1.8，然后将 POM 文件中的 Maven 编译级别也改为 1.8：

```
<plugin>
    <artifactId>maven-compiler-plugin</artifactId>
    <configuration>
      <source>1.8</source>
      <target>1.8</target>
    </configuration>
</plugin>
```

因为要开发的工程为 Web 工程，目前的文件目录结构并不是 Web 工程的结构，就算自动打包成 war 包，Tomcat 也无法识别并编译，所以要把该工程转换为一个 Dynamic Web Project。右击项目，选择 Properties→Project Facets 选项，勾选"Dynamic Web Module"选项并选择相应版本，然后将对应的"Java"版本选择为提供的最高版本"1.7"，如图 16-10 所示。

这里要注意的是，将"Dynamic Web Module"的版本选择为 3.0，该版本及以上版本支持的

Tomcat 版本为 7.0 或更高版本。而 3.0 以上版本的"Dynamic Web Module"要求 Java 环境不能低于 1.6 版，所以 Java 的版本选择为 1.7。

配置完工程的 Project Facets 选项后，单击"OK"按钮就可以在左侧 package Explorer 工程区看到更改为 Dynamic Web Project 模式的开发工程了，相比原来的工程，新的工程目录中多了一些 Web 开发的工程目录（WebRoot 等）。工程的最终结构如图 16-11 所示。

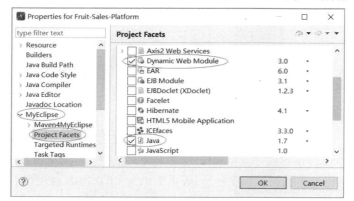
图 16-10 更改工程模式

图 16-11 工程的最终结构

工程创建成功之后，接下来就要搭建工程的开发框架环境了。因为要整合使用 Spring MVC 和 MyBatis，所以需要引入 Spring MVC 单独的 jar 包依赖和 MyBatis 单独的 jar 包依赖，以及两者的整合 jar 包。

小贴士：由于要开发的系统为 Web 类型，所以要将基础的 Maven 工程配置为 Web 工程。

16.1.3 为工程添加依赖

为了让大家更加了解整个框架环境的依赖，下面将工程需要引入的 jar 包和相关版本以及它们的作用以列表的形式给出。

有关 Spring MVC 的依赖（包含 Spring）如表 16-1 所示。

表 16-1 Spring MVC 相关依赖

依赖 Jar 包名称	版本	作用
spring-core	4.2.5	包含 Spring 框架基本的核心工具类
spring-web	4.2.5	包含 Web 应用开发中 Spring 框架所需的核心类，包括自动载入 WebApplicationContext 特性的类、Struts 与 JSF 集成类、文件上传的支持类、Filter 类和大量工具辅助类
spring-oxm	4.2.5	包含 Spring 对 Object/Xml 的映射支持，可以让 Java 与 XML 之间来回切换
spring-tx	4.2.5	包含为 JDBC、Hibernate、JDO、JPA 等提供的一致的声明式和编程式事务管理的相关类
spring-jdbc	4.2.5	包含 Spring 对 JDBC 数据访问进行封装的所有类

续表

依赖 Jar 包名称	版本	作用
spring-webmvc	4.2.5	包含与 Spring MVC 框架相关的所有类，如国际化、标签、Theme、视图展现的 FreeMarker、JasperReports、Tiles、Velocity、XSLT 等
spring-context	4.2.5	包含 Spring 的拓展类，如 Spring ApplicationContext 特性所需的全部类、JDNI 所需的全部类、UI 方面用来与模板引擎如 Velocity、FreeMarker、JasperReports 集成的类，以及校验 Validation 方面的相关类
spring-context-support	4.2.5	包含 Spring-context 的扩展支持，主要用于 MVC
spring-aop	4.2.5	包含使用 Spring 的 AOP（切面编程）特性时所需的类
spring-test	4.2.5	包含对 Junit 等测试框架的简单封装类

MyBatis 的依赖如表 16-2 所示。

表 16-2　MyBatis 相关依赖

依赖 Jar 包名称	版本	作用
mybatis	3.2.8	包含 MyBatis 框架基本的核心类
mybatis-spring	3.2.8	包含 MyBatis 与 Spring MVC 的框架整合类

除了 Spring MVC 与 MyBatis 单独以及整合 Jar 包外，还有 Web 开发常用的工具依赖，例如日志、测试、标签、读写等依赖（一些框架也需要这些依赖的支持）。具体如表 16-3 所示。

表 16-3　其他相关依赖

依赖 Jar 包名称	版本	作用
aspectjweaver	1.8.10	用于实现 Spring 的 AOP 切面编程功能
jstl	1.2	用于 JSP 页面中 jstl 标签的读取及解析
javaee-api	7.0	企业级 Java EE 开发平台的核心依赖包
junit	4.11	单元测试框架所需依赖
mysql-connector-java	5.1.29	提供 MySQL 数据库的连接驱动
c3p0	0.9.1.2	为数据库提供连接池对象的依赖
fastjson	4.2.5	阿里的 JSON 封装及解析工具包
log4j	1.2.17	提供日志输出控制工具类的依赖，其可以控制日志信息输出到控制台、文件、GUI 组件甚至是套接口服务器、NT 的事件记录器、UNIX Syslog 守护进程等；也可以控制每一条日志的输出格式；也可以通过定义每一条日志信息的级别，更加细致地控制日志的生成过程
slf4j-api	1.7.18	提供一个日志系统的服务 API。这个包只有日志的接口，并没有实现，所以如果要使用就需要再给它提供一个实现了这些接口的日志包，比如 log4j、common logging、jdk log 日志实现包等
slf4j-log4j12	1.7.18	slf4j 对 log4j 的适配，需要配合 log4j 包一起使用
jackson-mapper-asl	1.9.13	用于注解@ResponseBody 时，实现 JSON 对象、集合（高性能数据）类型之间的交互

续表

依赖 Jar 包名称	版本	作用
jackson-core	2.8.0	用于注解@ResponseBody 时，实现 JSON 对象、集合（高性能数据）类型之间的交互
jackson-databind	2.8.0	用于注解@ResponseBody 时，实现 JSON 对象、集合（高性能数据）类型之间的交互
commons-fileupload	1.3.1	封装了文件上传功能的工具类
commons-io	2.4	实现 I/O 读写所需要的依赖包
commons-codec	1.9	主要包括核心的算法，比如 MD5、SHA1 或 BASE64
commons-logging	1.1.1	实现 log4j、sl4j、jdk 等日志管理系统的接口

确定好工程需要的依赖后，就需要向 Maven 的 pom.xml 配置文件中添加这些依赖。需要说明的是，对于添加在 pom 文件中的依赖配置，在执行安装后，Maven 会先查看本地仓库有没有所需依赖，如果有则直接引用，如果没有就去远程仓库查找，然后从远程仓库中下载这些 jar 包，转储至本地仓库。提及仓库，Maven 的仓库分为本地仓库和远程仓库，如图 16-12 所示。

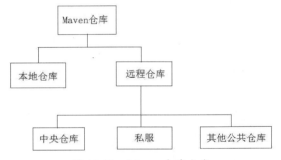

图 16-12　Maven 仓库分类

本地仓库是设置在开发者本地硬盘中的仓库，其中保存从远程仓库中下载的依赖 jar 包等构件。本地仓库在开发者机器上的默认路径为"C:\Users\Administrator\.m2\repository"（假设主机名为 Administrator）。如果想自定义本地仓库路径，需要在 Maven 根目录中找到 setting.xml 配置文件，然后修改其中的<localRepository>配置即可，如：

```
<localRepository>C:\Users\jack\.m2\repository</localRepository>
```

远程仓库是本地仓库获取依赖的来源。Maven 的默认远程仓库是中央仓库，它一般是互联网上比较成熟的开源仓库，包含了绝大多数流行的开源 Java 构件（jar 包依赖），以及源码、作者信息、SCM 信息、许可证信息等。对于本工程使用的 Maven 3.5.0 版本，其中央仓库的配置可以在 Maven 根目录的 lib 文件夹下的 maven-model-builder-3.0.4.jar 依赖中找到，在该 jar 包中有一个 pom 超级文件，该文件中定义了一个中央仓库 Central：

```
<repositories>
  <repository>
    <id>central</id>
    <name>Central Repository</name>
```

```xml
      <url>https://repo.maven.apache.org/maven2</url>
      <layout>default</layout>
      <snapshots>
        <enabled>false</enabled>
      </snapshots>
    </repository>
</repositories>
```

访问中央仓库提供的 url,可以看到丰富的开源 Java 构件（jar 包依赖）信息，如图 16-13 所示。

想要了解相关依赖的版本信息及配置写法,可以参考 mvnrepository 资源搜寻库（网址为 https://mvnrepository.com/)，在那里可以查询需要的依赖信息，并且提供有相关的配置写法。例如需要查看 HttpClient 的依赖，就可以

图 16-13　Maven 中央仓库

直接搜索关键字，然后选择相关的版本，就会看到 Maven 的配置信息，如图 16-14 所示。

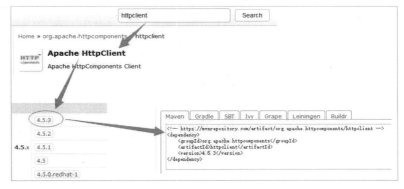

图 16-14　资源搜寻库

下面就将依赖配置写入工程的 pom 文件中，由于篇幅原因，这里只展示部分核心配置：

```xml
<project xmlns="http://maven.apache.org/POM/4.0.0"
  xmlns:xsi="http://www.w3.org/2001/XMLSchema-instance"
  xsi:schemaLocation="http://maven.apache.org/POM/4.0.0
  http://maven.apache.org/xsd/maven-4.0.0.xsd">
 <modelVersion>4.0.0</modelVersion>
 <groupId>cn.com.FruitSalesPlatform</groupId>
 <artifactId>Fruit-Sales-Platform</artifactId>
 <version>0.0.1-SNAPSHOT</version>
 <packaging>war</packaging>
 <properties>
   <project.build.sourceEncoding>UTF-8</project.build.sourceEncoding>
<project.reporting.outputEncoding>UTF-8</project.reporting.outputEncoding>
```

```xml
    <!-- Spring 版本号 -->
    <spring.version>4.2.5.RELEASE</spring.version>
    <!-- MyBatis 版本号 -->
    <mybatis.version>3.2.8</mybatis.version>
    <!-- MySQL 驱动版本号 -->
    <mysql-driver.version>5.1.29</mysql-driver.version>
    <!-- log4j 日志包版本号 -->
    <slf4j.version>1.7.18</slf4j.version>
    <log4j.version>1.2.17</log4j.version>
</properties>
<dependencies>
    <!-- 添加 Spring 核心依赖 -->
    <dependency>
        <groupId>org.springframework</groupId>
        <artifactId>spring-core</artifactId>
        <version>${spring.version}</version>
    </dependency>
    <!-- Spring 的其他配置与此类似, 这里其他配置略 -->
    <!-- 添加 MyBatis 依赖 -->
    <dependency>
        <groupId>org.mybatis</groupId>
        <artifactId>mybatis</artifactId>
        <version>${mybatis.version}</version>
    </dependency>
    <!-- 添加 MyBatis/Spring 整合包依赖 -->
    <dependency>
        <groupId>org.mybatis</groupId>
        <artifactId>mybatis-spring</artifactId>
        <version>1.2.2</version>
    </dependency>
    <!-- 添加 MySQL 驱动依赖 -->
    <dependency>
        <groupId>mysql</groupId>
        <artifactId>mysql-connector-java</artifactId>
        <version>${mysql-driver.version}</version>
    </dependency>
    <!-- 添加日志相关 jar 包 -->
    <dependency>
        <groupId>log4j</groupId>
        <artifactId>log4j</artifactId>
        <version>${log4j.version}</version>
    </dependency>
    <dependency>
        <groupId>org.slf4j</groupId>
        <artifactId>slf4j-api</artifactId>
        <version>${slf4j.version}</version>
```

```
    </dependency>
    <!-- 其他依赖略(直接写相关版本号即可)-->
  </dependencies>
  <build>
    <plugins>
      <!--插件配置略-->
    </plugins>
  </build>
</project>
```

小贴士：可以根据之前的依赖版本表，参考资源搜索库将未显示的部分配置完毕。

配置完 pom 文件之后，保存 pom 文件，此时就可以看到 Maven 相关的依赖被关联到开发工程中了，且相关路径就是本地资源路径，如图 16-15 所示。

图 16-15　Maven 依赖被引入工程

16.2　开发框架基础配置与测试

在进行开发之前，需要配置开发框架的环境（主要是配置文件和类加载文件），然后测试配置的环境是否能成功运行。配置完成及测试成功后，才能进行正式的开发。

16.2.1　开发框架环境配置

配置完 Maven 环境并下载了相关依赖后，就可以进行开发框架的配置了。该系统使用了 Spring MVC、Spring、MyBatis 及 Maven 等技术，并连接 MySQL 数据库，系统的架构如图 16-16 所示。

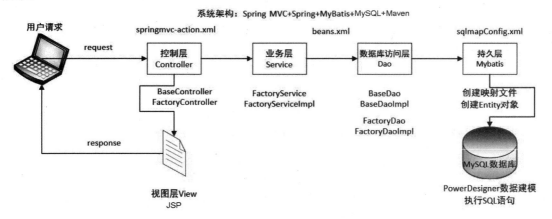

图 16-16　系统架构图

首先创建整体的文件包结构，以及日志和数据库配置文件。

工程的包结构主要分为 Controller 层、Service 层、DAO 层及实体类层，如图 16-17 所示。

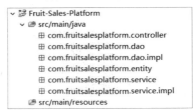

图 16-17　工程包结构

然后创建日志和数据库配置文件。这里选择在 "src/main/resources" 下创建相关配置文件，新建 "log4j.properties" 日志配置文件，其中数据如下：

```
# Global logging configuration
log4j.rootLogger=DEBUG, stdout
# Console output...
log4j.appender.stdout=org.apache.log4j.ConsoleAppender
log4j.appender.stdout.layout=org.apache.log4j.PatternLayout
log4j.appender.stdout.layout.ConversionPattern=%5p [%t] - %m%n
```

小贴士：想了解关于日志配置文件的详细信息可回看 3.1 节的内容，这里不再赘述。

之前已经创建了数据库，相关参数也已设置，这里在 resources 源文件夹下创建名为 "db.properties" 的配置文件，配置如下：

```
jdbc.driver=com.mysql.jdbc.Driver
jdbc.url=jdbc:mysql://localhost:3306/fruit_manage
jdbc.username=root
jdbc.password=1234
c3p0.pool.maxPoolSize=400
c3p0.pool.minPoolSize=50
c3p0.pool.initialPoolSize=50
c3p0.pool.acquireIncrement=100
```

这里配置了数据库连接，以及 C3P0 连接池的初始化信息。创建完成后目录如图 16-18 所示。

图 16-18　基础配置文件结构

配置完这些内容后，下面对主流开发框架进行配置和测试。

由于已经配置好了 "db.properties" 文件，所以可以先从 MyBatis 框架的搭建入手。首先在 "src/main/resources" 下创建 MyBatis 的基础配置文件 "SqlMapConfig.xml"，由于后面要整合 Spring MVC，所以目前只配置实体类的扫描别名即可：

```xml
<?xml version="1.0" encoding="UTF-8"?>
<!DOCTYPE configuration
PUBLIC "-//mybatis.org//DTD Config 3.0//EN"
"http://mybatis.org/dtd/mybatis-3-config.dtd">
<configuration>
    <!-- 全局 setting 配置，根据需要添加 -->
    <!-- 配置别名 -->
    <typeAliases>
        <!-- 批量扫描别名 -->
        <package name="cn.edu.hpu.ssm.po"/>
    </typeAliases>
    <!-- 配置 mapper
        由于使用 Spring 和 MyBatis 的整合包进行 Mapper 扫描，这里不需要配置了
        但必须遵循，mapper.xml 和 mapper.java 同名且在一个目录下-->
    <!-- <mappers></mappers> -->
</configuration>
```

由于整合了 Spring MVC，所以 MyBatis 的数据库连接池等参数交给 Spring 来管理。这里在 resources 源文件夹下创建 Spring MVC 的各种类加载核心配置文件。

第一步，配置数据库连接池及事务管理的类加载文件 beans.xml，其中配置了数据源及会话工厂和各种事务的支持，配置如下：

```xml
<?xml version="1.0" encoding="UTF-8"?>
<beans xmlns="http://www.springframework.org/schema/beans"
    xmlns:xsi="http://www.w3.org/2001/XMLSchema-instance"
xmlns:mvc="http://www.springframework.org/schema/mvc"
    xmlns:context="http://www.springframework.org/schema/context"
    xmlns:aop="http://www.springframework.org/schema/aop"
xmlns:tx="http://www.springframework.org/schema/tx"
    xsi:schemaLocation="http://www.springframework.org/schema/beans
        http://www.springframework.org/schema/beans/spring-beans-3.0.xsd
        http://www.springframework.org/schema/mvc
        http://www.springframework.org/schema/mvc/spring-mvc-3.0.xsd
        http://www.springframework.org/schema/context
        http://www.springframework.org/schema/context/spring-context-3.0.xsd
        http://www.springframework.org/schema/aop
        http://www.springframework.org/schema/aop/spring-aop-3.0.xsd
        http://www.springframework.org/schema/tx
        http://www.springframework.org/schema/tx/spring-tx-3.0.xsd ">
    <!-- 1.加载用于数据库配置的属性文件 -->
    <context:property-placeholder location="classpath:db.properties"/>
    <!-- 2.包扫描:dao,service -->
    <context:component-scan base-package="cn.hpu.jk.dao,cn.hpu.jk.service"/>
    <!-- 3,dataSource 数据源 -->
    <bean id="dataSource" class="com.mchange.v2.c3p0.ComboPooledDataSource">
```

```xml
        <property name="driverClass" value="${jdbc.driver}"/>
        <property name="jdbcUrl" value="${jdbc.url}"/>
        <property name="user" value="${jdbc.username}"/>
        <property name="password" value="${jdbc.password}"/>

        <!-- 连接池中保留的最大连接数。默认为15 -->
        <property name="maxPoolSize" value="${c3p0.pool.maxPoolSize}"/>
        <!-- 连接池中保留的最小连接数。默认为15 -->
        <property name="minPoolSize" value="${c3p0.pool.minPoolSize}" />
        <!-- 初始化时创建的连接数,应在minPoolSize 与 maxPoolSize 之间取值。-->
        <property name="initialPoolSize" value="${c3p0.pool.initialPoolSize}"/>
        <!-- 定义从数据库获取新连接失败后重复尝试获取的次数,默认为30 -->
        <property name="acquireIncrement" value="${c3p0.pool.acquireIncrement}"/>
    </bean>
    <!-- 4.SessionFactory -->
    <bean id="sessionFactory" class="org.mybatis.spring.SqlSessionFactoryBean">
        <property name="dataSource" ref="dataSource"/>
        <!-- 整合 MyBatis,包扫描 Mapper 文件 -->
        <property
            name="configLocation" value="classpath:sqlMapConfig.xml"> </property>
        <property name="mapperLocations"
            value="classpath:com/fruitsalesplatform/mapper/*.xml"> </property>
    </bean>
    <!-- 5.事务管理 -->
    <bean id="txManager"
        class="org.springframework.jdbc.datasource.DataSourceTransactionManager">
        <property name="dataSource" ref="dataSource"/>
    </bean>
    <!-- 事务通知 -->
    <tx:advice id="txAdivce" transaction-manager="txManager">
        <tx:attributes>
            <tx:method name="insert*" propagation="REQUIRED"/>
            <tx:method name="update*" propagation="REQUIRED"/>
            <tx:method name="delete*" propagation="REQUIRED"/>
            <tx:method name="save*" propagation="REQUIRED"/>
            <tx:method name="find*" read-only="false"/>
            <tx:method name="get*" read-only="false"/>
            <tx:method name="view*" read-only="false"/>
        </tx:attributes>
    </tx:advice>
    <aop:config>
        <aop:pointcut expression="execution(* com.fruitsalesplatform.service.*.*(..))"
                      id="txPointcut"/>
        <aop:advisor advice-ref="txAdivce" pointcut-ref="txPointcut"/>
```

```
        </aop:config>
</beans>
```

可以看到，在该配置中，首先加载了数据库配置文件 db.properties，用于构建数据源对象。然后进行包扫描，为后期的注解动态注入做准备。之后就是构建数据源 dataSource、会话对象 SessionFactory、事务管理/通知，以及事务切面注入的配置。

小贴士：数据库连接池有多种，比较常见的有 DBCP 与 C3P0，这里使用 C3P0。

第二步，编写 Spring MVC 核心配置文件。在 Spring MVC 核心配置文件中，要配置 Controller 的扫描、处理器映射器和处理器适配器、视图解析器前后缀，以及拦截器、上传下载等内容，代码如下：

```xml
<?xml version="1.0" encoding="UTF-8"?>
<beans xmlns="http://www.springframework.org/schema/beans"
    xmlns:xsi="http://www.w3.org/2001/XMLSchema-instance"
    xmlns:mvc="http://www.springframework.org/schema/mvc"
    xmlns:context="http://www.springframework.org/schema/context"
    xmlns:aop="http://www.springframework.org/schema/aop"
    xmlns:tx="http://www.springframework.org/schema/tx"
    xsi:schemaLocation="http://www.springframework.org/schema/beans
    http://www.springframework.org/schema/beans/spring-beans-3.0.xsd
    http://www.springframework.org/schema/mvc
    http://www.springframework.org/schema/mvc/spring-mvc-3.0.xsd
    http://www.springframework.org/schema/context
    http://www.springframework.org/schema/context/spring-context-3.0.xsd
    http://www.springframework.org/schema/aop
    http://www.springframework.org/schema/aop/spring-aop-3.0.xsd
    http://www.springframework.org/schema/tx
    http://www.springframework.org/schema/tx/spring-tx-3.0.xsd ">
    <!-- 1.扫描 controller 包 -->
    <context:component-scan
base-package="com.fruitsalesplatform.controller"/>
    <!-- 2.内部资源视图解析器, suffix 为空, 方便跟参数 url?id=xxx -->
    <bean id="jspViewResolver"
        class="org.springframework.web.servlet.view.InternalResourceViewResolver">
        <property name="prefix" value="/WEB-INF/pages"/>
        <property name="suffix" value=""/>
    </bean>
    <!-- 3.注解驱动 -->
    <mvc:annotation-driven/>
    <!-- 4.拦截器配置 -->
    <mvc:interceptors>
        <mvc:interceptor>
            <mvc:mapping path="/**"/>
            <bean class="com.fruitsalesplatform.interceptor.LoginInterceptor"/>
        </mvc:interceptor>
```

```xml
    </mvc:interceptors>
    <!-- 5.文件上传解析器,最大能上传10MB文件 (1024*1024*10) -->
    <bean id="multipartResolver"
          class="org.springframework.web.multipart.commons.CommonsMultipartResolver">
        <property name="maxUploadSize" value="10485760"/>
    </bean>
</beans>
```

该配置主要是针对 Spring MVC 的。首先开发人员编写的处理器 Controller 类要暴露注释让 Spring 扫描并加载，所以一开始配置了 Controller 扫描的机制。然后配置视图解析器 "jspViewResolver"，为了 Controller 在返回视图时路径简单，这里配置了视图路径的前缀 prefix 及后缀 suffix。这里使用基于注解的映射器和适配器，"annotation-driven" 表明可以使用 Spring MVC 提供的默认配置。后面的拦截器、文件上传解析器在用到时配置（以后可能还要配置校验机制等，拓展性比较好）。

小贴士：Spring 配置文件主要处理 Bean 注入、数据源、事务等事情，而 Spring MVC 配置文件主要配置 Controller 扫描、处理器适配器、拦截器及其他 MVC 模式等内容。

在配置文件中配置了一个登录拦截器，这里在"src/main/java"源文件夹下创建一个拦截器包"com.fruitsalesplatform.interceptor"及包下的拦截器"LoginInterceptor"，如图16-19所示。

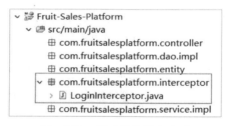

图 16-19　创建拦截器包和类

对于 LoginInterceptor 的实现，暂时不在方法中写逻辑，先全部放行，之后在业务逻辑中再编写该拦截器的具体逻辑：

```java
package com.fruitsalesplatform.interceptor;
import javax.servlet.http.HttpServletRequest;
import javax.servlet.http.HttpServletResponse;
import org.springframework.web.servlet.HandlerInterceptor;
import org.springframework.web.servlet.ModelAndView;
public class LoginInterceptor implements HandlerInterceptor {
    public boolean preHandle(HttpServletRequest request,
        HttpServletResponse response, Object handler) throws Exception {
        return true;
    }
    public void postHandle(HttpServletRequest request,
        HttpServletResponse response, Object handler,
```

```
            ModelAndView modelAndView) throws Exception {}
    public void afterCompletion(HttpServletRequest request,
            HttpServletResponse response, Object handler, Exception ex)
            throws Exception {}
}
```

系统的视图文件（jsp）放置在"WebRoot/WEB-INF"下，所以要在该文件夹下创建相关文件路径，并创建一个 test.jsp 测试文件，如图 16-20 所示。

页面文件所需要的样式、脚本及图片也要归类在不同的文件夹中，分别为 css、js 及 images 文件夹，将它们放置在 WEB-INF 文件夹外部即可，如图 16-21 所示。

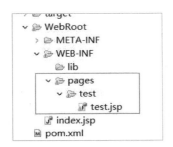

图 16-20　创建视图文件夹及测试页面

图 16-21　创建视图外部资源文件夹

在 test.jsp 测试文件中编写简单的 HTML 信息即可：

```
<%@ page language="java" import="java.util.*" pageEncoding="utf-8"%>
<!DOCTYPE HTML PUBLIC "-//W3C//DTD HTML 4.01 Transitional//EN">
<html>
  <head>
    <title>test</title>
  </head>
  <body>
    Test Jsp View</br>
  </body>
</html>
```

第三步，这里本来要配置 Service 及 DAO 层的 bean 加载，用于指定接口对应的实现类，然后在相关的 bean 中注入，一般的配置会如下所示：

```
<bean name="testService" class="com.fruitsalesplatform.service.impl.TestServiceImpl"/>
<bean name="testDao" class="com.fruitsalesplatform.dao.impl.TestDaoImpl"/>
```

但是这里不配置类似上面的 bean 加载，为了简化配置，使用注解来暴露和引入相关的 Service 及 DAO 对应的 bean。

为此，只需要在相关的 service 实现类上添加@Service 注解，在相关的 Dao 实现类上添加@Repository 注解，分别表示一个 Service 的暴露 bean 和一个 Dao 的暴露 bean。例如 Service 实现类为"TestServiceImpl"，那么默认暴露出一个 id 为"testServie"的 bean 配置（以接口名称首字母小写为准）。还可以手动指定暴露的名称，在注解中加 name 属性即可。例如要将"TestServiceImpl"的名称暴露为"tttService"，那么在注解中添加该名称即可如 @Service("tttService")，DAO 暴露的道理与此相同。

在其他类中引入暴露的 bean 时，使用@Resource 注解并放置在成员变量或者 set 方法上部即可。例如 TestServiceImpl 要引入 id 为"testDao"的 DAO 层的 bean 对象，配置代码如下：

```
@Service
public class TestServiceImpl implements TestService{
    @Resource
    TestDao testDao;
    //其他代码
}
```

到这里框架的配置基本已经完成，下面来测试环境的配置是否成功。

注：关于"@Service"及"@Repository"的命名方式，只是为了区分业务层和数据库连接层，它们本质的原理（暴露实现类）是相同的。

上面使用@Resource 注解引入暴露的 bean 配置并注入类中，其实还可以使用@Autowired 注解来代替。@Autowired 是 Spring 的自动装配注解，可以对类成员变量、方法及构造函数进行标注，完成自动装配的工作。而@Resource 注解是 J2EE 基于 JSR-250 规范的注解，和 @Autowired 一样起到自动装配的作用。两者的区别如下：

- @Autowired 与@Resource 注解都可以用来装配 bean，都可以写在成员变量上，或写在参数的 setter 方法上。
- @Autowired 注解默认按照类型装配，在默认情况下要求依赖对象必须存在，如果要允许 null 值，可以设置它的 required 属性为 false，如@Autowired(required=false)。如果想使用名称装配可以结合使用@Qualifier 注解。
- @Resource 默认按名称进行装配，名称可以通过 name 属性进行指定，如果没有指定 name 属性，当注解写在字段上时，默认取字段名进行名称查找，如果注解写在 setter 方法上默认取属性名进行装配。当找不到与名称匹配的 bean 时才按照类型进行装配。但是需要注意的是，name 属性一旦指定，只按照名称进行装配。

16.2.2 测试环境配置结果

要测试环境配置情况，可以在工程的 src/test/java 下创建测试相关类。这里创建了 Controller/Service/Dao 及数据库连接等层级的测试包和下面的类，如图 16-22 所示。

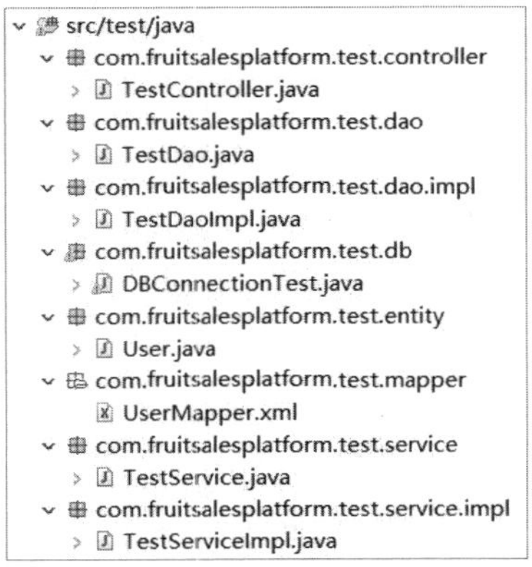

图 16-22 创建测试包及相关类

首先要测试数据库的连接情况,在 DBConnectionTest 类中编写 MyBatis 连接数据库的逻辑,当连接失败或成功时在控制台打印信息,代码如下:

```
package com.fruitsalesplatform.test.db;
import org.apache.ibatis.session.SqlSession;
import org.apache.ibatis.session.SqlSessionFactory;
import org.junit.Test;
import org.springframework.context.support.ClassPathXmlApplicationContext;
public class DBConnectionTest {
    //MyBatis 配置文件
    private String resource="beans.xml";
    private SqlSessionFactory sqlSessionFactory;
    private SqlSession sqlSession = null;
    @Test
    public void testConnection() throws Exception {
        //获取 Spring 类加载配置对象
        ClassPathXmlApplicationContext context =
              new ClassPathXmlApplicationContext(resource);
        //从配置对象中创建会话工厂,并注入 MyBatis 配置文件的信息
        sqlSessionFactory = (SqlSessionFactory) context.getBean("sessionFactory");
        sqlSession=sqlSessionFactory.openSession();
        if(sqlSession!=null){
            System.out.println("MyBatis-数据库连接成功!目前 SQL 配置数目:");
            System.out.println(sqlSession.getConfiguration().
getMappedStatements().size());
        }else{
            System.out.println("MyBatis-数据库连接失败!");
        }
    }
}
```

在测试类中,首先获取了 Spring 的类加载对象,其实就是读取"bean.xml"文件的配置信息,这样就可以在 context 对象中获取数据库连接对象。 然后通过获取到的数据库会话连接工

厂sqlSessionFactory 获取 SQL 会话对象 sqlSession。运行测试用例，如果参数配置正确，在控制台会得到如图 16-23 所示的结果。

由于目前没有添加任何一个 SQL 的 Mapper 配置，所以这里测试结果中的 SQL 配置数是 0。

图 16-23　数据库连接测试结果

小贴士：一般在工程中配置完某个模块后，都会进行单元测试，保证每一个模块都是可用的。

这里在数据库中先添加一条测试数据，在 user 表中手动添加一个用户信息，如图 16-24 所示。

图 16-24　在数据库中插入测试数据

然后创建相应的 User 实体类（刚刚已经创建过了，这里只需要添加字段即可）和 Mapper 配置文件。

User 实体类与数据库字段一一对应即可（设置 get 与 set 方法），具体代码如下：

```
package com.fruitsalesplatform.test.entity;
public class User {
    private String userid;
    private String username;
    private String password;
    private String name;
    private String telephone;
    //get 与 set 方法省略
}
```

对于 Mapper 映射文件"UserMapper.xml"，在其中加入一个通过名称获取用户信息的 SQL 配置，用以测试数据库连接，配置代码如下：

```
<?xml version="1.0" encoding="UTF-8"?>
<!DOCTYPE mapper
PUBLIC "-//mybatis.org//DTD Mapper 3.0//EN"
"http://mybatis.org/dtd/mybatis-3-mapper.dtd">

<mapper namespace="test">
    <select id="findUserByName" parameterType="java.lang.String"
            resultType="com.fruitsalesplatform.test.entity.User">
        SELECT * FROM USER WHERE name like #{name}
```

```
        </select>
</mapper>
```

SqlSessionFactory 会话工厂类能够搜索到 Mapper 文件并加载其中的 SQL 配置，这是因为在 beans.xml 配置文件中为 sessionFactory 对象注入了 mapperLocations 参数，并在其中设置了扫描 Mapper 配置文件的路径：

```
<property name="mapperLocations"
        value="classpath:com/fruitsalesplatform/*/mapper/*.xml"></property>
```

如果读取不到配置的 Mapper，就要检查这里的配置是否有问题。

下面修改数据库连接测试类 DBConnectionTest，使用获取的 sqlSession 会话对象查询名称为"张三"的用户信息，修改后代码如下：

```java
package com.fruitsalesplatform.test.db;
import org.apache.ibatis.session.SqlSession;
import org.apache.ibatis.session.SqlSessionFactory;
import org.junit.Test;
import org.springframework.context.support.ClassPathXmlApplicationContext;
import com.fruitsalesplatform.test.entity.User;
public class DBConnectionTest {
    //MyBatis 配置文件
    private String resource="beans.xml";
    private SqlSessionFactory sqlSessionFactory;
    private SqlSession sqlSession = null;
    public SqlSession getSqlSession() throws Exception {
        //获取 Spring 类加载配置对象
        ClassPathXmlApplicationContext context =
                new ClassPathXmlApplicationContext(resource);
        //从配置对象中创建会话工厂，并注入 MyBatis 配置文件的信息
        sqlSessionFactory = (SqlSessionFactory) context.getBean("sessionFactory");
        sqlSession=sqlSessionFactory.openSession();
        return sqlSession;
    }
    @Test
    public void TestSelect()throws Exception{
        sqlSession = getSqlSession();
        User user = sqlSession.selectOne("test.findUserByName", "张三");
        System.out.println("取出的用户信息：");
        System.out.println("账号："+user.getUsername());
        System.out.println("密码："+user.getPassword());
        System.out.println("姓名："+user.getName());
        System.out.println("电话："+user.getTelphone());
    }
}
```

执行上述代码，可以在控制台观察到如图 16-25 所示的结果。

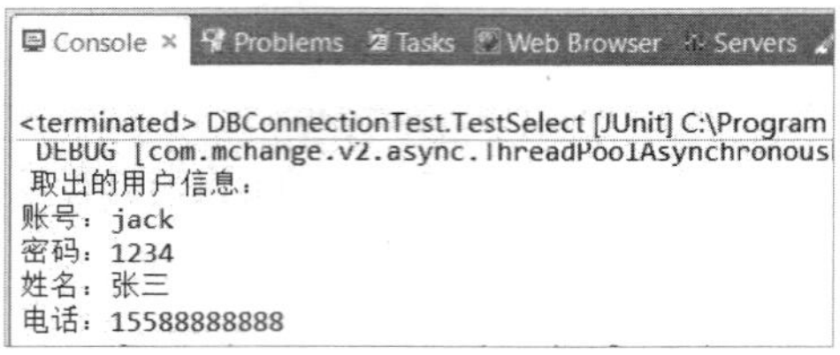

图 16-25　数据库查询结果

测试结果说明 MyBatis 依赖引入及基本配置是成功的。

小贴士：在测试用例中使用 ClassPathXmlApplicationContext 来加载数据库配置文件，而在系统的正式运行中，会使用 Spring 配置文件注入的方式，获取 dataSource 数据源信息并加载至相关会话工厂中，然后通过会话工厂获取相关 SQL 会话对象。

测试完数据库连接之后，测试 Spring 的注入和切面功能有没有配置成功。首先编写 DAO 层的测试用例，先是接口定义，这里只在 TestDao 中添加一个查询方法：

```java
package com.fruitsalesplatform.test.dao;
import java.util.List;
import com.fruitsalesplatform.test.entity.User;
public interface TestDao {
    public List<User> findUserByName(User user);
}
```

然后在 TestDao 中实现上面的 findUserByName 方法：

```java
package com.fruitsalesplatform.test.dao.impl;
import java.util.List;
import org.apache.ibatis.session.SqlSession;
import org.apache.ibatis.session.SqlSessionFactory;
import org.springframework.beans.factory.annotation.Autowired;
import com.fruitsalesplatform.test.dao.TestDao;
import com.fruitsalesplatform.test.entity.User;
@Repository //为了包扫描的时候这个 Dao 被扫描到
public class TestDaoImpl implements TestDao{
    @Autowired //注入 sqlSessionFactory
    private SqlSessionFactory sqlSessionFactory;
    private SqlSession sqlSession=null;
    private SqlSession getSqlSession(){
        if(sqlSession==null){
            sqlSession=sqlSessionFactory.openSession();
        }
        return sqlSession;
    }
    public List<User> findUserByName(User user) {
        List<User> uList
```

```
            = getSqlSession().selectList("test.findUserByName", "%"+user.getName()+"%");
        return uList;
    }
}
```

在 DAO 实现层实现了接口的 findUserByName 方法，并使用@Autowired 注解注入了 SqlSessionFactory 类，用于获取 SQL 会话实例类 SqlSession。在 findUserByName 方法中使用 sqlSession 会话对象的 selectList 方法，获取一个用于模糊查询的结果集对象。

小贴士：使用@Autowired 注解注入 SqlSessionFactory 类，即加载 Spring 的 xml 配置文件中的 sqlSessionFactory 会话工厂配置，获得一个注入有数据源的对象。

要注意的是，在 DAO 的实现层，使用了@Repository 注解。如前面提到的，该注解是 DAO 层对外暴露自己 bean 的一种方式，在 Service 中使用@Autowired 或者@Resource 注解可以引入该 bean，对象名称为该 DAO 接口的首字母小写的名称。

所以下面在 Service 接口中创建一个 findUserByName 业务方法，用于调用 DAO 的姓名模糊查询方法：

```
package com.fruitsalesplatform.test.service;
import java.util.List;
import com.fruitsalesplatform.test.entity.User;
public interface TestService {
    public List<User> findUserByName(User user);
}
```

然后在 Service 的实现中就像上面为 DAO 引入 SqlSessionFactory 一样，使用@Autowired 注解引入 TestDao 的实现 bean，然后在 Service 的 findUserByName 方法中调用 DAO 的相关方法：

```
package com.fruitsalesplatform.test.service.impl;
import java.util.List;
import org.springframework.beans.factory.annotation.Autowired;
import org.springframework.stereotype.Service;
import com.fruitsalesplatform.test.dao.TestDao;
import com.fruitsalesplatform.test.entity.User;
import com.fruitsalesplatform.test.service.TestService;
@Service
public class TestServiceImpl implements TestService{
    @Autowired
    private TestDao testDao;
    public List<User> findUserByName(User user) {
        return testDao.findUserByName(user);
    }
}
```

可以看到，在 Service 实现类上，使用了@Service 注解暴露该 Service 实现类，以供 Controller 使用。

小贴士：注意 DAO 层实现类和 Service 层实现类使用的暴露注解名称的区别。

然后在 Controller 层中也使用@Autowired 注解注入 Service 的实现 Bean，在相关测试方法中调用该 Service 实现类的 findUserByName 方法：

```java
package com.fruitsalesplatform.test.controller;
import java.util.List;
import org.springframework.beans.factory.annotation.Autowired;
import org.springframework.ui.Model;
import org.springframework.web.bind.annotation.RequestMapping;
import com.fruitsalesplatform.test.entity.User;
import com.fruitsalesplatform.test.service.TestService;
@Controller
public class TestController {

    @Autowired
    private TestService testService;

    @RequestMapping("/user/findUser.action")
    private String findUser(User user,Model model){
        List<User> userList=testService.findUserByName(user);
        model.addAttribute("userList",userList);
        return "/test/test.jsp";
    }
}
```

下面修改之前创建的 test.jsp 文件，让其拥有搜索用户信息的 form 表单，以及展示搜索结果的 table 表格：

```jsp
<%@ page language="java" import="java.util.*" pageEncoding="utf-8"%>
<%@ taglib uri="http://java.sun.com/jsp/jstl/core" prefix="c" %>
<!DOCTYPE HTML PUBLIC "-//W3C//DTD HTML 4.01 Transitional//EN">
<html>
  <head>
    <title>test</title>
  </head>
  <body>
    <form action="findUser.action" method="post">
            用户姓名：<input type="text" name="name" /></br>
        <input type="submit" value="查询">
    </form>
    <table width="300px;" border=1>
    <tr>
      <td>序号</td><td>姓名</td>
      <td>账号</td><td>电话</td>
    </tr>
    <c:forEach items="${userList}" var="fruit" varStatus="status">
      <tr>
```

```
        <td>${status.index+1}</td><td>${fruit.name }</td>
        <td>${fruit.username }</td><td>${fruit.telephone}</td>
      </tr>
    </c:forEach>
  </table>
 </body>
</html>
```

为了使 Spring 能扫描到 Tes 层的 Service 及 DAO 对外暴露的 bean，需要在类加载配置文件 bean.xml 中配置 Test 层的扫描：

```
<!--扫描 Service 和 Dao-->
<context:component-scan
    base-package="com.fruitsalesplatform.test.dao,com.fruitsalesplatform.
test.service"/>
```

然后 test 层的 Controller 对外提供的服务也要被扫描到，为此需要在 Spring MVC 核心配置文件 springmvc-action.xml 中配置 test 包的 Controller 扫描：

```
<!--扫描 Controller-->
<context:component-scan base-package="com.fruitsalesplatform.test.controller"/>
```

小贴士：必须在类声明处包含@Controller 注解才可以扫描到这里创建的 Controller。

之后要将工程以 Web 工程发布，此时 WEB-INF 下要有一个 web.xml 文件，来指定请求的转发机制，顺便定义 Speing MVC 的前端控制器和编码过滤器 CharacterEncodingFilter。创建的 web.xml 文件如图 16-26 所示。

图 16-26 创建 web.xml 文件

web.xml 中的配置如下：

```
<?xml version="1.0" encoding="UTF-8"?>
<web-app version="2.4"
   xmlns="http://java.sun.com/xml/ns/j2ee"
   xmlns:xsi="http://www.w3.org/2001/XMLSchema-instance"
   xsi:schemaLocation="http://java.sun.com/xml/ns/j2ee
   http://java.sun.com/xml/ns/j2ee/web-app_2_4.xsd">
  <!-- 加载 Spring 容器 -->
  <context-param>
      <param-name>contextConfigLocation</param-name>
      <param-value>/WEB-INF/classes/beans.xml</param-value>
  </context-param>
  <listener>
      <listener-class>org.springframework.web.context.ContextLoaderListener</listener-class>
  </listener>
  <!-Spring MVC 前端控制器 -->
  <servlet>
```

```xml
        <servlet-name>springmvc</servlet-name>
        <servlet-class>org.springframework.web.servlet.DispatcherServlet</servlet-class>
        <init-param>
            <param-name>contextConfigLocation</param-name>
            <param-value>classpath:springmvc-action.xml</param-value>
        </init-param>
    </servlet>
    <servlet-mapping>
        <servlet-name>springmvc</servlet-name>
        <url-pattern>/</url-pattern>
    </servlet-mapping>
    <!-- post 乱码过滤器 -->
    <filter>
        <filter-name>CharacterEncodingFilter</filter-name>
        <filter-class>org.springframework.web.filter.CharacterEncodingFilter</filter-class>
        <init-param>
            <param-name>encoding</param-name>
            <param-value>utf-8</param-value>
        </init-param>
    </filter>
    <filter-mapping>
        <filter-name>CharacterEncodingFilter</filter-name>
        <url-pattern>/*</url-pattern>
    </filter-mapping>
  <welcome-file-list>
    <welcome-file>index.jsp</welcome-file>
  </welcome-file-list>
</web-app>
```

然后设置 Web 工程打包的模块，使得 Tomcat 在发布项目的同时发布 Maven 依赖所添加的 jar 包。设置方式为，在项目上单击右键，选择"properties"→"Deployment Assembly"选项，如图 16-27 所示。

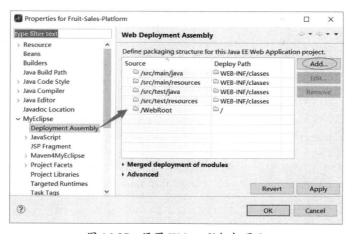

图 16-27　设置 Web 工程打包项目

然后单击"Add"按钮,选项"Java Build Path Entries",接着选择"Maven Dependencies",最后单击"Finish"按钮,提交修改即可,如图 16-28 所示。

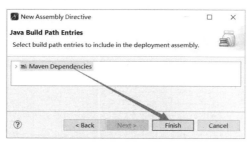

图 16-28 打包添加 Maven 依赖

此时如果部署工程,就可以把对应的 Maven 依赖包也发布到 Tomcat,调试时会自动把那些 jar 包发布到指定目录下,这样 Tomcat 也能找到那些 jar 包。

小贴士:可以在 Tomcat 的 webapps 文件夹下找到部署好的工程,在该工程下的 lib 文件夹中可看到被依赖的 jar 包。

设置完毕后,将工程部署至 Tomcat 中。选择 MyEclipse 中的 Servers 视窗,选择之前安装好的 Tomcat 7 的插件,右键单击选择"Add Deployment..."选项,在其中添加创建好的工程,如图 16-29 所示。

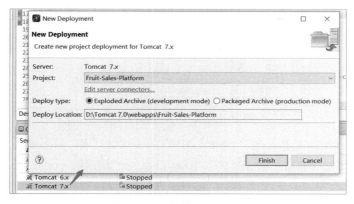

图 16-29 部署 Web 工程

之后启动刚才部署的工程,右键选择 Tomcat 选项,然后选择"Run Server",就可以启动 Tomcat 容器中的 Web 应用了,如图 16-30 所示。

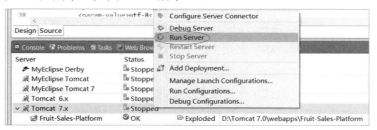

图 16-30 启动 Web 应用

然后打开浏览器，输入之前编写的 Controller 方法对应的路径：

http://localhost:8080/Fruit-Sales-Platform/user/findUser.action

在浏览器中可以看到搜索表单，以及一个空的表格，如图 16-31 所示。

图 16-31　测试搜索页面

为了搜索到一个列表，可以向数据库中再添加一个张姓的用户信息，如图 16-32 所示。

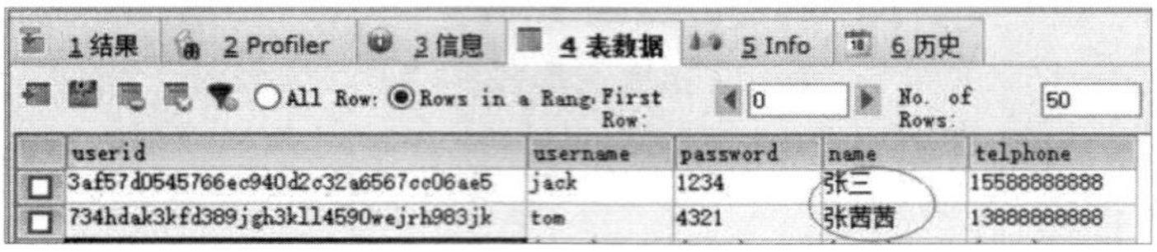

图 16-32　手动添加一个张姓用户

此时输入搜索信息"张"之后，单击"查询"按钮，可以看到搜索到了两条用户名包含"张"的数据，如图 16-33 所示。

图 16-33　测试页面搜索结果

这中间的过程就是，请求通过了 Spring MVC 的前端处理器，然后通过处理器映射器找到处理器适配器，然后处理器适配器寻找含有"user/findUser"请求的 Controller 方法，找到之后，Controller 初始化引入 Service 的注入 bean，Service 也会在自身的实现中引入 DAO 的注入 bean。然后请求去往 Controller 方法中，通过 Service 的 findUserByName 方法获取用户查询列表，在 DAO 层的实现中获取了会话工厂 sqlSessionFactory 对象，通过会话工厂获得会话对象 sqlSession，之后调用 selectList 方法获取 Mapper 配置文件中的 SQL 配置并加载执行，获取姓名中包含关键字的结果集，然后由 Service 返回给 Controller 层。最终 Controller 返回一个视图字符串，前端控制器寻求视图解析器读取该路径，并在资源文件夹中获取相关视图文件，并编译加载，将 model 中的数据初始化至视图。这就是整个测试工程的请求处理流程，以及各个层之间的依赖关系。

至此，工程环境的搭建及测试工作已经全部完成，接下来就是正式的开发过程了。

第 17 章 核心代码以及登录模块编写

前期准备工作已经做好了,包括各种依赖注入、框架环境搭建及测试,下面可以进行正式的开发了。后面我们将根据系统的具体需求,逐步开发系统的各个模块。本章我们讲解各层的基础搭建及登录模块的开发。

本章涉及的知识点有:

- 各层核心搭建
- 登录模块的开发

提示:本章着重讲解整体流程的开发,具体技术细节前面章节已讲解过,这里不再赘述。

17.1 各层核心基础代码

系统的整体环境已经准备好了,下面来配置 DAO、Service、Controller 层的核心基础代码。

17.1.1 编写 DAO 层核心代码

在操作数据库时,基础的增、删、改、查功能不可少,因此这里提供一个统一的实现类,不必每次都重新编写代码。首先创建 BaseDao 接口及 BaseDaoImpl 实现类:

```java
package com.fruitsalesplatform.dao;
import java.io.Serializable;
import java.util.List;
import java.util.Map;
//泛型类,基础的 DAO 接口
public interface BaseDao<T> {
  public T get(Serializable id);//只查询一个数据,常用于修改
  public List<T> find(Map map);//根据条件查询多个结果
  public void insert(T entity);//插入,用实体作为参数
  public void update(T entity);//修改,用实体作为参数
  public void deleteById(Serializable id);//按 id 删除,删除一条;支持整型和字符串类型 id
```

```
    public void delete(Serializable[] ids);//批量删除:支持整型和字符串类型 id
}
```

这里使用了泛型"T",主要是为了实现不同的 Bean 类型数据的增、删、改、查。

然后是 BaseDao 的实现类,该实现类要获取会话工厂 SqlSessionFactory 及操作数据库的会话对象 SqlSession,然后实现接口的增、删、改、查方法:

```
package com.fruitsalesplatform.dao.impl;
import java.io.Serializable;
import java.util.List;
import java.util.Map;
import org.apache.ibatis.session.SqlSessionFactory;
import org.mybatis.spring.support.SqlSessionDaoSupport;
import org.springframework.beans.factory.annotation.Autowired;
import com.fruitsalesplatform.dao.BaseDao;
public abstract class BaseDaoImpl<T> extends SqlSessionDaoSupport implements BaseDao<T>{
    @Autowired
    //mybatis-spring 1.0无须此方法;mybatis-spring1.2必须注入。
    public void setSqlSessionFactory(SqlSessionFactory sqlSessionFactory){
        super.setSqlSessionFactory(sqlSessionFactory);
    }

    private String ns;        //命名空间
    public String getNs() {
        return ns;
    }
    public void setNs(String ns) {
        this.ns = ns;
    }

    public List<T> find(Map map) {
        List<T> oList = this.getSqlSession().selectList(ns + ".find", map);
        return oList;
    }
    public T get(Serializable id) {
        return this.getSqlSession().selectOne(ns + ".get", id);
    }
    public void insert(T entity) {
        this.getSqlSession().insert(ns + ".insert", entity);
    }
    public void update(T entity) {
        this.getSqlSession().update(ns + ".update", entity);
    }
    public void deleteById(Serializable id) {
        this.getSqlSession().delete(ns + ".deleteById", id);
```

```
    }
    public void delete(Serializable[] ids) {
        this.getSqlSession().delete(ns + ".delete", ids);
    }
}
```

BaseDaoImpl 不仅实现了 BaseDao 接口，同时继承了 SqlSessionDaoSupport 类，该类是会话工厂的数据库连接层辅助类，通过为其注入 sqlSessionFactory 对象，就可以直接调用 getSqlSession 方法获取会话对象并进行增、删、改、查操作。

小贴士：这里有一个设置命名空间的方法，因为每一种 bean 都对应一个操作它的 Mapper 配置文件，该配置文件的标识就属于 namespace 命名空间，通过"命名空间.sql 配置 id"的方式可以调用 SQL 配置，所以这种写法可以调取 Mapper 配置的 SQL。

编写完 DAO 层的核心类之后，以后的 Dao 接口及实现层可直接继承该核心 Dao 类，并指定泛型对应的 Bean 类型。

Service 层基本不需要封装底层核心类，自己创建接口及实现类即可，可在 Service 的实现类中注入 Dao 类。

17.1.2 编写 Controller 层核心代码

最后编写一个 Controller 的核心类，该核心类用于设置 Controller 的公共方法。这里仅在其中放置一个日期转换方法：

```
package com.fruitsalesplatform.controller;
import java.text.DateFormat;
import java.text.SimpleDateFormat;
import java.util.Date;
import org.springframework.beans.propertyeditors.CustomDateEditor;
import org.springframework.web.bind.WebDataBinder;
import org.springframework.web.bind.annotation.InitBinder;
public abstract class BaseController {
    @InitBinder
    //此方法用于日期的转换，若页面日期格式转换错误，将报 400 错误
    public void initBinder(WebDataBinder binder) {
        DateFormat dateFormat = new SimpleDateFormat("yyyy-MM-dd");
        dateFormat.setLenient(true);
        binder.registerCustomEditor(Date.class, new CustomDateEditor(dateFormat, true));
    }
}
```

这里 BaseController 为抽象类，所有 Controller 类需要继承该类。以后如果 Controller 层需要添加拓展方法，可以在此类中直接添加，这易于以后的拓展。

以上是核心层的准备工作，下面可以进行具体的业务模块开发了。

小贴士：在 BaseController 中可以放置一些公用的处理逻辑，以减少代码冗余。

17.2 登录注册管理模块

17.2.1 编写登录模块

首先实现登录功能，需要为系统设计一个初级的登录页面，这里在工程的 WEB-INF/pages 下创建名为 login.jsp 的页面作为登录页面。在其中添加登录的表单信息，以及指定一些简单的样式。修改后的 JSP 页面代码如下：

```jsp
<%@ page language="java" pageEncoding="UTF-8"%>
<%@ taglib uri="http://java.sun.com/jsp/jstl/core" prefix="c" %>
<!DOCTYPE HTML PUBLIC "-//W3C//DTD HTML 4.01 Transitional//EN">
<html>
  <head>
    <title>登录</title>
    <link href="${pageContext.request.contextPath}/css/regcss.css" type=
"text/css" rel="stylesheet"/>
    <script type="text/javascript">
     function validate(){
        if(document.getElementById("username").value==""){
            alert("用户名不能为空");
            document.getElementById("username").focus();
            return false;
        }else if(document.getElementById("password").value==""){
            alert("密码不能为空");
            document.getElementById("password").focus();
            return false;
        }
        return true;
     }
    </script>
  </head>
<body>
    <div id="content">
      <div id="form">
        <h1>用户登录</h1><br/>
        <form action="login.action" method="post" id="myform"
                onsubmit="return validate()">
           用户名<input type="text" id="username" name="userName"
                  style="width:190px; height:26px; margin-left:39px;"/><br/>
           密码<input type="password" id="password" name="password"
                  style="width:190px; height:26px; margin-top:8px;
margin-left:54px;"/><br/>
```

```html
            <input type="submit" value="登录"
                   style="width:50px; height:30px; margin-top:8px;"/>
            <a href="registerPage.action">注册</a>
       </form>
       <!-- 显示错误信息 -->
       <c:if test="${errorMsg!=null}"><font color="red">${errorMsg}</font></c:if>
       <!-- 显示提示 -->
       <c:if test="${noticeMsg!=null}"><font color="green">${noticeMsg}</font></c:if>
     </div>
   </div>
</body>
</html>
```

为了防止页面中的外链 CSS 样式文件、图片及外链 js 脚本的加载路径被当作服务的请求路径，要在类加载文件 springmvc-action.xml 中为这些静态资源添加例外声明配置：

```xml
<mvc:resources location="/js/" mapping="/js/**"/>
<mvc:resources location="/images/" mapping="/images/**"/>
<mvc:resources location="/css/" mapping="/css/**"/>
```

然后在拦截器 LoginInterceptor 类的方法 preHandle 中添加登录检测：

```java
public boolean preHandle(HttpServletRequest request,
    HttpServletResponse response, Object handler) throws Exception {
   String uri=request.getRequestURI();
   //判断当前请求地址是否是登录/注册地址
   if(!(uri.contains("Login")||uri.contains("login")||uri.contains("register"))){
      //非登录请求
      if(request.getSession().getAttribute("user")!=null){
           return true;   //说明已经登录过，放行
       }else{
          if(uri.contains("css")||uri.contains("js")||uri.contains("images")){
              return true;   //如果是静态资源请求，放行
           }else{
              //没有登录,跳转到登录界面
               response.sendRedirect(request.getContextPath()+"/user/toLogin.action");
           }
       }
   }else{
      //登录请求，直接放行
      return true;
   }
```

```
        return false;
}
```

这和之前讲解拦截器的功能时编写的样例的处理情况一样。若是一个非登录请求且之前又没有登录过,会自动访问"user/toLogin.action"服务,所以这里创建 userController,在其中添加该服务:

```
package com.fruitsalesplatform.controller;
@Controller
public class UserController{
    @RequestMapping("/user/toLogin.action")
    public String toLogin(){
        return "/login.jsp";//转向登录页面
    }
}
```

然后在工程的 index.jsp 默认页面中,本来应该编写一个 js 跳转到首页,但是此时首页服务还没有编写,所以默认跳转到登录页面:

```
<%@ page language="java" import="java.util.*" pageEncoding="utf-8"%>
<!DOCTYPE HTML PUBLIC "-//W3C//DTD HTML 4.01 Transitional//EN">
<html>
  <head><title>index</title></head>
  <body>
    <script language="JavaScript">
     window.location.href = "user/toLogin.action";
    </script>
  </body>
</html>
```

启动工程后,访问工程路径"http://localhost:8080/Fruit-Sales-Platform/",由于没有登录,所以不会跳转到首页,会默认跳转至 login.jsp 页面,如图 17-1 所示。

图 17-1 登录页面

小贴士：当用户发出访问系统的请求时，需要根据用户的登录状态，决定是进入系统业务页面还是进入登录页面。

17.2.2 编写登录验证服务

下面编写登录验证服务"user/login.action"。首先在 Entity 层添加 User 的实体类 JavaBean：

```java
package com.fruitsalesplatform.entity;

public class User {
    private String userId;
    private String userName;
    private String password;
    private String name;
    private String telephone;
    //get 与 set 方法略
}
```

然后在 DAO 层创建操作 User 信息的 UserDao 接口及 UserDaoImpl 实现类（都继承自 BaseDao 相关类）：

```java
package com.fruitsalesplatform.dao;
import com.fruitsalesplatform.entity.User;
public interface UserDao extends BaseDao<User>{
    //这里可以直接使用继承的 BaseDao 类的增、删、改、查方法
    //以后还可以再添加新的方法定义
}
```

然后是实现类，在 UserDaoImpl 实现类中，由于继承了 BaseDaoImpl 类，所以这里只要实现上面定义的 CheckUser 方法即可：

```java
package com.fruitsalesplatform.dao.impl;
import java.util.HashMap;
import java.util.List;
import java.util.Map;
import com.fruitsalesplatform.dao.UserDao;
import com.fruitsalesplatform.entity.User;
@Repository //为了在包扫描的时候这个 Dao 被扫描到
public class UserDaoImpl extends BaseDaoImpl<User> implements UserDao{
    public UserDaoImpl(){
        //设置命名空间
        super.setNs("com.fruitsalesplatform.mapper.UserMapper");
    }
    //如果接口 UserDao 有新的方法定义，在下面可以实现
}
```

可以看到，在 CheckUser 方法中使用条件查询出符合账号、密码的用户信息，如果查询出

来的用户为空，说明账号或密码错误。如果查询出 User 对象，说明账号和密码正确。

  小贴士：可以先检测账号是否在数据库中存在，然后再检测密码的正确性。这样当用户登录失败后，可以给用户一个更加详细的报错提示，让用户了解是账号问题还是密码问题。

  接着编写 Service 层，在内部调用 Dao 层，对外提供所有的关于 User 的业务处理服务。首先创建 UserService 接口：

```java
package com.fruitsalesplatform.service;
import java.io.Serializable;
import com.fruitsalesplatform.entity.User;
public interface UserService {
    public User get(Serializable id);//只查询一个数据，常用于修改
    public List<User> find(Map map);//根据条件查询多个结果
    public void insert(User user);//插入，用实体作为参数
    public void update(User user);//修改，用实体作为参数
    public void deleteById(Serializable id);//按id删除，删除一条；支持整型和字符串类型 id
    public void delete(Serializable[] ids);//批量删除；支持整型和字符串类型 id
}
```

  然后编写 Service 实现类 UserServiceImpl，实现上面接口定义的方法：

```java
package com.fruitsalesplatform.service.impl;
import java.io.Serializable;
import org.springframework.beans.factory.annotation.Autowired;
import org.springframework.stereotype.Service;
import com.fruitsalesplatform.dao.UserDao;
import com.fruitsalesplatform.entity.User;
import com.fruitsalesplatform.service.UserService;
@Service   //为了包扫描的时候这个 Service 被扫描到
public class UserServiceImpl implements UserService{
    @Autowired
    UserDao userDao;
    public User get(Serializable id) { return userDao.get(id); }
    public List<User> find(Map map) { return userDao.find(map); }
    public void insert(User user) { userDao.insert(user); }
    public void update(User user) { userDao.update(user); }
    public void deleteById(Serializable id) { userDao.deleteById(id); }
    public void delete(Serializable[] ids) { userDao.delete(ids); }
}
```

  在该实现类中，核心就是 Dao 的注入，在每个 Service 方法中需要使用 Dao 来获取核心数据。在后期当业务逻辑变得复杂时，可能会有很多业务处理逻辑，并且其中会穿插若干个 Dao 方法调用。

  小贴士：使用注解注入相关 Dao 时，注意注入的 Dao 实现类有没有被添加暴露注解。

接下来编写最重要的文件,就是 SQL 配置映射文件 UserMapper.xml。在 Mapper 包下创建 UserMapper.xml 文件,在其中编写在 Dao 中调用的那些增、删、改、查方法对应的 SQL 配置:

```xml
<?xml version="1.0" encoding="UTF-8"?>
<!DOCTYPE mapper
PUBLIC "-//mybatis.org//DTD Mapper 3.0//EN"
"http://mybatis.org/dtd/mybatis-3-mapper.dtd">

<mapper namespace="com.fruitsalesplatform.mapper.UserMapper">
    <!-- resultMap 映射 -->
    <resultMap type="com.fruitsalesplatform.entity.User" id="userRM">
        <!-- 主键 -->
        <id property="userId" column="userid" jdbcType="VARCHAR" />
        <!-- 一般属性 -->
        <result property="userName" column="username"/>
        <result property="password" column="password"/>
        <result property="name" column="name"/>
        <result property="telephone" column="telephone"/>
    </resultMap>
    <!-- 查询一个数据 -->
    <select id="get" parameterType="string" resultMap="userRM">
        select * from user
        where userid=#{userid}
    </select>
    <!-- 查询 -->
    <select id="find" parameterType="map" resultMap="userRM">
        select * from user
        where 1=1
        <if test="username != null"> and username=#{username}</if>
        <if test="password != null"> and password=#{password}</if>
        <if test="name != null"> and name like #{name}</if>
        <if test="telephone != null"> and telephone = #{telephone}</if>
    </select>
    <insert id="insert" parameterType="com.fruitsalesplatform.entity.User">
        insert into user
        (USERID,USERNAME,PASSWORD,NAME,TELEPHONE)
        values
        (   #{userId,jdbcType=VARCHAR},
            #{userName,jdbcType=VARCHAR},
            #{password,jdbcType=VARCHAR},
            #{name,jdbcType=VARCHAR},
            #{telephone,jdbcType=VARCHAR}
        )
    </insert>
    <!-- 修改语句 -->
    <update id="update" parameterType="com.fruitsalesplatform.entity.User">
```

```xml
        update user
        <set>
            <if test="password != null">PASSWORD=#{password,jdbcType=VARCHAR},</if>
            <if test="name != null">NAME=#{name,jdbcType=VARCHAR},</if>
            <if test="telephone != null">TELPHONE=#{telephone,jdbcType=VARCHAR}</if>
        </set>
        where USERID=#{userId}
    </update>
    <!-- 删除一条 -->
    <delete id="deleteById" parameterType="string">
        delete from user
        where USERID=#{userId}
    </delete>
    <!-- 删除多条(一维字符串数组的形式) -->
    <delete id="delete" parameterType="string">
        delete from user
        where USERID in
        <foreach collection="array" item="userId" open="(" close=")" separator=",">
            #{userId}
        </foreach>
    </delete>
</mapper>
```

在其中编写了 Dao 对应的 SQL 方法映射后，结果集调用了设置的名为"userRM"的配置。

编写完 Dao、Service 及 Mapper 映射后，就可以编写处理 Web 层数据的 Controller 类了。在 controller 包下有一个刚才编写的 UserController 类，这里让其继承 BaseController，然后注入 UserService，并在其中编写 login 服务：

```java
package com.fruitsalesplatform.controller;
import java.util.HashMap;
import java.util.List;
import java.util.Map;
import javax.annotation.Resource;
import org.springframework.stereotype.Controller;
import org.springframework.ui.Model;
import org.springframework.web.bind.annotation.RequestMapping;
import com.fruitsalesplatform.entity.User;
import com.fruitsalesplatform.service.UserService;
@Controller
public class UserController extends BaseController{
    @Resource
    UserService userService;
    //跳转至登录页面
    @RequestMapping("/user/toLogin.action")
```

```java
public String toLogin(){
    return "/login.jsp";//转向登录页面
 }
//列表
@RequestMapping("/user/login.action")
public String login(User user,Model model,HttpServletRequest request){
    Map<String,String> map = new HashMap<String,String>();
    map.put("username", user.getUserName());
    map.put("password", user.getPassword());
    List<User> userList = userService.find(map);
    if(userList!=null&&userList.size()>0){
        request.getSession().setAttribute("user", userList.get(0));
        return "/home.jsp";//转向主页
    }
    model.addAttribute("errorMsg", "登录失败！账号或密码错误！");//错误消息
    return "/login.jsp";//转向登录页面
 }
}
```

在 login 服务中，如果登录成功，将用户放置在 session 中，并跳转至主页，如果登录失败则跳转至登录页面，并向 model 中添加错误信息再返回至登录页。

小贴士：将登录成功的用户对象保存在 session 中，这不仅为以后的会话检测，也为加载当前用户信息提供了便利。

在 WEB-INF/pages 目录下创建一个主页面 home.jsp，在其中先添加一些简单的页面逻辑：

```jsp
<%@ page language="java" import="java.util.*" pageEncoding="utf-8"%>
<!DOCTYPE HTML PUBLIC "-//W3C//DTD HTML 4.01 Transitional//EN">
<html>
  <head>
    <title>主页</title>
  </head>
  <body>
    欢迎您，${user.name} <br>
  </body>
</html>
```

重启服务，进行登录。首先输入账号"张三"，并输入正确的密码，系统跳转到首页，说明登录成功，如图 17-2 所示。

图 17-2　登录成功页面

如果故意将密码输错，或者输入一个不存在的账号，登录会失败，并返回登录页面，同时显示错误原因，如图 17-3 所示。

图17-3 登录失败页面

到这里，系统的登录功能就已经完成了，接下来实现注册功能。

小贴士：在原页面中显示异常信息，比起跳转至异常页面，用户的交互体验更好。

17.2.3 编写注册模块

在WEB-INF/pages文件夹下编写名为"register.jsp"的注册页面，页面具体逻辑如下：

```
<%@ page language="java" pageEncoding="UTF-8"%>
<%@ taglib uri="http://java.sun.com/jsp/jstl/core" prefix="c" %>
<!DOCTYPE HTML PUBLIC "-//W3C//DTD HTML 4.01 Transitional//EN">
<html>
 <head>
  <title>注册</title>
  <link href="${pageContext.request.contextPath}/css/regcss.css" type=
"text/css" rel="stylesheet"/>
  <script type="text/javascript">
   function validate(){
       if(document.getElementById("username").value==""){
           alert("用户名不能为空");
           document.getElementById("username").focus();
           return false;
       }else if(document.getElementById("password").value==""){
           alert("密码不能为空");
           document.getElementById("password").focus();
           return false;
       }else if(document.getElementById("name").value==""){
           alert("姓名不能为空");
           document.getElementById("name").focus();
           return false;
       }else if(document.getElementById("telephone").value==""
           ||!(/^1[34578]\d{9}$/.test(document.getElementById
("telephone").value))){
```

```
                alert("手机号格式有误");
                document.getElementById("telephone").focus();
                return false;
            }
            return true;
        }        </script>
    </head>
<body>
    <div id="content">
        <div id="form">
            <h1>用户注册</h1><br/>
            <form action="register.action" method="post" id="myform"
                                        onsubmit="return validate()">
                用户名<input type="text" id="username" name="userName"
                    style="width:190px; height:26px; margin-left:39px;"/><br/>
                密码<input type="password" id="password" name="password"
                    style="width:190px; height:26px; margin-top:8px;margin-left:
54px;"/><br/>
                姓名<input type="text" id="name" name="name"
                    style="width:190px; height:26px;margin-top:8px;
margin-left:54px;"/><br/>
                手机号<input type="text" id="telephone" name="telephone"
style="width:190px; height:26px;margin-top:8px;margin-left:39px;"/><br/>
                <input type="submit" value="注册"
                            style="width:50px; height:30px; margin-top:8px;"/>
                <a href="toLogin.action">返回登录</a>
            </form>
            <!-- 显示错误信息 -->
            <c:if test="${errorMsg!=null}">
                <font color="red">${errorMsg}</font>
            </c:if>
        </div>
    </div>
</body>
</html>
```

然后在 UserController 中编写跳转至注册页面的服务方法 toRegister，以映射登录页面的注册链接中的"registerPage.action"服务：

```
//跳转至注册页面
@RequestMapping("/user/registerPage.action")
public String toRegister(){
    return "/register.jsp";//转向注册页面
}
```

在登录页面单击"注册"按钮时，会访问"user/registerPage.action"服务，然后跳转到注册页面"register.jsp",具体页面效果如图 17-4 所示。

图 17-4 注册页面

17.2.4 编写注册服务

可以看到,页面中的注册表单的 action 服务名称为"user/register.action",所以需要在 UserController 中编写"register.action"服务,通过获取用户提交的注册资料来为用户注册。服务代码如下:

```
//注册
@RequestMapping("/user/register.action")
public String register(User user,Model model,HttpServletRequest request,
    HttpServletResponse response) throws Exception{
  //查找账号是否已被注册
  Map<String,String> map = new HashMap<String,String>();
  map.put("username", user.getUserName());
  List<User> userList = userService.find(map);
  if(userList!=null&&userList.size()>0){
      //如果查询到了,说明账号已被注册,提示用户,并转发回注册页面
      model.addAttribute("errorMsg", "注册失败,用户名已被占用!");
      return "/register.jsp";
  }
  user.setUserId(UUID.randomUUID().toString());//为用户设置 UUID 主键
  userService.insert(user);
  model.addAttribute("noticeMsg", "注册成功!请输入账号密码登录");//错误消息
  return "/login.jsp";//转向登录页面
}
```

如果输入的账号之前已经注册过,则在 register 方法中,可以通过该账号查询到相关用户,此时会跳转回注册页面,提示用户账号已经存在,如图 17-5 所示。

如果输入的账号没有被注册过,且信息齐全,则执行插入动作,将表单上的用户信息插入 user 表中,并且跳转回登录页面,提示用户注册成功可以登录,如图 17-6 所示。

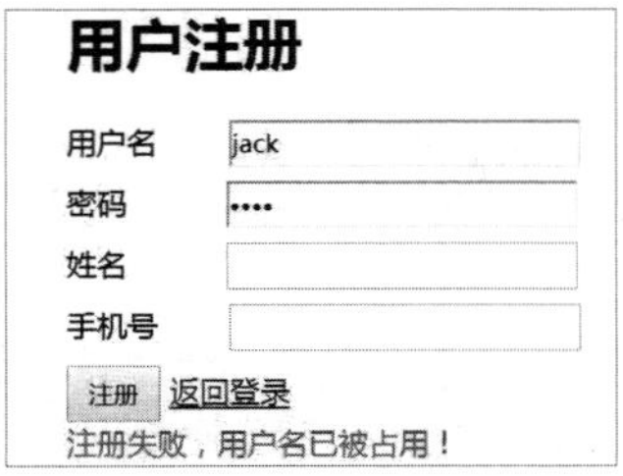

图 17-5　注册失败页面 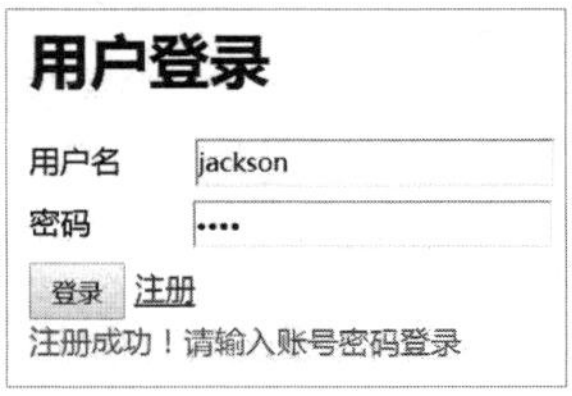　　　　　　　图 17-6　注册成功页面

至此，用户登录和注册模块都已开发完毕。

小贴士：随着互联网技术的发展，登录方式也变得多种多样，例如第三方账号登录，或以扫描二维码的方式登录，有兴趣的读者可以进行相关技术的研究。

第 18 章　零售商及货物管理模块

这一章开始正式开发业务功能模块。对于最终的购销合同，其中必不可少的两大关联对象就是零售商和货物，所以我们首先开发关于零售商及货物信息的管理模块，随后开发购销合同相关的业务逻辑。

本章涉及的知识点有：

- 零售商管理模块
- 货物信息管理模块

提示：本章着重整体流程的开发，具体技术细节前面章节讲解过，这里不再赘述。

18.1　零售商管理模块

在系统的需求分析中，签订商品购销合同的主要角色就是"零售商"。我们要编写的零售商管理模块，需要实现新增、修改和软删除（停用）零售商的功能。

首先在数据库中添加一些测试数据，用于初期列表模块的信息显示，如图 18-1 所示。

图 18-1　测试数据

18.1.1　添加主导航栏

在原来的主页面"home.jsp"中添加一个导航栏，通过该导航栏可以导航到其他几个模块。该导航栏又分为"货物管理"、"零售商管理"及"购销合同"和"用户设置"4 个模块。添加代码如下：

```
<%@ page language="java" import="java.util.*" pageEncoding="utf-8"%>
<!DOCTYPE HTML PUBLIC "-//W3C//DTD HTML 4.01 Transitional//EN">
<html>
```

```
<head>
  <title>主页</title>
  <style>*{margin:0; padding:0;}#menuContent a{text-decoration:none;color:#ffffff}</style>
</head>
<body>
    <%@ include file="menu.jsp" %>
</body>
</html>
```

上面使用 include 引入了一个公用的导航栏页面，该公用导航栏页面其实是创建在同级目录下的 menu.jsp 文件，具体代码如下：

```
<%@ page language="java" import="java.util.*" pageEncoding="utf-8"%>
<div id="menuContent " style="background-color:#173e65;color:#ffffff;height:100px;">
    <h1 style="margin-left: 10px;margin-top:10px;">
        水果网络销售平台</h1><br/>
    <div style="margin-left: 10px;"><a>货物管理</a>|
    <a>零售商管理</a>|
    <a>购销合同</a>|
    <a>用户设置</a></div>
</div>
<div style="background-color:#cccccc">
    <span style="margin-left: 10px;">欢迎您,${sessionScope.user.name} </span>
</div>
```

所以主页分为上下两个部分，分别是导航栏区域和信息展示区域。目前对信息展示区域没有编写任何代码，相关服务编写完毕后，再编写相关的展示页面。

登录进主页面后的显示如图 18-2 所示。

图 18-2　登录进主页面

下面编写单击"零售商管理"链接之后的逻辑。首先在 a 标签中添加相关的链接地址：

```
<a href="${pageContext.request.contextPath}/retailer/list.action?status=-1">零售商管理</a>
```

小贴士："${pageContext.request.contextPath}"表示加载系统的根目录，后面当需要使用绝对路径时，会经常使用该表达式。

18.1.2 编写基础 Controller 及实体类

下面在 controller 包下创建用于零售商管理的 Controller 类 RetailerController，并编写与链接相符合的映射方法。RetailerController 类代码如下：

```java
package com.fruitsalesplatform.controller;
import org.springframework.stereotype.Controller;
import org.springframework.web.bind.annotation.RequestMapping;
@Controller
public class RetailerController extends BaseController{
    //跳转至列表页面
    @RequestMapping("/retailer/list.action")
    public String list(){
        return "/home.jsp";//转向首页
    }
}
```

这里只是编写了一个简单的跳转方法，需要先把数据处理模块编写完毕，再来完成该 Controller 类。

要管理零售商的信息，首先需要编写零售商与数据库字段对应的 JavaBean 实体类。这里在 entity 包下创建名为"Retailer"的实体类：

```java
package com.fruitsalesplatform.entity;
public class Retailer {
    private String retailerId;
    private String name;
    private String telephone;
    private String address;
    private int status;
    private String createTime;
    //get 与 set 方法略
}
```

因为后期需要对列表进行分页，所以这里在 entity 中创建一个分页查询的实体类 PageEntity，以封装开始页面、起始数据位置及每页要取的数据：

```java
package com.fruitsalesplatform.entity;
public class PageEntity {
    private Integer currentPage;
    private Integer startPage;
    private Integer pageSize;
    public Integer getCurrentPage() {
        if(currentPage==null){ currentPage=1; }
        return currentPage;
    }
```

```java
    public void setCurrentPage(Integer currentPage) {
        this.currentPage = currentPage;
    }
    public int getStartPage() {
        if(startPage==null){ startPage=0; }
        return startPage;
    }
    public void setStartPage(int startPage) { this.startPage = startPage; }
    public int getPageSize() {
        if(pageSize==null){ pageSize=10; }
        return pageSize;
    }
    public void setPageSize(int pageSize) { this.pageSize = pageSize; }
}
```

注意：当 currentPage、pageSize 及 startPage 为空时，会默认为其指定一个值。

由于 Retailer 需要有分页功能，所以 Retailer 实体类需要继承 PageEntity 类：

```java
public class Retailer extends PageEntity{
    //中间代码省略
}
```

18.1.3　创建 Mapper 映射文件

然后创建对 Retailer 零售商进行数据库操作的 SQL 映射文件 Mapper。这里在 mapper 包下创建名为"RetailerMapper"的 xml 配置文件，来配置零售商的数据库操作映射。具体配置如下：

```xml
<?xml version="1.0" encoding="UTF-8"?>
<!DOCTYPE mapper
PUBLIC "-//mybatis.org//DTD Mapper 3.0//EN"
"http://mybatis.org/dtd/mybatis-3-mapper.dtd">
<mapper namespace="com.fruitsalesplatform.mapper.RetailerMapper">
    <!-- resultMap 映射 -->
    <resultMap type="com.fruitsalesplatform.entity.Retailer" id="retailerRM">
        <id property="retailerId" column="retailerid" jdbcType="VARCHAR" /><!-- 主键 -->
        <!-- 一般属性 -->
        <result property="name" column="name"/>
        <result property="telephone" column="telephone"/>
        <result property="address" column="address"/>
        <result property="status" column="status"/>
        <result property="createTime" column="createtime"/>
    </resultMap>
    <!-- 查询一个数据略-->
    <!-- SQL 片段 -->
```

```xml
<sql id="query_retailer_where">
    <if test="name != null"> and name like #{name}</if>
    <if test="address != null"> and address like #{address}</if>
    <if test="status != null"> and status like #{status}</if>
    <if test="telephone != null"> and telephone = #{telephone}</if>
    <if test="createTime != null">
        and createtime = DATE_FORMAT(#{createtime },'%Y-%m-%d %H:%i:%s')
    </if>
    <if test="startTime != null">
        <![CDATA[ and createtime >=
            DATE_FORMAT(#{startTime},'%Y-%m-%d %H:%i:%s')]]>
    </if>
    <if test="endTime != null">
        <![CDATA[ and createtime <=
            DATE_FORMAT(#{endTime},'%Y-%m-%d %H:%i:%s')]]>
    </if>
</sql>
<!-- 查询 -->
<select id="find" parameterType="java.util.HashMap" resultMap="retailerRM">
    select * from retailer
    where 1=1
    <include refid="query_retailer_where"></include><!-- sql 片段引入 -->
    <if test="startPage != null and pageSize != null">LIMIT #{startPage},
#{pageSize}</if>
</select>
<!-- 统计数量 -->
<select id="count" parameterType="java.util.HashMap" resultType= "java.lang.
Integer">
    select COUNT(*) from retailer
    where 1=1
    <include refid="query_retailer_where"></include><!-- sql 片段引入 -->
</select>
<!-- 插入语句略 -->
<!-- 修改语句略 -->
<!-- 删除一条数据略 -->
<!-- 删除多条数据略 -->
</mapper>
```

该配置和用户配置基本一样，这里不再赘述。需要注意的是，除了配置一般的增、删、改、查方法和结果集之外，Retailer 还需要有分页功能。为此，添加了 LIMIT 语句，然后动态引入"startPage"及"pageSize"分页的起始页面和每页尺寸数据。为了统计页数，加入了 countSQL 配置，专门用于在某些条件下进行页数统计。

小贴士：注意 Mapper 配置中特殊数据格式的处理。

18.1.4 编写 DAO 层处理逻辑

编写完 Mapper 之后，要进行 DAO 层的编写。首先编写 DAO 层的接口，按照开发流程是需要实现 BaseDao 接口的，但是还需要定义非 BaseDao 接口的方法（上面的 count 配置）：

```java
package com.fruitsalesplatform.dao;
import java.util.Map;
import com.fruitsalesplatform.entity.Retailer;
public interface RetailerDao extends BaseDao<Retailer>{
    //这里可以直接使用继承的BaseDao的增、删、改、查方法
    //添加新的方法定义
    public int count(Map map);//根据条件统计结果集数量
}
```

然后是 Dao 的实现类，首先继承 BaseDaoImpl 类，然后单独实现 BaseDaoImpl 没有实现的 count 方法：

```java
package com.fruitsalesplatform.dao.impl;
import java.util.Map;
import org.springframework.stereotype.Repository;
import com.fruitsalesplatform.dao.RetailerDao;
import com.fruitsalesplatform.entity.Retailer;
@Repository //为了在包扫描的时候这个Dao被扫描到
public class RetailerDaoImpl extends BaseDaoImpl<Retailer> implements RetailerDao{
    public RetailerDaoImpl(){
        //设置命名空间
        super.setNs("com.fruitsalesplatform.mapper.RetailerMapper");
    }
    //实现接口自己的方法
    public int count(Map map) {
        return this.getSqlSession().selectOne(this.getNs() + ".count", map);
    }
}
```

小贴士：注意设置命名空间和 Dao 实现类的暴露注解@Repository。

18.1.5 编写 Service 层处理逻辑

编写完 DAO 层之后，紧接着进行 Service 层代码的编写。首先编写 Service 接口，这里需要编写业务相关的方法代码：

```java
package com.fruitsalesplatform.service;
import java.io.Serializable;
import java.util.List;
```

```java
import java.util.Map;
import com.fruitsalesplatform.entity.Retailer;
public interface RetailerService {
    public Retailer get(Serializable id);//只查询一个数据，常用于修改
    public List<Retailer> find(Map map);//根据条件查询多个结果
    public void insert(Retailer retailer);//插入，用实体作为参数
    public void update(Retailer retailer);//修改，用实体作为参数
    public void deleteById(Serializable id);//按id删除，删除一条；支持整型和字符串类型id
    public void delete(Serializable[] ids);//批量删除；支持整型和字符串类型id
    public int count(Map map);//根据条件统计结果集数量
}
```

然后在 Service 实现类中实现 Service 接口中定义的方法，由于要操作数据，所以要进行 Dao 的注入：

```java
package com.fruitsalesplatform.service.impl;
import java.io.Serializable;
import java.util.List;
import java.util.Map;
import org.springframework.beans.factory.annotation.Autowired;
import org.springframework.stereotype.Service;
import com.fruitsalesplatform.dao.RetailerDao;
import com.fruitsalesplatform.entity.Retailer;
import com.fruitsalesplatform.service.RetailerService;
@Service   //为了包扫描的时候这个Service被扫描到
public class RetailerServiceImpl implements RetailerService{
    @Autowired
    RetailerDao retailerDao;
    public Retailer get(Serializable id) { return retailerDao.get(id); }
    public List<Retailer> find(Map map) { return retailerDao.find(map); }
    public void insert(Retailer retailer) { retailerDao.insert(retailer); }
    public void update(Retailer retailer) { retailerDao.update(retailer); }
    public void deleteById(Serializable id) { retailerDao.deleteById(id); }
    public void delete(Serializable[] ids) { retailerDao.delete(ids); }
    public int count(Map map) { return retailerDao.count(map); }
}
```

小贴士：注意引入 Dao 的注解@Autowired 及 Service 实现类的暴露注解@Service。

18.1.6　完善 Controller 类

编写完 DAO 层及 Service 层后，就可以在 Controller 层注入 Service 类，然后处理用户的请求。首先需要处理列表请求，也即向零售商列表的首页加载分页的数据集，所以需要在 RetailerController 类的 list 方法中添加分页查询的逻辑：

```java
package com.fruitsalesplatform.controller;
import java.util.HashMap;
import java.util.List;
import java.util.Map;
import javax.annotation.Resource;
import org.springframework.stereotype.Controller;
import org.springframework.ui.Model;
import org.springframework.web.bind.annotation.RequestMapping;
import com.fruitsalesplatform.entity.Retailer;
import com.fruitsalesplatform.service.RetailerService;
@Controller
public class RetailerController extends BaseController{
    @Resource
    RetailerService retailerService;
    //跳转至列表页面
    @RequestMapping("/retailer/list.action")
    public String list(Model model,Retailer retailer,String startTime,String endTime){
        Map<String,Object> map = this.retailerToMap(retailer);
        if(startTime!=null&&!startTime.equals("")){
            map.put("startTime", startTime);
        }
        if(endTime!=null&&!endTime.equals("")){
            map.put("endTime", endTime);
        }
        List<Retailer> retailerList = retailerService.find(map);
        model.addAttribute("list",retailerList);
        return "/retailer/retailerHome.jsp";//转向首页
    }
    private Map<String,Object> retailerToMap(Retailer retailer){
        Map<String,Object> map = new HashMap<String,Object>();
        map.put("name",checkStringIsEmpty(retailer.getName()));
        map.put("telephone", checkStringIsEmpty(retailer.getTelephone()));
        map.put("address", checkStringIsEmpty(retailer.getAddress()));
        map.put("status", retailer.getStatus()==-1?null:retailer.getStatus());
        map.put("createTime", checkStringIsEmpty(retailer.getCreateTime()));
        map.put("startPage", retailer.getStartPage());
        map.put("pageSize", retailer.getPageSize());
        return map;
    }
    private String checkStringIsEmpty(String param){
        return param==null?null:(param.equals("")?null:"%"+param+"%");
    }
}
```

执行分页查询需要注入 retailerService 类，使用其数据操作方法来查询相关数据。在 list 方法中，首先将查询条件封装成 map 对象，然后检查时间区间查询条件是否为空来决定是否封装，之后执行 retailerService 的 find 方法查询结果集，之后跳转到主页 home.jsp 中。在主页中通过 model 封装的 type 来决定显示哪个模块的数据。

小贴士：注意 Controller 服务方法中形参与请求参数的映射关系。

18.1.7 编写相关视图页面

至此零售商的 DAO 及 Service 基本模块编写完毕，列表查询服务也编写完毕。为了展示服务的效果，需要在 WEB-INF/page 下创建一个 retailer 文件夹，之后创建名为 retailerHome.jsp 的零售商主页，在头部使用 include 引入公用导航栏模块。下面编写列表展示模块：

```jsp
<%@ page language="java" import="java.util.*" pageEncoding="utf-8"%>
<%@ taglib uri="http://java.sun.com/jsp/jstl/core" prefix="c" %>
<!DOCTYPE HTML PUBLIC "-//W3C//DTD HTML 4.01 Transitional//EN">
<html>
  <head>
    <title>零售商管理</title>
    <style>*{margin:0; padding:0;} #menuContent a{text-decoration:none;color:#ffffff}</style>
    <script type="text/javascript">
      function changeStatus(){
        var status = document.getElementById("indexStatus").value;
        document.getElementById("status").value=status;
      }
    </script>
  </head>
  <body>
    <%@ include file="../menu.jsp" %><br/>
<form action="list.action" method="post">
    姓名：<input type="text" name="name" style="width:120px"/>
    手机：<input type="text" name="telephone" style="width:120px"/>
    地址：<input type="text" name="address" style="width:120px"/><br/><br/>
    状态：<select id="indexStatus" onchange="changeStatus()">
      <option value="-1" selected="selected">全部</option>
      <option value="1">启用</option>
      <option value="0">停用</option>
    </select>
    <input type="hidden" name="status" id="status" value="-1">
    创建日期：<input type="text" name="createTime"/>
    <input type="submit" value="搜索" style="background-color:#173e65;color:#ffffff;width:70px;"/> <br/>
    <!-- 显示错误信息 -->
    <c:if test="${errorMsg}">
      <font color="red">${errorMsg}</font><br/>
```

```
        </c:if>
    </form>
    <hr style="margin-top: 10px;"/>
    <c:if test="${list!=null}">
        <table style="margin-top: 10px;width:700px;text-align:center;" border=1>
          <tr>
            <td>序号</td><td>姓名</td><td>手机号</td><td>地址</td>
            <td>状态</td><td>创建日期</td><td>操作</td>
          </tr>
          <c:forEach items="${list}" var="item" varStatus="status">
            <tr>
              <td>${status.index+1}</td><td>${item.name }</td>
              <td>${item.telephone}</td><td>${item.address }</td>
              <td>
                  <c:if test="${item.status==1}">
                      <font color="blue">启用</font>
                  </c:if>
                  <c:if test="${item.status==0}">
                      <font color="red">停用</font>
                  </c:if>
              </td>
              <td>${item.createTime }</td>
              <td><a>编辑</a>|<a>删除</a></td>
            </tr>
          </c:forEach>
        </table>
    </c:if>
    <c:if test="${list==null}">
        <b>搜索结果为空！</b>
    </c:if>
    <div style="margin-top: 10px;">
    <a>上一页</a><a>下一页</a>
    <input type="text" id="pageNumber" style="width:50px"><button>go</button>
    </div>
  </body>
</html>
```

还没有编写分页的 js 逻辑，不过先来看一下列表的获取是否成功。登录系统之后，单击导航栏的"零售商管理"模块，会看到刚才添加的零售商数据列表，如图 18-3 所示。

可以看到，零售商的信息以列表的形式展示在页面上。上面是搜索条件，中间是列表，下面则是即将要编写的分页链接。数据列表的"状态"一列，使用动态标签控制该列字体颜色，当查询结果为"启用"时，将字体加载为蓝色；查询结果为"停用"时，将字体加载为红色。在数据列表最后一列，是"操作"选项，用户可以选择编辑、删除等操作。

小贴士：注意 List 结构与 JSP 页面的 table 之间的映射。

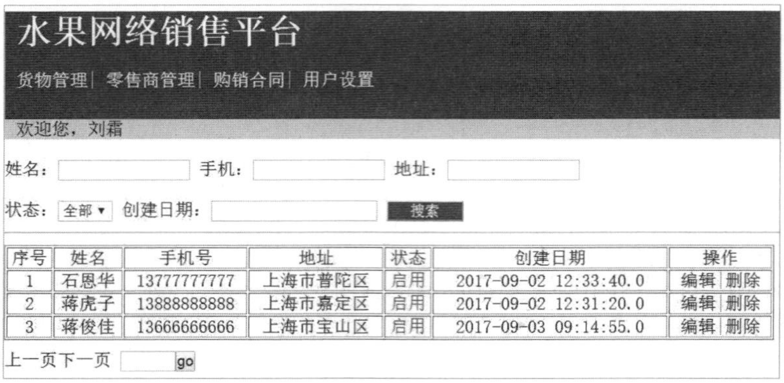

图 18-3　测试数据

18.1.8　分页操作逻辑编写

下面来完成页面的分页操作代码。首先准备分页的数据，每次进入页面前，需要统计页面的数据一共有多少条，一共分了多少页。所以这里在 RetailerController 类的 list 方法中，在返回视图前，获取当前页数 currentPage、当前请求位置 startPage、数据总和 countNumber、每页数据大小 pageSize 与总页数 sumPageNumber 等信息，封装至 model 对象中，带到页面中：

```
model.addAttribute("currentPage",retailer.getCurrentPage());//当前页数
model.addAttribute("startPage",retailer.getStartPage());//当前请求位置,默认为0
int countNumber = retailerService.count(map);
model.addAttribute("countNumber",countNumber);//数据总和
int pageSize = retailer.getPageSize();
model.addAttribute("pageSize",pageSize);//每页数据,默认为10
int sumPageNumber=
  countNumber%pageSize==0?(countNumber/pageSize):((countNumber/pageSize)+1);
model.addAttribute("sumPageNumber",sumPageNumber);//总页数
```

然后在页面中要将以上数据变为隐藏数据，以便页面的 js 方法获取相关数据。这里，首先为位于"retailerHome.jsp"中的零售商主页的 form 表单添加一个 id（这里命名为"listForm"），然后将分页相关数据以"hidden"的方式隐藏于页面，便于后期使用：

```html
<form id="listForm" action="list.action" method="post">
    姓名：<input type="text" name="name" style="width:120px"/>
    手机：<input type="text" name="telephone" style="width:120px"/>
    地址：<input type="text" name="address" style="width:120px"/><br/><br/>
    状态：<select id="indexStatus" onchange="changeStatus()">
    <option value="-1" selected="selected">全部</option>
    <option value="1">启用</option>
    <option value="0">停用</option>
    </select>
    <input type="hidden" name="status" id="status" value="-1">
    创建日期：<input type="text" name="createTime"/>
```

```
    <input type="submit" value="搜索"
style="background-color:#173e65;color:#ffffff;width:70px;"/> <br/>
    <!-- 显示错误信息 -->
    <c:if test="${errorMsg}">
       <font color="red">${errorMsg}</font><br/>
    </c:if>
    <input type="hidden" name="startPage" id="startPage" value="${startPage}"/>
    <input type="hidden" name="currentPage" id="currentPage" value="${currentPage}"/>
    <input type="hidden" name="pageSize" id="pageSize" value="${pageSize}"/>
    <input type="hidden" name="sumPageNumber"
           id="sumPageNumber" value="${sumPageNumber}"/>
    <input type="hidden" name="countNumber" id="countNumber" value="${countNumber}"/>
</form>
```

可以看到为 form 表单添加了一个唯一的 id，并在 form 表单中添加了"startPage"、"currentPage"、"pageSize"、"sumPageNumber"及"countNumber"5 个隐藏数据，分别代表数据起始位置、当前页码、每页数据量、总页数及总数据量。

小贴士：隐藏的分页信息在进行分页操作时会被加载至后台，除了用于加载下一页数据外，还用于下一页分页操作的数据准备。

之前的页面中留有分页的链接，也就是"上一页"和"下一页"及"go"按钮。这里分别为分页链接添加"onclick"方法，并指定一个 js 脚本方法名：

```
<div style="margin-top: 10px;">
    <a onclick="toPrePage()">上一页</a><a onclick="toNextPage()">下一页</a>
    <input type="text" id="pageNumber" style="width:50px">
    <button onclick="toLocationPage()">go</button>
    <div id="pageInfo"></div>
</div>
```

为"上一页"指定了一个名为"toPrePage"的 js 方法，而为"下一页"指定了一个名为"toNextPage"的 js 方法。同时为分页搜索框的跳转按钮"go"设置了一名为"toLocationPage"的 js 方法。最下面的名为"pageInfo"的 div 用来放置目前页数的信息，该信息通过初始化方法获得。该初始化方法需要在页面加载时运行，此时需要在"body"标签中添加"onload"属性，该属性可以在初始化"body"标签对内容时运行，这里指定了一个名为"init"的 js 方法：

```
<body onload="init()">
   <!--中间代码省略-->
</body>
```

然后在"head"标签中添加"script"标签对（之前已经添加过，这里直接在其中添加 js 方法即可），放置刚才定义的 js 方法。init 方法具体定义如下：

```
function init(){
```

```
    var countNumber = document.getElementById("countNumber").value;
    var sumPage = document.getElementById("sumPageNumber").value;
    var currentPage= document.getElementById("currentPage").value;
    var info = "一共<font color='blue'>"+countNumber+"</font>条数据, "+
         "共<font color='blue'>"+sumPage+"</font>页, "+
         "当前第<font color='blue'>"+currentPage+"</font>页";
    document.getElementById("pageInfo").innerHTML=info;
}
```

init 方法首先获取数据总数、总页数及当前页数，然后以拼接字符串的形式将分页信息拼接出来，再将数据指定到 id 为 "pageInfo" 的 div 中（也就是分页链接的下方）。

"上一页"链接方法的具体逻辑如下：

```
function toPrePage(){
    var currentPageObject = document.getElementById("currentPage");
    var currentPage= parseInt(currentPageObject.value);
    if(currentPage==1){
        alert("数据已到顶! ");
    }else{
        currentPageObject.value = currentPage-1;
        var pageSize = parseInt(document.getElementById("pageSize").value);
        var startPageObject =document.getElementById("startPage");
        startPageObject.value = parseInt(startPageObject.value)-pageSize;
        document.getElementById("listForm").submit();
    }
}
```

toPrePage 方法首先获取当前页码，然后进行判断。如果当前页码为第一页，则无法向上一页请求，此时使用 alert 向用户显示提示框。如果当前页码大于 1，说明可以进行上一页跳转，此时更改当前页数（减 1），然后更改查询起始位置，提交 id 为 "listForm" 的表单。

小贴士：注意处理分页请求中页数的边界，防止发生页数异常溢出的情况。

"下一页"链接方法的具体逻辑如下：

```
function toNextPage(){
    var currentPageObject = document.getElementById("currentPage");
    var currentPage = parseInt(currentPageObject.value);
    var sumPage = parseInt(document.getElementById("sumPageNumber").value);
    if(currentPage>=sumPage){
        alert("数据已到底! ");
    }else{
        currentPageObject.value = currentPage+1;
        var pageSize = parseInt(document.getElementById("pageSize").value);
        var startPageObject =document.getElementById("startPage");
        startPageObject.value = parseInt(startPageObject.value)+pageSize;
```

```
        document.getElementById("listForm").submit();
    }
}
```

toNextPage 方法首先获取当前页码,然后进行判断。如果当前页码大于或等于最大页数,则就无法向下一页请求,此时使用 alert 向用户显示提示框。如果当前页码不大于最大页数,说明可以进行下一页跳转,此时更改当前页数(加1),然后更改查询起始位置,提交 id 为"listForm"的表单。

单击"go"按钮后进行页面跳转的链接方法的具体逻辑如下:

```
function toLocationPage(){
    var pageNumber = document.getElementById("pageNumber").value;
    var currentPageObject = document.getElementById("currentPage");
    var currentPage = currentPageObject.value;
    if(pageNumber==null||pageNumber==""){
        alert("请输入要跳转的页数!");
    }else{
        pageNumber = parseInt(pageNumber);
        var sumPage = parseInt(document.getElementById("sumPageNumber").value);
        if(pageNumber<1){
            alert("数据已到顶!");
        }else if(pageNumber>sumPage){
            alert("数据已到底!");
        }else{
            currentPageObject.value = pageNumber;
            var pageSize = parseInt(document.getElementById("pageSize").value);
            var startPageObject =document.getElementById("startPage");
            if(pageNumber>currentPage){
                startPageObject.value = parseInt(startPageObject.value)+pageSize;
            }else if(pageNumber<currentPage){
                startPageObject.value = parseInt(startPageObject.value)-pageSize;
            }
            document.getElementById("listForm").submit();
        }
    }
}
```

toLocationPage 方法首先获取在输入框中输入的即将要跳转到的页码,然后进行判断。如果要跳转到的页码小于等于1,或者大于或等于最大页数,则就无法完成请求,此时使用 alert 向用户显示提示框。如果当前页码满足条件,判断是向前翻页还是向后翻页,之后更改当前页数为即将要跳转到的页码,然后更改查询起始位置,提交 id 为"listForm"的表单。

18.1.9　测试分页效果

在测试数据库中多添加一些测试数据(一共 13 条),如图 18-4 所示。

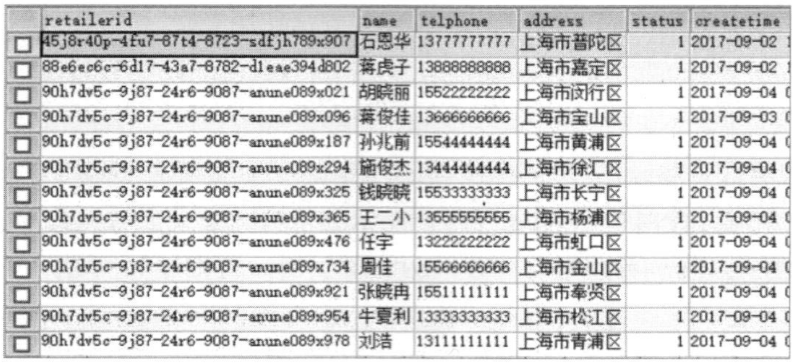

	retailerid	name	telphone	address	status	createtime
□	45j8r40p-4fu7-87t4-8723-sdfjh789x907	石恩华	13777777777	上海市普陀区	1	2017-09-02
□	88e6ec6c-6d17-43a7-8782-d1eae394d802	蒋虎子	13888888888	上海市嘉定区	1	2017-09-02
□	90h7dv5c-9j87-24r6-9087-anune089x021	胡晓丽	15522222222	上海市闵行区	1	2017-09-04
□	90h7dv5c-9j87-24r6-9087-anune089x096	蒋俊佳	13666666666	上海市宝山区	1	2017-09-03
□	90h7dv5c-9j87-24r6-9087-anune089x187	孙兆前	15544444444	上海市黄浦区	1	2017-09-04
□	90h7dv5c-9j87-24r6-9087-anune089x294	施俊杰	13444444444	上海市徐汇区	1	2017-09-04
□	90h7dv5c-9j87-24r6-9087-anune089x325	钱晓晓	15533333333	上海市长宁区	1	2017-09-04
□	90h7dv5c-9j87-24r6-9087-anune089x365	王二小	13555555555	上海市杨浦区	1	2017-09-04
□	90h7dv5c-9j87-24r6-9087-anune089x476	任宇	13222222222	上海市虹口区	1	2017-09-04
□	90h7dv5c-9j87-24r6-9087-anune089x734	周佳	15566666666	上海市金山区	1	2017-09-04
□	90h7dv5c-9j87-24r6-9087-anune089x921	张晓冉	15511111111	上海市奉贤区	1	2017-09-04
□	90h7dv5c-9j87-24r6-9087-anune089x954	牛夏利	13333333333	上海市松江区	1	2017-09-04
□	90h7dv5c-9j87-24r6-9087-anune089x978	刘浩	13111111111	上海市青浦区	1	2017-09-04

图 18-4　新增测试数据

然后访问零售商首页，获得第一页的 10 条数据，如图 18-5 所示。

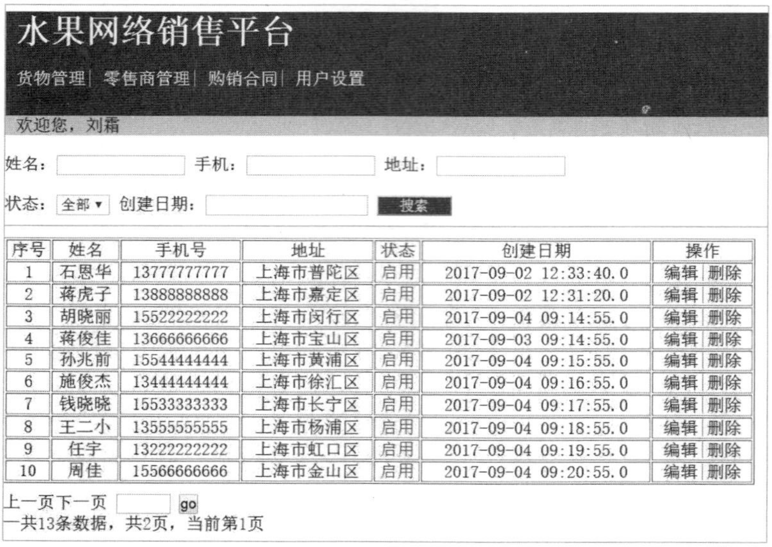

序号	姓名	手机号	地址	状态	创建日期	操作
1	石恩华	13777777777	上海市普陀区	启用	2017-09-02 12:33:40.0	编辑 删除
2	蒋虎子	13888888888	上海市嘉定区	启用	2017-09-02 12:31:20.0	编辑 删除
3	胡晓丽	15522222222	上海市闵行区	启用	2017-09-04 09:14:55.0	编辑 删除
4	蒋俊佳	13666666666	上海市宝山区	启用	2017-09-03 09:14:55.0	编辑 删除
5	孙兆前	15544444444	上海市黄浦区	启用	2017-09-04 09:15:55.0	编辑 删除
6	施俊杰	13444444444	上海市徐汇区	启用	2017-09-04 09:16:55.0	编辑 删除
7	钱晓晓	15533333333	上海市长宁区	启用	2017-09-04 09:17:55.0	编辑 删除
8	王二小	13555555555	上海市杨浦区	启用	2017-09-04 09:18:55.0	编辑 删除
9	任宇	13222222222	上海市虹口区	启用	2017-09-04 09:19:55.0	编辑 删除
10	周佳	15566666666	上海市金山区	启用	2017-09-04 09:20:55.0	编辑 删除

图 18-5　分页测试第一页

然后单击“下一页”链接，获取第二页的 3 条数据（一共 13 条数据），如图 18-6 所示。

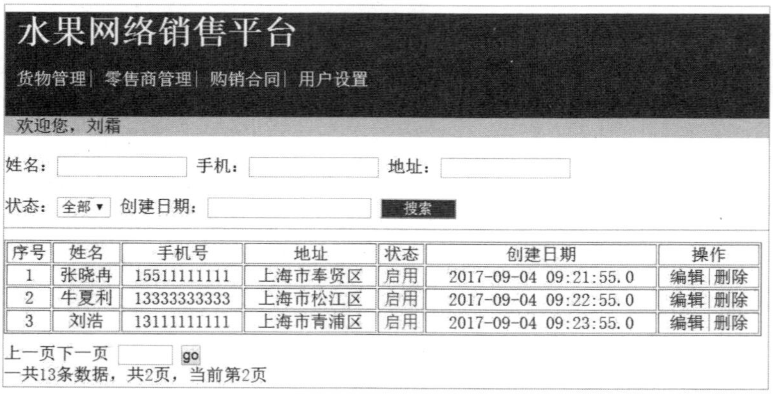

序号	姓名	手机号	地址	状态	创建日期	操作
1	张晓冉	15511111111	上海市奉贤区	启用	2017-09-04 09:21:55.0	编辑 删除
2	牛夏利	13333333333	上海市松江区	启用	2017-09-04 09:22:55.0	编辑 删除
3	刘浩	13111111111	上海市青浦区	启用	2017-09-04 09:23:55.0	编辑 删除

图 18-6　分页测试第二页

可以看到，分页操作是正确的。这里不再进行查询条件的测试。

小贴士：需要提醒的一点是，查询条件中的时间查询，需要换成 js 插件，让用户在可视化界面中选择相关日期而不是手动输入。

下面编写列表中的编辑和删除功能。对于编辑和删除，其实现逻辑就是在相应的编辑与删除位置添加单击事件，编写相应的 js 方法，将用户的 id 传入方法中，来执行编辑或者删除操作。

18.1.10 编写编辑功能

首先编写编辑功能，由于使用"c:forEach"标签遍历取出的 List 集合，所以会得到每个用户的 id 信息，此时在"编辑"位置添加一个"a"标签，并指定一个名为"editRetailer"的 onclick 方法，在其中设置一个参数，就是要编辑的零售商的 id：

```
<a onclick="editRetailer('${item.retailerId}')">编辑</a>
```

然后在 head 标签内的 script 代码块中添加名为"editRetailer"的 js 方法，来处理零售商的编辑请求：

```
function editRetailer(id){
    var message="{'id':'"+id+"'}";
    $.ajax({
        type:'post',
        url:'${pageContext.request.contextPath}/retailer/editRetailer.action',
        contentType:'application/json;charset=utf-8',
        data:message,//数据格式是 JSON 串
        success:function(data){//返回 JSON 结果
            $("#editName").val(data["name"]);
            $("#editTelephone").val(data["telephone"]);
            $("#editAddress").val(data["address"]);
            $("#retailerId").val(data["retailerId"]);
            $("#editStatus").val(data["status"]);
            $("#eStatus").val(data["status"]);
            //显示弹出框
            $(".mask").css("display","block");
            //引入分页信息至该 form 表单
            $("#eStartPage").val($("#startPage").val());
            $("#eCurrentPage").val($("#currentPage").val());
            $("#ePageSize").val($("#pageSize").val());
        }
    });
}
```

该方法首先获取零售商的 id 信息，然后封装为 JSON 请求，使用 jQuery 的 Ajax 异步请求方法，获取该 id 对应的零售商的详细信息。因为需要异步请求服务，所以此时需要在 RetailerController 中添加一个"retailer/editRetailer.action"服务：

```java
@RequestMapping("/retailer/editRetailer.action")
public @ResponseBody Retailer editRetailer(@RequestBody String json){
    String id= JSONObject.parseObject(json).getString("id");
    //@ResponseBody 将 Retailer 转换成 JSON 格式输出
    return retailerService.get(id);
}
```

该方法使用@RequestBody 注解获取前台传递过来的 JSON 信息,之后使用 JSONObject 的 parseObject 方法解析出用户的 id 信息,然后通过 retailerService 的 get 方法获取 id 对应的零售商信息,再利用@ResponseBody 注解将 Retailer 对象转换为 JSON 字符串反馈给前端。

小贴士:解析 JSON 数据的第三方类有很多,其中比较热门的就是 Alibaba 提供的 FastJson。

因为单击"编辑"链接时需要显示一个浮出弹框,所以 Ajax 将信息解析后,需要将对应的信息放置在即将要弹框的界面对应的 input 控件中,并且显示该浮出弹框。

下面在界面中加入该编辑浮动弹框,用于当单击编辑链接时显示,并在弹框中显示要编辑的零售商信息。这里在搜索的 form 表单中添加一个包含浮动弹框的 div。代码如下:

```html
<div class="mask">
    <div class="c" >
      <div style="background-color:#173e65;height:20px;color:#fff;font-size:12px;padding-left:7px;">
          修改信息<font style="float:right;padding-right: 10px;" onclick="cancelEdit()">x</font>
       </div>
        <form id="editForm" action="edit.action" method="post">
       姓名: <input type="text" id="editName" name="name" style="width:120px"/><br/>
       手机: <input type="text" id="editTelphone" name="telephone" style="width:120px"/><br/>
       地址: <input type="text" id="editAddress" name="address" style="width:120px"/><br/>
       状态: <select id="eStatus" onchange="changeEditStatus()">
             <option value="1">启用</option>
             <option value="0">停用</option>
        </select><br/>
        <input type="hidden" name="retailerId" id="retailerId"/>
        <input type="hidden" name="status" id="editStatus"/>
          <input type="hidden" name="startPage" id="eStartPage"/>
        <input type="hidden" name="currentPage" id="eCurrentPage"/>
        <input type="hidden" name="pageSize" id="ePageSize"/>
          <input type="submit" value="提交"
            style="background-color:#173e65;color:#ffffff;width:70px;"/>
       </form>
   </div>
</div>
```

这就是一个显示用户详细信息的编辑弹框,其中每个字段对应的 input 的 id 字段要与"editRetailer"的 js 方法中的赋值控件 id 相同。

浮出弹框的 CSS 样式如下:

```css
.c{
 border-style: solid; width: 200px; height: 130px;
 margin: 4 23 0 23; border-radius:5;display:block;
 background:#fff; margin:10% auto;
}
.mask{
 width:100%; height:100%;
 position: absolute; background:rgba(0,0,0,.3);
 display: none;
}
```

这里的 CSS 样式分别是弹出框本身的样式(.c)和半透明的背景样式(.mask)。

小贴士:实现背景半透明效果,实际上就是改变 background 背景的 rgba 颜色的透明度。

当单击列表中"任宇"操作栏的"编辑"链接时,可以看到如图 18-7 所示的效果。

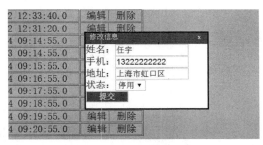

图 18-7 编辑浮出框效果

当不需要编辑时,单击右上角的"x"图标,即可关闭浮出框。关闭浮出框是因为触发了 cancelEdit 方法,该 js 方法定义如下:

```javascript
function cancelEdit(){
   $(".mask").css("display","none");
}
function changeEditStatus(){
   var status = document.getElementById("editStatus").value;
   document.getElementById("eStatus").value=status;
}
```

其实就是修改了浮出框所在 div 的 display 显示效果。下面的 changeEditStatus 方法的作用是当用户在修改浮出框修改了用户"状态"后,指定隐藏域 input 的 status 为相应的数据,提交的时候就会带着相关 status 去执行修改。

修改的浮出框出现之后,用户可以修改浮出框内的零售商信息。可以看到,前面的浮出框的 HTML 代码中，包裹了一个 id 为“editForm”的 form 表单，该表单要提交的 action 服务名为“editForm”，所以要在 RetailerController 中添加一个服务映射为“/retailer/edit.action”的方法：

```
@RequestMapping("/retailer/edit.action")
public String edit(Model model,Retailer retailer){
    retailerService.update(retailer);
    //构建新的列表查询条件，只需要分页数据即可
    Retailer queryRetailer = new Retailer();
    queryRetailer.setStartPage(retailer.getStartPage());
    queryRetailer.setCurrentPage(retailer.getCurrentPage());
    queryRetailer.setPageSize(retailer.getPageSize());
    queryRetailer.setStatus(-1);
    return list(model,queryRetailer,null,null);
}
```

在该方法中首先获取需要修改的 Retailer 对象，然后封装为一个查询条件，初始化从前端带来的分页数据及 status 状态，然后执行 list 方法跳转回列表页。

小贴士：这里实现浮出框的代码与主页面同属一个 JSP 页面，所以它并不是脱离了页面的控件，而是表现出了一个浮出效果。

18.1.11 测试编辑功能

下面来做测试，在首页单击名为“石恩华”的零售商的“编辑”链接，弹出一个浮出框，在浮出框中修改其手机号码，如图 18-8 所示。

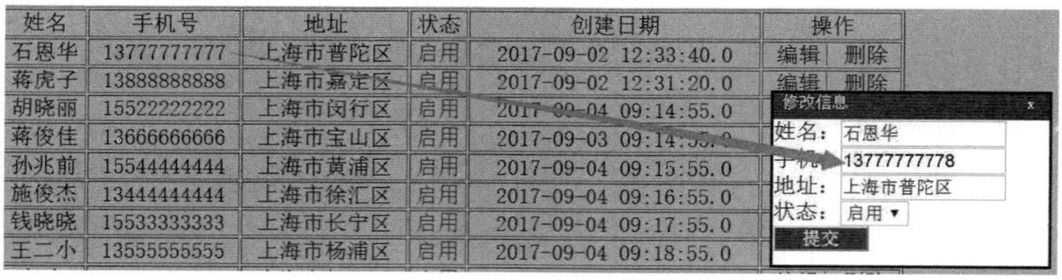

图 18-8 修改测试

然后单击“提交”按钮，此时在后台会对该零售商的数据库信息进行更新。更新完毕之后会带着分页信息跳转回 list 页面。我们在列表页观察零售商的电话号码，发现已经被修改为新的号码，如图 18-9 所示。

序号	姓名	手机号	地址	状态
1	石恩华	13777777778	上海市普陀区	启用
2	蒋虎子	13888888888	上海市嘉定区	启用
3	胡晓丽	15522222222	上海市闵行区	启用
4	蒋俊佳	13666666666	上海市宝山区	启用

图 18-9 修改结果

小贴士：在编辑页面可以将用户选择的零售商信息加载至编辑框，供用户修改。

18.1.12 编写删除功能

下面我们来完成最后一个功能,就是操作区域的"删除"功能。直接在删除选项的 a 标签下面添加一个 id 为"delete"的 form 表单,其中的 action 属性指定即将要编写的删除服务,而在表单中放置的是分页信息及要删除的零售商的 id 的 input 隐藏域。然后在删除功能的 a 标签中添加一个 onclick 属性,指向完成删除操作的 js 方法,并将要删除的零售商的 id 及姓名 name 作为参数传递到方法中:

```
<a onclick="deleteRetailer('${item.retailerId}','${item.name }')">删除</a>
<form id="deleteForm" action="delete.action" method="post">
    <input type="hidden" name="retailerId" id="dRetailerId"/>
    <input type="hidden" name="startPage" id="dStartPage"/>
    <input type="hidden" name="currentPage" id="dCurrentPage"/>
    <input type="hidden" name="pageSize" id="dPageSize"/>
</form>
```

其中名为"deleteRetailer"的完成删除操作的 js 方法逻辑如下:

```
function deleteRetailer(id){
    $("#dRetailerId").val(id);//向form中引入id
    //引入分页信息至该form表单
    $("#dStartPage").val($("#startPage").val());
    $("#dCurrentPage").val($("#currentPage").val());
    $("#dPageSize").val($("#pageSize").val());
    $("#deleteForm").submit();//提交表单
}
```

当用户单击"删除"链接时,首先询问用户是否删除相应 name 对应的零售商信息,若选择"确定"按钮,则将传入的 id、页面的分页信息引入 id 为"deleteForm"的 form 表单的隐藏 input 控件中,然后提交该 form 表单。若选择"取消"按钮则不执行删除操作并结束方法。

下面来编写 form 表单提交服务"/retailer/detele.action"。在 RetailerController 中创建 delete 方法与映射,并编写相关删除逻辑:

```
@RequestMapping("/retailer/delete.action")
public String delete(Model model,Retailer retailer){
    retailerService.deleteById(retailer.getRetailerId());
    //构建新的列表查询条件,只需要分页数据即可
    Retailer queryRetailer = new Retailer();
    queryRetailer.setStartPage(retailer.getStartPage());
    queryRetailer.setCurrentPage(retailer.getCurrentPage());
    queryRetailer.setPageSize(retailer.getPageSize());
    queryRetailer.setStatus(-1);
    return list(model,queryRetailer,null,null);
}
```

在该方法中首先获得需要删除的 Retailer 对象，然后获取其 id 并执行删除，之后封装一个查询条件，同修改功能一样，初始化从前端带来的分页数据及 status 状态，然后执行 list 方法跳转回列表页。

小贴士：删除分为硬删除和软删除，在数据库中的物理删除就是硬删除，而仅使用标记来定义数据被删除的状态，为软删除。值得注意的是，物理删除一般不可恢复，所以在操作时一定要让用户确定自己的操作是否是正确的。

18.1.13　测试删除功能

编写完之后，我们选择一个名为"孙兆前"的零售商（其上、下分别是"蒋俊佳"及"施俊杰"），单击其"删除"链接，可以看到弹出了确认删除的提示框，如图 18-10 所示。

图 18-10　删除提示

单击"确定"按钮后，就会执行删除动作，然后回到零售商列表。再次观察"蒋俊佳"及"施俊杰"的信息，发现中间的"孙兆前"用户的信息已经被删除，如图 18-11 所示。

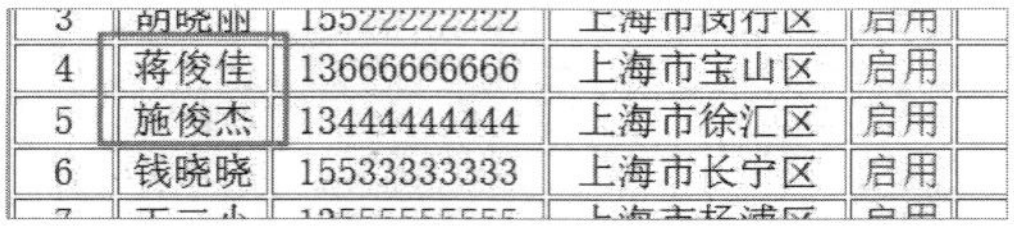

图 18-11　删除结果

小贴士：删除后会重新刷新列表，目的是让用户看到删除后的相应效果。

18.1.14　编写添加功能

别忘记还有一个重要的功能，就是添加零售商的功能。这里在列表的上方放置一个"添加"按钮，然后添加一个 onclick 属性，指向新增的 js 方法：

```
<button onclick="showAddMask('true')" style="background-color:#173e65;color:
#ffffff;width:70px;">
    添加
</button>
```

在名为"showAddMask"的 js 方法中，需要显示一个新增用户的浮出框：

```
function showAddMask(flag){
    if(flag=="true"){
        $(".addMask").css("display","block");
    }else{
```

```
        $(".addMask").css("display","none");
    }
}
```

需要为该方法传入一个参数,当参数为 "true" 时,显示浮出框,否则关闭浮出框。

这里需要在之前的修改浮出框上面添加一个新的浮出框,具体代码如下:

```
<div class="addMask">
  <div class="c">
    <div style="background-color:#173e65;height:20px;color:#fff;font-size:
12px;padding-left:7px;">
        添加信息
      <font style="float:right;padding-right: 10px;" onclick="showAddMask
('false')">x</font>
    </div>
    <form id="addForm" action="add.action" method="post" onsubmit=
"checkAddRetailer()">
        姓名:<input type="text" id="addName" name="name" style="width:120px"/>
<br/>
        手机:<input type="text" id="addTelphone" name="telephone" style="width:
120px"/><br/>
        地址:<input type="text" id="addAddress" name="address" style="width:
120px"/><br/>
        <input type="hidden" name="status" value="1"/>
        <input type="submit" value="添加"
            style="background-color:#173e65;color:#ffffff;width:70px;"/>
    </form>
  </div>
</div>
```

该模块直接使用修改浮出框的样式即可。以上代码创建了一个 id 为 "addForm" 的 form 表单用于提交相关数据,里面的用户信息需要自己输入,而零售商的状态 status 是隐藏的属性的值,默认为 1。在提交表单之前,需要对数据进行空校验,所以在 form 表单的 "onsubmit" 属性中添加一个名为 "checkAddRetailer" 的 form 表单提交拦截方法,数据填写无误就返回 true 让表单提交,否则返回 false 阻止表单提交。这里 js 的具体逻辑如下:

```
function checkAddRetailer(){
    if($("#addName").val()==null||$("#addName").val()==""){
        alert("用户名不能为空!");
        return false;
    }
    if($("#addTelphone").val()==null||$("#addTelphone").val()==""){
        alert("手机号不能为空!");
        return false;
    }
    var myreg = /^(((13[0-9]{1})|(15[0-9]{1})|(18[0-9]{1}))+\d{8})$/;
```

```
    if(!myreg.test($("#addTelphone").val()))
    {
        alert("请输入有效的手机号码！");
        return false;
    }
    if($("#addAddress").val()==null||$("#addAddress").val()==""){
        alert("地址不能为空！");
        return false;
    }
    return true;
}
```

form 表单最终提交的 action 服务为 "add.action"，所以需要在 RetailerController 类中添加一个映射 "/retailer/add.action" 服务的方法：

```
@RequestMapping("/retailer/add.action")
public String add(Model model,Retailer retailer){
    retailer.setRetailerId(UUID.randomUUID().toString());
    retailer.setCreateTime(new SimpleDateFormat("yyyy-MM-dd HH:mm:ss").format(new Date()));
    retailerService.insert(retailer);
    //构建新的列表查询条件，只需要status状态即可
    Retailer queryRetailer = new Retailer();
    queryRetailer.setStatus(-1);
    return list(model,queryRetailer,null,null);
}
```

除了用户添加的信息以外，还要为零售商添加一个唯一的 UUID 的 id 属性，该属性可以使用 "java.util.UUID" 中的 "randomUUID" 生成随机 id，由于 UUID 的随机性非常大，所以基本不可能有重复的情况。之后再插入当前的时间作为创建零售商信息的时间，需要使用 "SimpleDateFormat" 对表示当前时间的 Date 类型进行字符串转换。

小贴士：UUID 是目前应用最广泛的随机非重复性标识，它能保证每个节点所生成的标识都不重复。

18.1.15 测试添加功能

重启服务后，单击 "添加" 按钮，就会出现如图 18-12 所示的添加信息的浮出框。

图 18-12 新增浮出框

此时输入一个零售商的信息，单击“添加”按钮，就会执行添加操作，并返回列表页面。在列表页面可以观察到刚刚添加的零售商信息，如图 18-13 所示。

添加

序号	姓名	手机号	地址	状态	创建日期
1	刘成成	13566666666	上海市黄浦区	启用	2017-09-09 09:3
2	石恩华	13777777778	上海市普陀区	启用	2017-09-02 12:3
3	蒋虎子	13888888888	上海市嘉定区	启用	2017-09-02 12:3

图 18-13　新增结果

至此，“零售商管理”模块的所有功能已开发完毕，后期可能会根据业务需求修改该模块。

提示： 我们在编写时间区间查询时并没有在前端添加相关输入功能，读者可以根据开发流程进行完善。

18.2　货物信息管理模块

与购销合同息息相关的除了订货的零售商之外，就是货物本身了。下面来编写货物信息管理模块。

18.2.1　导航栏与 Controller 基础准备

首先在数据库的 commodities 表中添加一些水果货物的测试数据，用于首页列表模块的信息展示，如图 18-14 所示。

fruitid	name	price	locality	▲ createtime
88e6ec6c-6d17-43a7-8782-38904ajskdh	黄桃	2.5	浙江省金华市	2017-09-09 09:34
88e6ec6c-6d17-43a7-8782-48957ajskdf	火龙果	6.68	浙江省绍兴市	2017-09-09 09:35
88e6ec6c-6d17-43a7-8782-89asdjh389a	橙子	0.4	江苏省南京市	2017-09-09 09:36
88e6ec6c-6d17-43a7-8782-9534sd23h90	柚子	0.5	上海市金山区	2017-09-09 09:37
88e6ec6c-6d17-43a7-8782-csrjdsk8347	猕猴桃	2.2	上海市嘉定区	2017-09-09 09:38
88e6ec6c-6d17-43a7-8782-dleae391234	苹果	0.7	山东省青岛市	2017-09-09 09:39
88e6ec6c-6d17-43a7-8782-dleae394106	橘子	1.6	上海市普陀区	2017-09-09 09:40
88e6ec6c-6d17-43a7-8782-dleae84dj46	香蕉	1.3	江苏省昆山市	2017-09-09 09:41
88e6ec6c-6d17-43a7-8782-dhk327894aj	柿子	0.5	江苏省苏州市	2017-09-09 09:42
88e6ec6c-6d17-43a7-8782-dijhksd2367	榴莲	13	江苏省盐城县	2017-09-09 09:43
88e6ec6c-6d17-43a7-8782-hc2374gasd8	葡萄	2.3	上海市马陆镇	2017-09-09 09:43
88e6ec6c-6d17-43a7-8782-jhk8340a783	荔枝	1.8	江苏省无锡市	2017-09-09 09:44
88e6ec6c-6d17-43a7-8782-kduidfh3435	西瓜	0.3	江苏省常州市	2017-09-09 09:45
88e6ec6c-6d17-43a7-8782-xce3940hsd4	芒果	3.6	浙江省杭州市	2017-09-09 09:46

图 18-14　水果货物测试数据

然后在原来的“menu.jsp”导航栏的“货物管理”选项中添加一个服务链接地址：

```
<a href="${pageContext.request.contextPath}/commodities/list.action">货物管理
</a>
```

在 controller 包下创建与水果货物管理相关的 Controller 类 CommoditiesController，并编写与链接相符合的映射方法。CommoditiesController 类的代码如下：

```
package com.fruitsalesplatform.controller;
```

```java
import org.springframework.stereotype.Controller;
import org.springframework.web.bind.annotation.RequestMapping;

@Controller
public class CommoditiesController extends BaseController{
    //跳转至列表页面
    @RequestMapping("/commodities/list.action")
    public String list(){
        return "/commoditiesHome.jsp";//转向货物信息首页
    }
}
```

同样，这里只编写了一个跳转方法，需要先把数据处理模块编写完毕，再回来完成该 Controller 类。

要操作货物的信息，首先要编写货物与数据库字段对应的 JavaBean 实体类。在 entity 包下创建名为"Commodities"的实体类：

```java
package com.fruitsalesplatform.entity;

public class Commodities extends PageEntity{
    private String fruitId;
    private String name;
    private double price;
    private String locality;
    private String createTime;
    //get 与 set 方法略
}
```

因为货物信息也需要分页显示，所以该实体类也继承了分页实体类 PageEntity。

18.2.2　创建 Mapper 映射文件

然后创建对 Commodities 货物进行数据库操作的 SQL 映射文件 Mapper。这里在 mapper 包下创建名为"CommoditiesMapper"的 xml 配置文件，用于配置货物的数据库操作映射。具体配置如下：

```xml
<?xml version="1.0" encoding="UTF-8"?>
<!DOCTYPE mapper
PUBLIC "-//mybatis.org//DTD Mapper 3.0//EN"
"http://mybatis.org/dtd/mybatis-3-mapper.dtd">
<mapper namespace="com.fruitsalesplatform.mapper.CommoditiesMapper">
    <!-- resultMap 映射 -->
    <resultMap type="com.fruitsalesplatform.entity.Commodities" id="commoditiesRM">
        <!-- 主键 -->
        <id property="fruitId" column="fruitid" jdbcType="VARCHAR" />
```

```xml
        <!-- 一般属性 -->
        <result property="name" column="name"/>
        <result property="price" column="price" jdbcType="DOUBLE"/>
        <result property="locality" column="locality"/>
        <result property="createTime" column="createtime"/>
    </resultMap>
    <!-- 查询一个数据 -->
    <select id="get" parameterType="string" resultMap="commoditiesRM">
        select * from commodities
        where fruitid=#{fruitId}
    </select>
    <!-- SQL 片段 -->
    <sql id="query_commodities_where">
            <if test="name != null"> and name like #{name}</if>
        <if test="startPrice != null"> <![CDATA[ and price >= #{startPrice}]]></if>
        <if test="endPrice != null"> <![CDATA[ and price <= #{endPrice}]]></if>
        <if test="locality != null"> and locality like #{locality}</if>
        <if test="createTime != null">
                and createtime = DATE_FORMAT(#{createtime },'%Y-%m-%d %H:%i:%s')</if>
        <if test="startTime != null">
            <![CDATA[ and createtime >=
                DATE_FORMAT(#{startTime},'%Y-%m-%d %H:%i:%s')]]>
        </if>
        <if test="endTime != null">
            <![CDATA[ and createtime <=
                DATE_FORMAT(#{endTime},'%Y-%m-%d %H:%i:%s')]]>
        </if>
    </sql>
    <!-- 查询 -->
    <select id="find" parameterType="java.util.HashMap" resultMap="commoditiesRM">
        select * from commodities
        where 1=1
        <include refid="query_commodities_where"></include><!-- sql 片段引入 -->
        <if test="startPage != null and pageSize != null">LIMIT #{startPage},
#{pageSize}</if>
    </select>
    <!-- 统计数量 -->
    <select id="count" parameterType="java.util.HashMap" resultType=
"java.lang.Integer">
        select COUNT(*) from commodities
        where 1=1
        <include refid="query_commodities_where"></include><!-- sql 片段引入 -->
    </select>
    <!-- 插入语句略 -->
    <!-- 修改语句略 -->
```

```
    <!-- 删除一条数据略 -->
    <!-- 删除多条数据略 -->
</mapper>
```

上面的配置和之前的零售商的 Mapper 配置类似，不过这里除了时间区间查询配置外，还多了一个价格的区间查询条件配置。同样，为了实现分页，这里也使用了 LIMIT 关键字进行数据分页。

小贴士：对于相同的条件检索配置，可以通过代码片段设置与引入来减少配置冗余。

18.2.3 编写 DAO 层处理逻辑

编写完 Mapper 之后，就要进行 DAO 层的编写了。同样需要实现 BaseDao 接口，并定义非 BaseDao 定义的方法（count 配置）：

```java
package com.fruitsalesplatform.dao;
import java.util.Map;
import com.fruitsalesplatform.entity.Commodities;
public interface CommoditiesDao extends BaseDao<Commodities>{
    //这里可以直接使用继承的 BaseDao 的增删改查方法
    //添加新的方法定义
    public int count(Map map);//根据条件统计结果集数量
}
```

然后是 DAO 的实现类，首先继承 BaseDaoImpl 类，然后单独实现 BaseDaoImpl 没有实现的 count 方法：

```java
package com.fruitsalesplatform.dao.impl;
import java.util.Map;
import org.springframework.stereotype.Repository;
import com.fruitsalesplatform.dao.CommoditiesDao;
import com.fruitsalesplatform.entity.Commodities;
@Repository //为了包扫描的时候这个 Dao 被扫描到
public class CommoditiesDaoImpl extends BaseDaoImpl<Commodities> implements CommoditiesDao{
    public CommoditiesDaoImpl(){
        //设置命名空间
        super.setNs("com.fruitsalesplatform.mapper.CommoditiesMapper");
    }
    //实现接口自己的方法定义
    public int count(Map map) {
        return this.getSqlSession().selectOne(this.getNs() + ".count", map);
    }
}
```

小贴士：注意命名空间的设置和暴露注解@Repository 的添加。

18.2.4 编写 Service 层处理逻辑

编写完 DAO 层之后，进行 Service 层代码的编写。首先编写 Service 接口，这里需要编写业务相关的方法定义：

```java
package com.fruitsalesplatform.service;
import java.io.Serializable;
import java.util.List;
import java.util.Map;
import com.fruitsalesplatform.entity.Commodities;
import com.fruitsalesplatform.entity.Retailer;
public interface CommoditiesService {
    public Commodities get(Serializable id);//只查询一个数据，常用于修改
    public List<Commodities> find(Map map);//根据条件查询多个结果
    public void insert(Commodities commodties);//插入，用实体作为参数
    public void update(Commodities commodties);//修改，用实体作为参数
    public void deleteById(Serializable id);//按 id 删除，删除一条数据；支持整型和字符串类型 ID
    public void delete(Serializable[] ids);//批量删除；支持整型和字符串类型 ID
    public int count(Map map);//根据条件统计结果集数量
}
```

然后在 Service 实现类中实现 Service 接口中定义的方法，由于要操作数据，所以依然不要忘记注入 DAO 的相关类：

```java
package com.fruitsalesplatform.service.impl;
import java.io.Serializable;
import java.util.List;
import java.util.Map;
import org.springframework.beans.factory.annotation.Autowired;
import org.springframework.stereotype.Service;
import com.fruitsalesplatform.dao.CommoditiesDao;
import com.fruitsalesplatform.entity.Commodities;
import com.fruitsalesplatform.service.CommoditiesService;
@Service   //为了包扫描的时候这个 Service 被扫描到
public class CommoditiesServiceImpl implements CommoditiesService{
    @Autowired
    CommoditiesDao commoditiesDao;
    public Commodities get(Serializable id) { return commoditiesDao.get(id); }
    public List<Commodities> find(Map map) { return commoditiesDao.find(map); }
    public void insert(Commodities commodities) { commoditiesDao.insert(commodities); }
    public void update(Commodities commodities) { commoditiesDao.update(commodities); }
    public void deleteById(Serializable id) { commoditiesDao.deleteById(id); }
```

```
    public void delete(Serializable[] ids) { commoditiesDao.delete(ids); }
    public int count(Map map) { return commoditiesDao.count(map); }
}
```

小贴士：注意引入 DAO 的@Autowired 注解和 Service 实现类的暴露注解@Service。

18.2.5　完善 Controller 类

编写完 DAO 层和 Service 层后，就要在 Controller 层注入 Service 类，处理货物信息请求。由于之前讲解零售商管理模块时已经详细讲解了每一个 Controller 方法，这里就直接完成所有操作的方法。

首先是货物的分页列表信息请求"/commodities/list.action"的映射方法：

```java
//跳转至列表页面
@RequestMapping("/commodities/list.action")
public String list(Model model,Commodities commodities,
        @RequestParam(defaultValue="0.0") double startPrice,
        @RequestParam(defaultValue="0.0") double endPrice,
            String startTime,String endTime){
    Map<String,Object> map = this.CommoditiesToMap(commodities);
    if(startTime!=null&&!startTime.equals("")){ map.put("startTime", startTime); }
    if(endTime!=null&&!endTime.equals("")){ map.put("endTime", endTime); }
    if(startPrice>0.0){ map.put("startPrice", startPrice); }
    if(endPrice>0.0){ map.put("endPrice", endPrice); }
    List<Commodities> commoditiesList = commoditiesService.find(map);
    model.addAttribute("commodities",commodities);//搜索条件回显
    model.addAttribute("startPrice",startPrice);//搜索条件回显(价格区间)
    model.addAttribute("endPrice",endPrice);//搜索条件回显(价格区间)
    model.addAttribute("startTime",startTime);//搜索条件回显(时间区间)
    model.addAttribute("endTime",endTime);//搜索条件回显(时间区间)
    model.addAttribute("list",commoditiesList.size()<1?null:commoditiesList);
    model.addAttribute("currentPage",commodities.getCurrentPage());//当前页数
    model.addAttribute("startPage",commodities.getStartPage());//当前请求位置,默认为0
    int countNumber = commoditiesService.count(map);
    model.addAttribute("countNumber",countNumber);//数据总和
    int pageSize = commodities.getPageSize();
    model.addAttribute("pageSize",pageSize);//每页数据，默认为10
    int sumPageNumber =
        countNumber%pageSize==0?(countNumber/pageSize):((countNumber/pageSize)+1);
    model.addAttribute("sumPageNumber",sumPageNumber);//总页数
    return "/commodities/commoditiesHome.jsp";//转向首页
}
private Map<String,Object> CommoditiesToMap(Commodities commodities){
```

```
    Map<String,Object> map = new HashMap<String,Object>();
    map.put("name",checkStringIsEmpty(commodities.getName()));
    map.put("locality", checkStringIsEmpty(commodities.getLocality()));
    map.put("createTime", checkStringIsEmpty(commodities.getCreateTime()));
    map.put("startPage", commodities.getStartPage());
    map.put("pageSize", commodities.getPageSize());
    return map;
}
private String checkStringIsEmpty(String param){
    return param==null?null:(param.equals("")?null:"%"+param+"%");
}
```

在分页列表的请求处理方法中，首先获取了 commodities 查询条件对象，然后获取了价格区间和时间区间请求数据。进行 map 转换及判空处理后，执行 commoditiesService 的 find 查询方法。查询完毕后，封装查询条件的回显信息，以及要显示的 list 列表信息和分页信息，然后跳转至货物信息首页。

小贴士：由于在 list 方法中需要进行分页，所以要注意前端传来的分页数据的处理。

然后编写修改的请求处理。同样需要编写两个请求处理方法，一个是查询要编辑的货物信息的详情反馈给前端，另一个是处理前端修改货物信息后执行的修改请求：

```
@RequestMapping("/commodities/editCommodities.action")
public @ResponseBody Commodities editCommodities(@RequestBody String json){
    String id= JSONObject.parseObject(json).getString("id");
    //@ResponseBody 将 Commodities 转成 JSON 格式输出
    return commoditiesService.get(id);
}
@RequestMapping("/commodities/edit.action")
public String edit(Model model,Commodities commodities){
    commoditiesService.update(commodities);
    //构建新的列表查询条件，只需要分页数据即可
    Commodities queryCommodities = new Commodities();
    queryCommodities.setStartPage(commodities.getStartPage());
    queryCommodities.setCurrentPage(commodities.getCurrentPage());
    queryCommodities.setPageSize(commodities.getPageSize());
    return list(model,queryCommodities,0.0,0.0,null,null);
}
```

editCommodities 方法和之前的零售商管理模块中的方法一样，主要是处理前端的 Ajax 请求，收到 JSON 字符串，然后解析出其中的 id 数据，执行查询后同样以 JSON 格式返回给前端。下面的方法是接收用户修改的货物信息，通过 commoditiesService 执行修改。修改完成后，带着分页数据跳转回 list 方法中重新加载分页列表。

然后编写添加和删除的请求映射方法，这两个方法与零售商管理模块中的方法基本一致：

```
@RequestMapping("/commodities/add.action")
public String add(Model model,Commodities commodities){
    commodities.setFruitId(UUID.randomUUID().toString());
    commodities.setCreateTime(
        new SimpleDateFormat("yyyy-MM-dd HH:mm:ss").format(new Date()));
    commoditiesService.insert(commodities);
    //重新刷新至分页列表首页
    return list(model,new Commodities(),0.0,0.0,null,null);
}
@RequestMapping("/commodities/delete.action")
public String delete(Model model,Commodities commodities){
    commoditiesService.deleteById(commodities.getFruitId());
    //构建新的列表查询条件，只需要分页数据即可
    Commodities queryCommodities = new Commodities();
    queryCommodities.setStartPage(commodities.getStartPage());
    queryCommodities.setCurrentPage(commodities.getCurrentPage());
    queryCommodities.setPageSize(commodities.getPageSize());
    return list(model,queryCommodities,0.0,0.0,null,null);
}
```

在 add 方法中，接收前端的新增请求，并将请求数据封装至 Commodities 实体类中，然后为其设置 id 及 createtime 创建时间，再执行 commoditiesService 的插入方法进行新增，之后重新执行 list 方法返回分页列表。同样，下面的 delete 方法也接收前端的删除请求，并将 id 信息封装至 Commodities 实体类中，然后执行 commoditiesService 的删除方法进行删除，之后带着分页数据跳转回 list 方法中重新加载分页列表。

小贴士：注意删除和修改后数据列表回显时调用 list 方法的参数。

18.2.6 编写相关视图页面

编写完 Controller 的相关请求方法之后，根据零售商管理模块的页面进行修改即可实现货物信息管理模块的页面。这里在 pages 文件夹下创建 commodites 文件夹，然后直接复制零售商管理模块页面"retailerHome.jsp"，修改名称为"commoditesHome.jsp"，然后修改其中的页面代码。与零售商信息页面相似的地方这里不再赘述，下面主要讲解与零售商信息页面不同的前端代码。

首先是搜索区域，相比原来的零售商信息页面的搜索区域，这里多了一个价格区间查询（顺便修改了时间区间查询），代码如下：

```
<form id="listForm" action="list.action" method="post">
    名称：<input type="text" name="name" style="width:120px" value=
"${commodities.name}"/>
    产地：<input type="text" name="locality" style="width:120px" value=
"${commodities.locality}"/>
    价格：<input id="price1" name="startPrice" type="number"
```

```
                min="0.0" step="0.1" value="${startPrice}"/>
            - <input id="price2" name="endPrice" type="number"
                min="0.0" step="0.1" value="${endPrice}"/><br/><br/>
        创建日期：<input type="datetime-local" name="startTime" value="${startTime}"/>
            - <input type="datetime-local" name="endTime" value="${endTime}"/>
        <input type="submit" value="搜索"
            style="background-color:#173e65;color:#ffffff;width:70px;"/> <br/>
        <!-- 显示错误信息 -->
        <c:if test="${errorMsg}">
            <font color="red">${errorMsg}</font><br/>
        </c:if>
        <input type="hidden" name="startPage" id="startPage" value="${startPage}"/>
        <input type="hidden" name="currentPage" id="currentPage" value="${currentPage}"/>
        <input type="hidden" name="pageSize" id="pageSize" value="${pageSize}"/>
        <input type="hidden" name="sumPageNumber"
                id="sumPageNumber" value="${sumPageNumber}"/>
        <input type="hidden" name="countNumber" id="countNumber" value=
"${countNumber}"/>
</form>
```

在搜索的表单中，除了名称、产地外，还添加了价格和创建日期的区间查询。在价格区间中，使用了 HTML5 的 "number" 数字类型的 input 输入框，在这里可以设置最小输入数和递增的幅度（这里是 0.1）。时间区间使用了 HTML5 的 "datetime-local" 时间选择器类型的 input 输入框，用于选择时间。下面是搜索按钮和错误显示区域，以及分页信息的隐藏域。

小贴士：Datetime Local 对象是 HTML5 中的新对象，用于设置或返回本地时间字段。需要注意的是，Internet Explorer 或 Firefox 不支持 <input type="datetime-local"> 元素。

然后就是列表的显示区域，在这里就是遍历从后台传来的 list 集合，在 table 中显示各种字段，以及编辑区域的超链接信息，然后在最下方放置分页信息：

```
<c:if test="${list!=null}">
    <table style="margin-top: 10px;width:700px;text-align:center;" border=1>
        <tr>
            <td>序号</td><td>名称</td><td>价格</td><td>产地</td>
            <td>创建日期</td><td>操作</td>
        </tr>
        <c:forEach items="${list}" var="item" varStatus="status">
            <tr>
                <td>${status.index+1}</td><td>${item.name }</td>
                <td>${item.price}</td><td>${item.locality }</td>
                <td>${item.createTime}</td>
                <td>
                    <a onclick="editCommodities(('${item.fruitId}')">编辑</a>|
                    <a onclick="deleteCommodities('${item.fruitId}',
'${item.name }')">删除</a>
```

```html
                    <form id="deleteForm" action="delete.action" method="post">
                        <input type="hidden" name="fruitId" id="dFruitId"/>
                        <input type="hidden" name="startPage" id="dStartPage"/>
                <input type="hidden" name="currentPage" id="dCurrentPage"/>
                <input type="hidden" name="pageSize" id="dPageSize"/>
                    </form>
                </td>
            </tr>
        </c:forEach>
    </table>
</c:if>
<c:if test="${list==null}">
    <b>搜索结果为空!</b>
</c:if>
<div style="margin-top: 10px;">
    <a onclick="toPrePage()">上一页</a><a onclick="toNextPage()">下一页</a>
    <input type="text" id="pageNumber" style="width:50px">
    <button onclick="toLocationPage()">go</button>
    <div id="pageInfo"></div>
</div>
```

分页的 js 方法与之前零售商管理模块的一致（可以像 menu 页面一样封装起来）。重启项目并单击"货物管理"链接后，可以看到列表页，如图 18-15 所示。

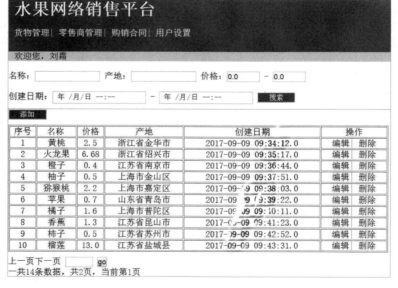

图 18-15　水果货物列表

下面先测试搜索功能。搜索名称带有"子"，并且地区中有"上海"，价格在 1.0 至 1.7 之间的水果信息。键入搜索信息，单击"搜索"按钮后，结果如图 18-16 所示。

图 18-16　水果货物搜索结果

我们来分析搜索结果。在数据库的 commodities 表中，一共有 4 个名称中带有"子"的货物，分别是"橘子"、"柚子"、"柿子"及"橙子"，而生产地为"上海"的仅为"柚子"和"橘子"，而在它们中间，价格在 1.0 至 1.7 之间的水果只有"橘子"。所以这里的搜索结果是正确的。

然后搜索时间区间在 9 点 35 至 9 点 38 之间的货物信息，单击"搜索"按钮，搜索结果如图 18-17 所示。

图 18-17　时间区间搜索结果

在数据库的 commodities 表中，创建时间在 9 点 35 至 9 点 38 之间的货物有"火龙果"、"橙子"和"柚子"，搜索结果刚好一致，证明时间区间查询功能也是正常的。

列表的添加、编辑以及添加方式也和零售商管理模块类似，有关前端代码这里不再赘述。

小贴士：注意在进行时间区间搜索时，对于时间秒分时的处理。

18.3　附属品管理模块

在前期需求中，关于货物还有一个附属品的概念，也就是货物的包装物等，它们会在建立购销合同时产生费用。下面来编写附属物的各种操作。

18.3.1　导航栏与 Controller 基础准备

首先在每个货物的操作栏中添加"附属品"选项，代码如下：

```
<a onclick="openwin('${item.fruitId}')">附属品</a>
```

单击"附属品"时，会调用一个名为"openwin"的 js 方法获取该货物下的附属品列表页面。该 js 方法的定义如下：

```
function openwin(id) {
    var url="${pageContext.request.contextPath}/accessory/list.action?fruitId="+id;
    window.open (url,"附属品","height=400,width=700,scrollbars=yes");
}
```

js 方法使用 window.open()方法打开指定地址的弹窗，并设置 url 请求链接、弹窗的宽度和高度，由于附属品列表没有设置分页功能，所以设置了自动显示滚动条的 scrollbars 属性。在 url 链接中使用 pageContext 获取服务的绝对地址，因为目前所在的域为"/commodities"，所以直接写"/accessory/list.action"会导致请求位于"/commodities"下而不是根域名下。然后后面跟一个货物的主键 id，用来加载该货物下的所有附属品信息。

添加了"附属品"链接的货物列表页面如图 18-18 所示。

图 18-18　附属品信息链接

附属品管理也应该是一个独立的模块，所以也要建立它的 Mapper、DAO、Service 及 Controller。由于 DAO 及 Service 的大部分代码与零售商和用户管理模块的代码是相似的，所以这里仅介绍 Mapper 配置及 Controller 层的处理。

小贴士：为附属品浮出框添加了"scrollbars=yes"参数，表示加载内容若超出原本设置的宽度和高度，将通过滚动的方式显示超出的内容。

18.3.2　创建 Mapper 映射文件

关于 Mapper 配置，除了配置一般的增、删、改、查方法外，还需要通过外键获取一些数据。所以附属品的 Mapper 核心配置如下：

```xml
<?xml version="1.0" encoding="UTF-8"?>
<!DOCTYPE mapper
PUBLIC "-//mybatis.org//DTD Mapper 3.0//EN"
"http://mybatis.org/dtd/mybatis-3-mapper.dtd">

<mapper namespace="com.fruitsalesplatform.mapper.AccessoryMapper">
    <!-- resultMap 映射 -->
    <resultMap type="com.fruitsalesplatform.entity.Accessory" id="AccessoryRM">
        <!-- 主键 -->
        <id property="accessoryId" column="accessoryid" jdbcType="VARCHAR" />
        <!-- 一般属性 -->
        <result property="fruitId" column="fruitid" jdbcType="VARCHAR" />
        <result property="name" column="name"/>
        <result property="price" column="price" jdbcType="DOUBLE"/>
        <result property="createTime" column="createtime"/>
    </resultMap>
    <!-- 查询 -->
```

```xml
<select id="find" parameterType="java.util.HashMap" resultMap="AccessoryRM">
    select * from accessory
    where 1=1
    <if test="fruitId != null">and fruitid = #{fruitId}</if>
</select>
<!-- 删除一条数据 -->
<delete id="deleteById" parameterType="string">
    delete from accessory
    where accessoryid=#{accessoryId}
</delete>
<!-- 删除多条数据(一维字符串数组的形式) -->
<delete id="delete" parameterType="string">
    delete from accessory
    where accessoryid in
    <foreach collection="array" item="accessoryId" open="(" close=")" separator=",">
        #{accessoryId}
    </foreach>
</delete>
<!-- 查询一个数据略 -->
<!-- 新增略 -->
<!-- 修改略 -->
</mapper>
```

在 find 查询配置中使用外键来查询一个货物下的所有附属品信息。这里没有其他搜索条件和分页数据，因为下面主要讲解附属品与货物之间的关联关系，所以在附属品模块中不再添加分页及搜索功能。

小贴士：在 delete 配置中删除多个 id 对应的数据，使用 foreach 来遍历传来的数组参数。

编写附属品管理模块的 JavaBean 实体类 Accessory，用于数据的封装与交互：

```java
package com.fruitsalesplatform.entity;
public class Accessory {
    private String accessoryId;
    private String fruitId;
    private String name;
    private double price;
    private String createTime;
    //get 与 set 方法省略
}
```

18.3.3 完善 Controller 类

DAO 层与 Service 层的编写这里不再赘述。在 Controller 层中主要编写了新增附属品的 add 方法、获取货物附属品列表的 list 方法、删除附属品的 delete 方法，以及批量删除附属品的 deleteList 方法：

```java
package com.fruitsalesplatform.controller;
import java.text.SimpleDateFormat;
import java.util.*;
import javax.annotation.Resource;
import org.springframework.stereotype.Controller;
import org.springframework.ui.Model;
import org.springframework.web.bind.annotation.RequestMapping;
import com.fruitsalesplatform.entity.Accessory;
import com.fruitsalesplatform.service.AccessoryService;
@Controller
public class AccessoryController extends BaseController{
    @Resource
    AccessoryService accessoryService;
    //跳转至列表页面
    @RequestMapping("/accessory/list.action")
    public String list(Model model,Accessory accessory){
        Map<String,Object> map = new HashMap<String,Object>();
        map.put("fruitId",accessory.getFruitId());
        List<Accessory> accessoryList = accessoryService.find(map);
        model.addAttribute("fruitId",accessory.getFruitId());
          model.addAttribute("list",accessoryList.size()<1?null:accessoryList);
        //计算附属品总价格并封装至model中
        model.addAttribute("sumPrice",SumPrice(accessoryList));
        return "/accessory/accessoryHome.jsp";//转向首页
    }
    private double SumPrice(List<Accessory> accessoryList){
        double sum = 0.0;
        for(Accessory accessory:accessoryList){
            sum+=accessory.getPrice();
        }
        return sum;
    }
    @RequestMapping("/accessory/add.action")
    public String add(Model model,Accessory accessory){
        accessory.setAccessoryId(UUID.randomUUID().toString());
          accessory.setFruitId(accessory.getFruitId());
        accessory.setCreateTime(
              new SimpleDateFormat("yyyy-MM-dd HH:mm:ss").format(new Date()));
        accessoryService.insert(accessory);
        //重新刷新列表
        return list(model,accessory);
    }
    //删除一个数据
    @RequestMapping("/accessory/delete.action")
    public String delete(Model model,Accessory accessory){
        accessoryService.deleteById(accessory.getAccessoryId());
```

```
        //重新刷新列表
        return list(model,accessory);
    }
    //批量删除
    @RequestMapping("/accessory/deleteList.action")
    public String deleteList(Model model,String [] arrays,Accessory accessory){
        accessoryService.delete(arrays);
        //重新刷新列表
        return list(model,accessory);
    }
}
```

小贴士：计算总价时，需要确定价格的小数位精度，使用 double 类型进行总和计算。

18.3.4 编写相关视图页面

下面来创建附属品列表页面。同样在"WebRoot/WEB-INF/pages"下创建一个名为"accessory"的文件夹，在下面创建一个名为"accessoryHome"的 jsp 文件。在该 jsp 文件中，需要展示货物的附属品列表，并且可以添加和删除。

首先编写列表代码，和之前的列表页面一样，采用"c:if"标签进行数组的空判断，显示列表或者空数据的提示。在 table 中进行列表的遍历，采用"c:forEach"标签遍历从后台带来的列表数据。与之前不同的是，列表的最前一列是复选框，用于选择需要删除的行。如果全选，只需要单击最上方标题栏的复选框即可。最后在列表的上方分别定义添加与删除附属品的按钮。相关代码如下：

```
<button onclick="showAddAccessory('true')"
    style="background-color:#173e65;color:#ffffff;width:70px;">添加</button>
<button onclick="deleteAccessory()"
    style="background-color:#173e65;color:#ffffff;width:70px;">删除</button>
<c:if test="${list!=null}">
    <table style="margin-top: 10px;width:400px;text-align:center;" border=1>
        <tr>
          <td><input type="checkbox" onclick="checkAll(this)"></td>
          <td>名称</td><td>价格</td>
          <td>创建日期</td>
        </tr>
        <c:forEach items="${list}" var="item" varStatus="status">
          <tr>
            <td><input type="checkbox" name="arrays" value="${item.accessoryId}"> </td>
            <td>${item.name }</td><td>${item.price}</td>
            <td>${item.createTime}</td>
          </tr>
        </c:forEach>
    </table>
```

```
</c:if>
<c:if test="${list==null}">
    <b>结果为空!</b>
</c:if>
```

可以看到,在标题栏的复选框中定义了名为"checkAll"的单击事件方法,而在添加和删除的按钮上也分别定义了名为"showAddAccessory"及"deleteAccessory"的单击事件方法。这些方法的定义如下:

```
<script type="text/javascript">
    function showAddAccessory(flag){
        if(flag=="true"){
            $(".addAccessoryMask").css("display","block");
        }else{
            $(".addAccessoryMask").css("display","none");
        }
    }

    function checkAll(obj){
      var isCheck=obj.checked;
      var checkList=document.getElementsByName("arrays");//获取所有check选项
      for(var i=0;i<checkList.length;i++){
          checkList[i].checked=isCheck;
      }
    }

    function deleteAccessory(){
        var myArray=new Array();
        var len=0;
        var fruitId=document.getElementById("aFruitId").value;
        var arrays=document.getElementsByName("arrays");//获取所有check选项
        for(var i=0;i<arrays.length;i++){
            if(arrays[i].checked){
                myArray[len++]=arrays[i].value;
            }
        }
        $.ajax({
            type:'post',
            url:'${pageContext.request.contextPath}/accessory/deleteList.action',
            data:{"arrays":myArray,"fruitId":fruitId},//数据为id数组
            traditional: true,
            success:function(data){//成功后刷新页面
                alert("删除成功!");
                location.reload();
            }
        });
```

```
    }
</script>
```

showAddAccessory 方法用来显示添加附属品的浮出框，并对 class 名为“addAccessoryMask”的浮出框的显示做了控制。checkAll 方法则起到了全选框的作用，即当用户单击标题栏的全选框时，会根据全选框的情况，将页面中所有 name 为“arrays”的选框的选中情况置为总选框的选中情况。deleteAccessory 方法则将选中的附属品列组装为数组，然后通过 Ajax 异步处理，将选中的附属品列删除并刷新页面。

小贴士：注意复选框的全选和单选效果。在全选时，注意全选数组的处理。

用于添加附属品的 class 名为“addAccessoryMask”的浮出框代码如下：

```
<div class="addAccessoryMask">
    <div class="c">
      <div style="background-color:#173e65;height:20px;color:#fff;
font-size:12px;padding-left:7px;">
          添加附属品信息
        <font style="float:right;padding-right: 10px;" onclick=
"showAddAccessory('false')">x</font>
      </div>
     <form id="addAccessoryForm" action="add.action" method="post"
        onsubmit="checkAddAccessory()">
         名称：<input type="text" id="addAccessoryName"
              name="name" style="width:120px"/> <br/>
         价格：<input type="text" id="addAccessoryPrice" name="price" style=
"width:120px"/>
          <input type="hidden" id="aFruitId" name="fruitId" value="${fruitId}"/>
             <input type="submit" value="添加"
               style="background-color:#173e65;color:#ffffff;width:70px;"/>
     </form>
  </div>
</div>
```

以上代码定义了一个 id 为“addAccessoryForm”的 form 表单，指向名为“add.action”的链接。表单中包含要提交添加的附属品信息，以及隐藏的附属品所属货物的外键 fruitId。弹出框外包裹的两个 div 的 CSS 样式和之前零售商列表的浮出框样式相同，这里不再赘述。

18.3.5　验证页面效果

为了验证页面效果，这里在数据库的 accessory 表中添加两条测试数据。该测试数据的外键是名为“黄桃”的货物的 id。测试数据如图 18-19 所示。

accessoryid	fruitid	▲ name	price	createtime
4587egaskh-9j65-87s4-9245-9347ajasd	88e6ec6c-6d17-43a7-8782-38904ajskdh	包装袋	0.1	2017-09-13
4758zhuyrg-214t-4d6e-1754-1342ujify	88e6ec6c-6d17-43a7-8782-38904ajskdh	纸板盒	0.3	2017-09-13

图 18-19　附属品测试数据

在"黄桃"货物下添加名为"包装袋"及"纸板盒"的附属品信息。重启应用，访问货物管理页面，单击名为"黄桃"的货物的"附属品"选项，则会弹出相应的弹窗页面，显示该货物下的附属品信息，如图 18-20 所示。

图 18-20　附属品页面

在附属品页面单击"添加"按钮，添加一个新的附属品信息，如图 18-21 所示。

单击"添加"按钮后，信息被添加至数据库中。当再次回到页面时，就可以看到相应的新附属品信息了。这时勾选新附属品前的复选框，然后单击"删除"按钮，就可以删除复选框被选中列对应的附属品信息，如图 18-22 所示。

图 18-21　添加新附属品 　　　　　　　　图 18-22　删除附属品

删除成功后，便会弹出"删除成功"的提示框，并且重新刷新页面再加载删除该信息后的列表。

小贴士：这里添加和删除的附属品都是与相应商品相关联的，这些操作对其他商品的附属品没有任何影响。

18.3.6　批量删除实现

我们应该清楚，当删除货物的时候，如果不及时删除附属品，就会产生脏数据，所以需要添加删除该货物下所有附属品的逻辑。

如果使用遍历某货物 id 下的商品的方法，然后一个一个地执行删除操作十分耗费时间，这可以交给数据库去处理。由于之前没有在附属品的 Mapper 中添加按照货物 id 删除附属品的 SQL 配置，所以要编写 Mapper 映射及相关 DAO 与 Service 方法。

在 AccessoryMapper.xml 中进行相关 Mapper 配置的编写：

```xml
<!-- 删除货物下附属品 -->
<delete id="deleteByFruitId" parameterType="string">
    delete from accessory
    where fruitid=#{FruitId}
</delete>
```

然后在 DAO 层定义接口及实现，DAO 实现如下：

```java
public int deleteByFruitId(String fruitId) {
    return  this.getSqlSession().delete(this.getNs()  +  ".deleteByFruitId", fruitId);
}
```

然后在 Service 中添加相关方法及实现，Service 实现如下：

```java
public int deleteByFruitId(String fruitId) {
    return accessoryDao.deleteByFruitId(fruitId);
}
```

注意，删除之后会返回一个 int 类型的数据，即删除成功的数量。

最重要的是，要在原来货物的相应层 CommoditiesController 中注入附属品的 Service，然后在删除货物的方法中添加删除关联附属品的逻辑。注入代码和其他 Service 中的相同，如下：

```java
@Resource
AccessoryService accessoryService;
//创建该类的日志对象
Log log = LogFactory.getLog(this.getClass());
```

因为需要打印一个删除数量的日志，所以创建了 Controller 的日志对象。

然后在货物删除方法 delete 中添加删除附属品的逻辑：

```java
@RequestMapping("/commodities/delete.action")
public String delete(Model model,Commodities commodities){
    commoditiesService.deleteById(commodities.getFruitId());
    //删除货物下对应的所有附属品
    int result=accessoryService.deleteByFruitId(commodities.getFruitId());
    log.info( "delete fruitId="+commodities.getFruitId()+"'s accessorys number: "+result);
    //构建新的列表查询条件，只需要分页数据即可
    Commodities queryCommodities = new Commodities();
    queryCommodities.setStartPage(commodities.getStartPage());
    queryCommodities.setCurrentPage(commodities.getCurrentPage());
    queryCommodities.setPageSize(commodities.getPageSize());
    return list(model,queryCommodities,0.0,0.0,null,null);
}
```

下面测试关联删除功能。首先添加一个新的货物信息，然后在货物信息下添加三个附属品，

如图 18-23 所示。

图 18-23　添加测试货物及附属品

然后单击删除该货物，此时会执行 CommoditiesController 中的 delete 方法。这里观察编译器的控制台，可以看到成功删除货物关联的附属品数量信息，如图 18-24 所示。

图 18-24　删除附属品数量

可以看到删除的该商品的附属品数量为 3 个，跟之前为该商品添加的附属品数量一致，这证明关联删除方法的逻辑是正确的。

小贴士：关联删除可以防止数据库出现没有意义的冗余数据。

第 19 章　购销合同管理模块

前面已经编写了零售商管理模块、货物及附属品管理模块。这一章我们编写最重要的、也是最复杂的模块，即"购销合同管理"模块。该模块将把之前的零售商、货物及附属品管理模块关联起来，并且会计算合同的最终报价。

本章涉及的知识点有：

- 购销合同管理模块
- 关联零售商信息
- 关联货物信息

提示：本章着重整体流程的开发，具体技术细节之前章节讲解过，这里不再赘述。

19.1 购销合同管理模块

购销合同管理模块除了处理自己的业务信息外，还要与零售商、货物及附属品关联。在编写时，可以先编写单独的购销合同业务逻辑，然后在此基础上编写关联关系。

19.1.1 购销合同 Mapper 实现

下面编写没有与货物及零售商关联的核心逻辑。首先是购销合同的 Mapper 配置，在 mapper 包下创建一个名为 "ContractMapper.xml" 的配置文件，并在其中编写相关 SQL 配置。

然后是获取购销合同列表的逻辑。因为在列表中只需要显示购销合同的合同号及类型、零售商信息，以及创建日期信息，所以应这样编写列表 SQL 配置：

```xml
<!-- resultMap 映射 -->
<resultMap type="com.fruitsalesplatform.entity.ContractVo" id="ContractVoRM">
    <!-- 主键 -->
    <id property="contractId" column="contractid" jdbcType="VARCHAR" />
    <!-- 一般属性 -->
    <result property="barCode" column="barcode" jdbcType="VARCHAR" />
```

```xml
        <result property="type" column="type" jdbcType="INTEGER" />
        <result property="retailerName" column="retailer_name" jdbcType="VARCHAR"/>
        <result property="createTime" column="createtime"/>
</resultMap>
<!-- SQL 片段 -->
<sql id="query_contract_where">
    <if test="barCode != null">and t.barcode = #{barCode}</if>
    <if test="type!= null"> and t.type like #{type}</if>
    <if test="startTime != null">
        <![CDATA[ and t.createtime >= to_date(#{startTime},'yyyy-MM-dd HH:mm:ss')]]></if>
    <if test="endTime != null">
        <![CDATA[ and t.createtime <= to_date(#{endTime},'yyyy-MM-dd HH:mm:ss')]]>
</if>
</sql>
<!-- 查询 -->
<select id="findContractList" parameterType="java.util.HashMap" resultMap="ContractVoRM">
    select t.contractid,t.barcode,t.createtime,t.type,
    r.name as retailer_name
    from contract t left join retailer r
    on t.retailerid = r.retailerid
    where 1=1
    <include refid="query_contract_where"></include><!-- sql 片段引入 -->
    <if test="retailerName!= null"> and r.name like #{retailerName}</if>
    <if test="startPage != null and pageSize != null">LIMIT #{startPage},#{pageSize}</if><!--分页-->
</select>
<!-- 统计数量 -->
<select id="count" parameterType="java.util.HashMap" resultType="java.lang.Integer">
    select COUNT(*) from contract t
    where 1=1
    <include refid="query_contract_where"></include><!-- sql 片段引入 -->
</select>
```

在该配置中，前面的 resultMap 中的映射对象是一个查询结果包装类，而不是购销合同的 JavaBean 包装类，仅仅是一个为了展示列表的关键信息的封装类，该封装类中仅有列表需要展示的购销合同的合同号"barcode"、合同类型"type"、零售商姓名"retailerName"及创建日期 createtime 等信息，其中的 id 是在列表中单击某行进入详情页面时服务使用的。下面 id 为"find"的配置用来设置列表信息的加载 SQL，其中加载了两张表的信息，一个是购销合同表 contract，一个是零售商信息表 retailer。两张表通过"left join"左连接进行关联，关联关系为两表的共有字段"retailerid"。然后根据不同的别名分别获取购销合同信息及关联的零售商姓名。最后还有一个名为"count"的 SQL 配置，该配置在分页统计数据时使用。

小贴士：由于购销合同模块需要加载零售商信息，所以其查询配置需要连接零售商表。

然后在 entity 包下创建 ContractVo 对应的类：

```java
package com.fruitsalesplatform.entity;
public class ContractVo extends PageEntity{
    private String contractId;
    private String barCode;
    private String retailerName;
    private int type;
    private String createTime;
    //get 与 set 方法略
}
```

接下来编写获取单个购销合同详细信息的 SQL 配置。该配置非常重要，除了关联购销合同本身的 contract 表之外，还要关联零售商表 retailer、货物表 commodities、附属品表 accessory 及购销合同与货物的中间表 middle_tab。获取购销合同详细信息的 SQL 配置如下：

```xml
<!-- 查询一个数据 -->
<select id="get" parameterType="string" resultMap="ContractRM">
    SELECT t.contractid,t.barcode,t.createtime,t.type,
    r.retailerid,r.name AS retailer_name,r.telephone,r.address,
    mdl.fruitid,mdl.fruit_name,mdl.price,mdl.locality,mdl.number,
    mdl.accessory_name,mdl.accessory_price
    FROM (
        SELECT c.fruitid,c.name AS fruit_name,c.price,c.locality,m.number,
        a.name AS accessory_name, a.price AS accessory_price
        FROM middle_tab m LEFT JOIN commodities c
        ON m.fruitid = c.fruitid
        LEFT JOIN accessory a ON a.fruitid = m.fruitid
        WHERE  m.contractid = #{contractId}
    ) mdl,contract t LEFT JOIN retailer r
    ON t.retailerid = r.retailerid
    WHERE t.contractid = #{contractId}
</select>
```

在该 SQL 配置中，查询条件为合同主键 contractid。首先从合同表 contract 中取出符合 contractid 的合同信息，包括合同主键 contractid、合同编号 barcode、合同类型 type 及合同创建时间 createtime；然后使用左连接"left join"以零售商主键 retailerid 关联零售商表 retailer，并取出零售商主键 retailerid、姓名 name（别名 retailer_name）、电话 telephone 及地址 address 信息；紧接着取出合同下的货物信息，这里编写了一个子查询，主要从货物表 commodities、附属品表 accessory、货物与附属品的中间表 middle_tab 中，取出符合主键 contractid 条件的合同下的所有货物信息及货物下的附属品信息。其中的中间表 middle_tab 使用左连接"left join"以货物主键 fruitid 关联货物表 commodities 和附属品表 accessory 获取货物及附属品信息。

小贴士：单个购销合同的详细信息中包含零售商信息及水果货物列表，所以在单个查询配置中需要对购销合同表与零售商表及水果货物表联合查询。

上面的 SQL 配置返回的 resultMap 配置如下：

```xml
<resultMap type="com.fruitsalesplatform.entity.Contract" id="ContractRM">
    <!-- 主键 -->
    <id property="contractId" column="contractid" jdbcType="VARCHAR" />
    <!-- 一般属性 -->
    <result property="barCode" column="barcode" jdbcType="VARCHAR" />
    <result property="type" column="type" jdbcType="INTEGER" />
    <result property="createTime" column="createtime"/>
    <!-- 零售商信息，一个合同对应一个零售商信息 -->
    <association property="retailer" javaType="com.fruitsalesplatform.entity.Retailer">
        <id property="retailerId" column="retailerid" jdbcType="VARCHAR" />
        <result property="name" column="retailer_name"/>
        <result property="telephone" column="telephone"/>
        <result property="address" column="address"/>
    </association>
    <!--货物信息，一个合同对应多个货物-->
    <collection property="commoditiesList" ofType="com.fruitsalesplatform.entity.CommoditiesVo">
        <id property="fruitId" column="fruitid" jdbcType="VARCHAR" />
        <result property="name" column="fruit_name"/>
        <result property="price" column="price" jdbcType="DOUBLE"/>
        <result property="locality" column="locality"/>
        <result property="number" column="number"/>
        <collection property="accessoryList" ofType="com.fruitsalesplatform.entity.Accessory">
            <result property="name" column="accessory_name"/>
            <result property="price" column="accessory_price" jdbcType="DOUBLE"/>
        </collection>
    </collection>
</resultMap>
```

该 resultMap 中除了包含有主键 id 和一般的 result 属性外，还有一个名为"retailer"的 association 配置，代表零售商的 JavaBean 封装对象；一个名为"commoditiesList"的 collection 配置，代表多个货物的结果集合；货物结果集合下又包含名为"accessoryList"的 collection 配置，代表单个货物下的多个附属品的结果集合。

不要忘记，需要在 entity 包下定义 SQL 配置中出现的"javaType"及"ofType"中的 JavaBean 封装类。首先是购销合同本身的封装类 Contract：

```java
package com.fruitsalesplatform.entity;
import java.util.List;
public class Contract {
```

```
    private String contractId;
    private String barCode;
    private int type;
    private String createTime;
    private Retailer retailer;
    private List<CommoditiesVo> commoditiesList;
    //get 与 set 方法省略
}
```

在 Bean 中封装了合同的基本信息，以及零售商信息封装类 Retailer 和一个 List 类型的货物集合 commoditiesList。在 List 集合中的泛型被定义为货物查询结果类 CommoditiesVo，该类定义如下：

```
package com.fruitsalesplatform.entity;
import java.util.List;
public class CommoditiesVo {
    private String fruitId;
    private String name;
    private double price;
    private String locality;
    private String number;//该货物数量
    private List<Accessory> accessoryList;
    //get 与 set 方法省略
}
```

在 CommoditiesVo 中除了货物的基本信息外，还有货物的数量及货物下的附属品的 List 集合信息。

编写完合同列表查询及单个合同详情查询相关的 SQL 配置后，下面编写新建合同的插入 SQL 配置。有关购销合同的插入配置如下：

```
<!-- 新增购销合同 -->
<insert id="insert" parameterType="com.fruitsalesplatform.entity.Contract">
    insert into contract
    (CONTRACTID,RETAILERID,BARCODE,TYPE,CREATETIME)
    values
    (   #{contractId,jdbcType=VARCHAR},
        #{retailer.retailerId,jdbcType=VARCHAR},
        #{barCode,jdbcType=VARCHAR},
        #{type,jdbcType=INTEGER},
        #{createTime,jdbcType=VARCHAR}
    )
</insert>
<!-- 中间表插入 -->
<insert id="insertMiddleTab" parameterType="com.fruitsalesplatform.entity.MiddleTab">
    insert into middle_tab
```

```
    (MIDDLEID,CONTRACTID,FRUITID,NUMBER)
    values
    (    #{middleId,jdbcType=VARCHAR},
      #{contractId,jdbcType=VARCHAR},
      #{fruitId,jdbcType=VARCHAR},
      #{number,jdbcType=INTEGER}
    )
</insert>
```

id 为"insert"的插入配置实现合同的基本信息的插入,而下面的 id 为"insertMiddleTab"的插入配置实现合同下的货物信息的关联,插入的是合同 id 和对应的货物 id 及货物的数量 number。其中,中间表的信息封装类 MiddleTab 的定义如下:

```
package com.fruitsalesplatform.entity;
public class MiddleTab {
    private String middleId;
    private String contractId;
    private String fruitId;
    private int number;
    //get 与 set 方法省略
}
```

小贴士:在插入新建购销合同信息时,通过插入零售商 id 作为外键来关联零售商信息,而对于水果货物,则通过记录中间表来关联两者 id 信息。

定义完了插入配置后,下面定义修改配置。修改合同主要针对合同的基本信息、关联的零售商,以及合同下的货物做修改。关于合同的基本信息的修改 SQL 配置如下:

```
<update id="update" parameterType="com.fruitsalesplatform.entity.Contract">
    update contract
    <set>
      <if test="retailerId != null">retailerid=#{retailerId},</if>
      <if test="type != null">type=#{type}</if>
    </set>
    WHERE contractid = #{contractId}
</update>
```

这里要注意的是,在合同的基本信息中,只能修改合同附属的零售商和合同类型,合同编号 barcode 自生成后就不能再被修改。

对于合同下的货物的修改,这里不再修改中间表,而是将所有关联关系删除后,重新插入新的关联关系。所以这里要配置的是删除操作,顺带将合同的删除操作一并配置,配置如下:

```
<!-- 删除合同下所有货物信息 -->
<delete id="deleteMiddleTab" parameterType="string">
    delete from middle_tab
    where contractid=#{contractId}
```

```xml
</delete>
<!-- 删除合同 -->
<delete id="deleteById" parameterType="string">
    delete from contract
    where contractid=#{contractId}
</delete>
```

由于购销合同的编号是后台自动生成的，规则是"年月日"加从 0 开始的递增数据，所以这里要从数据库中取出最大的编号，然后截取出递增数据，再累加之后即为新的合同编号。下面是从 contract 表获取最大合同编号的 SQL 配置：

```xml
<!-- 获取最大合同编号 -->
<select id="getMaxBarCode" resultType="java.lang.String">
    select MAX(barcode) from contract
</select>
```

小贴士：当用户量比较大时，同时获取最大合同编号时会出现并发情况，这时需要对并发情况进行处理，避免两个用户生成相同的合同编号。

19.1.2 编写 DAO 层处理逻辑

将购销合同的所有 SQL 配置好后，下面定义合同相关的 DAO 接口及实现。首先定义 DAO 接口，在 dao 包下创建名为"ContractDao"的 interface 接口：

```java
package com.fruitsalesplatform.dao;
import java.util.List;
import java.util.Map;
import com.fruitsalesplatform.entity.Contract;
import com.fruitsalesplatform.entity.ContractVo;
import com.fruitsalesplatform.entity.MiddleTab;
public interface ContractDao extends BaseDao<Contract>{
    //这里可以直接使用继承的 BaseDao 的增、删、改、查方法
    //添加新的方法定义
    public int count(Map map);//根据条件统计结果集数量
    public List<ContractVo> findContractList(Map map);//根据条件查询多个结果
    public void insertMiddleTab(MiddleTab middelTab);//插入合同与货物关联信息
    public int deleteMiddleTab(Serializable contractId);//删除合同下所有货物信息
    public String getMaxBarCode();//获取最大合同编号
}
```

然后定义 ContractDao 接口的实现类 ContractDaoImpl。由于实现类和之前一样继承了基础 DAO 的实现类 BaseDaoImpl，所以这里 ContractDaoImpl 类只需要实现上面自定义的 5 个方法：

```java
package com.fruitsalesplatform.dao.impl;
import java.io.Serializable;
```

```java
import java.util.*;
import com.fruitsalesplatform.dao.ContractDao;
import com.fruitsalesplatform.entity.*;
@Repository //为了包扫描的时候这个Dao被扫描到
public class ContractDaoImpl extends BaseDaoImpl<Contract> implements ContractDao{
    public ContractDaoImpl(){
        //设置命名空间
        super.setNs("com.fruitsalesplatform.mapper.ContractMapper");
    }
    public int count(Map map) {
        return this.getSqlSession().selectOne(this.getNs() + ".count", map);
    }
    public List<ContractVo> findContractList(Map map) {
        return this.getSqlSession().selectList(this.getNs() + ".findContractList", map);
    }
    public void insertMiddleTab(MiddleTab middelTab) {
        this.getSqlSession().insert(this.getNs() + ".insertMiddleTab", middelTab);
    }
    public int deleteMiddleTab(Serializable contractId) {
        return this.getSqlSession().delete(this.getNs() + ".deleteMiddleTab", contractId);
    }
    public String getMaxBarCode() {
        return this.getSqlSession().selectOne(this.getNs() + ".getMaxBarCode");
    }
}
```

这里单独定义了合同列表的获取方法 findContractList、插入和删除中间关系的方法 insertMiddleTab 和 deleteMiddleTab，以及获取最大合同编号的 getMaxBarCode 方法。

小贴士：DAO 实现类中的每一个 sqlSession 会话对象的操作方法中都要在 SQL 配置名前带上命名空间。

19.1.3　编写 Service 层处理逻辑

定义完 DAO 层后，就是 Service 层的编写。和之前的模块一样，在 Service 接口中定义常用方法，而实现类对常用方法进行实现。在 service 包下创建合同的 Service 接口 ContractService 类：

```java
package com.fruitsalesplatform.service;
import java.io.Serializable;
import java.util.*;
import com.fruitsalesplatform.entity.*;
public interface ContractService {
```

```java
public Contract get(Serializable id);//查询合同详情
public List<ContractVo> findContractList(Map map);//查询合同列表
public void insert(Contract contract);//插入合同信息
public void insertMiddleTab(MiddleTab middelTab);//插入合同与货物关联信息
public void update(Contract contract);//修改合同信息
public void deleteById(Serializable contractId);//删除合同信息
public void deleteMiddleTab(Serializable contractId);//删除合同下关联货物信息
public int count(Map map);//根据条件统计结果集数量
public String getMaxBarCode();//获取数据库中最大编号
}
```

然后创建实现类 ContractServiceImpl 实现上面定义的方法：

```java
package com.fruitsalesplatform.service.impl;
import java.io.Serializable;
import java.util.*;
import org.springframework.beans.factory.annotation.Autowired;
import org.springframework.stereotype.Service;
import com.fruitsalesplatform.dao.ContractDao;
import com.fruitsalesplatform.entity.*;
import com.fruitsalesplatform.service.ContractService;
@Service   //为了包扫描的时候这个 Service 被扫描到
public class ContractServiceImpl implements ContractService{
   @Autowired
   ContractDao contractDao;
    public Contract get(Serializable id) { return contractDao.get(id); }
    public List<ContractVo> findContractList(Map map) {
        return contractDao.findContractList(map);
    }
    public void insert(Contract contract) { contractDao.insert(contract); }
    public void insertMiddleTab(MiddleTab middelTab) {
        contractDao.insertMiddleTab(middelTab);
    }
    public void update(Contract contract) { contractDao.update(contract); }
    public void deleteById(Serializable contractId) { contractDao.deleteById(contractId); }
    public void deleteMiddleTab(Serializable contractId) {
        contractDao.deleteMiddleTab(contractId);
    }
    public int count(Map map) { return contractDao.count(map); }
    public String getMaxBarCode() { return contractDao.getMaxBarCode(); }
}
```

小贴士：注意引入 DAO 的@Autowired 注解及 Service 实现类的暴露注解@Service。

19.1.4 编写 Controller 基础类

定义了 Service 层之后，接下来编写请求处理的 Controller 层。在 Controller 层要处理的请求有很多，这里首先创建一个空的 ContractController 类，在其中添加一个获取合同列表的映射方法：

```java
package com.fruitsalesplatform.controller;
import javax.annotation.Resource;
import org.springframework.stereotype.Controller;
import org.springframework.ui.Model;
import org.springframework.web.bind.annotation.RequestMapping;
import com.fruitsalesplatform.entity.ContractVo;
import com.fruitsalesplatform.service.ContractService;
@Controller
public class ContractController extends BaseController{
    @Resource
    ContractService contractService;
    //跳转至列表页面
    @RequestMapping("/contract/list.action")
    public String list(Model model,ContractVo contractVo){
        return "/contract/contractHome.jsp";//转向首页
    }
}
```

后面 Controller 方法的编写，要根据购销合同模块的功能来编写。所以这里不着急编写 Controller 的其他映射方法，先来完善购销合同模块的前端页面。在"WebRoot/WEB-INF/pages"下创建一个 contract 文件夹，并在该文件夹中创建名为"contractHome.jsp"的合同主页面。页面中的逻辑比较多，下面分功能逐一讲解。

页面的基础代码和之前的零售商、货物模块页面类似，保留创建 JSP 页面时的主框架代码：

```jsp
<%@ page language="java" import="java.util.*" pageEncoding="utf-8"%>
<%@ taglib uri="http://java.sun.com/jsp/jstl/core" prefix="c" %>
<!DOCTYPE HTML PUBLIC "-//W3C//DTD HTML 4.01 Transitional//EN">
<html >
  <head>
    <title>购销合同管理</title>
    <style>*{margin:0; padding:0;} #menuContent a{text-decoration:none; color:#ffffff}</style>
    <script type="text/javascript" src="${pageContext.request.contextPath }/js/jquery-1.4.4.min.js"></script>
    <script type="text/javascript"></script>
  </head>
  <body>
      <%@ include file="../menu.jsp" %><br/>
```

```
</body>
</html>
```

在主框架代码的基础上，使用 taglib 引入 C 标签，然后预留 style 标签来编写内部 CSS 样式，使用 script 标签引入 jQuery 脚本库，并且预留 js 代码的编写区域。在 body 中引入导航栏页面 "menu.jsp" 来显示导航栏信息。

小贴士：将导航栏代码抽象成公用部分，不仅可以规范每个页面的导航栏样式，而且还避免了代码冗余。

19.1.5　编写相关视图页面

做好了上述准备后，我们开始编写展示合同列表的代码。该代码按照搜索条件（刚加载页面搜索条件是空白）分页查询出一组数据，然后放在 JSP 页面上。具体写法与零售商和货物列表相似，使用 "c:forEach" 标签遍历后台传送的集合数据，并以 table 表格的形式展示在页面上：

```
<c:if test="${list!=null}">
    <table style="margin-top: 10px;width:700px;text-align:center;" border=1>
        <tr>
            <td>序号</td><td>合同编号</td><td>零售商</td>
            <td>类型</td><td>创建日期</td><td>操作</td>
        </tr>
        <c:forEach items="${list}" var="item" varStatus="status">
        <tr>
            <td>${status.index+1}</td><td><a href="#">${item.barCode }</a></td>
            <td>${item.retailerName}</td>
            <td>
                <c:if test="${item.type==1}"><font color="blue">省外</font></c:if>
                <c:if test="${item.type==0}"><font color="green">省内</font></c:if>
            </td>
            <td>${item.createTime}</td>
            <td>
                <a onclick="editContract('${item.contractId}')">编辑</a>|
                <a onclick="deleteContract('${item.contractId}','${item.barCode }')">删除</a>
                <form id="deleteForm" action="delete.action" method="post">
                    <input type="hidden" name="contractId" id="dContractId"/>
                    <input type="hidden" name="startPage" id="dStartPage"/>
                    <input type="hidden" name="currentPage" id="dCurrentPage"/>
                    <input type="hidden" name="pageSize" id="dPageSize"/>
                </form>
            </td>
        </tr>
        </c:forEach>
    </table>
```

```
</c:if>
<c:if test="${list==null}"> <b>搜索结果为空!</b> </c:if>
```

列表的底部则是分页信息和超链接:

```
<div style="margin-top: 10px;">
    <a onclick="toPrePage()">上一页</a><a onclick="toNextPage()">下一页</a>
    <input type="text" id="pageNumber" style="width:50px">
    <button onclick="toLocationPage()">go</button><div id="pageInfo"></div>
</div>
```

分页的 js 方法 "toPrePage"、"toNextPage" 和 "toLocationPage" 与之前模块的方法相同,这里不再赘述。

小贴士:注意相关分页 js 的引入,可以将分页 js 封装为一个公用 js 文件,在需要使用的 JSP 页面中引入。

列表的上方应该是搜索条件。关于合同的搜索条件分别有"合同号"、"零售商"、"类型"及创建时间区间,代码如下:

```
<form id="listForm" action="list.action" method="post">
    合同号:<input type="text" name="barCode" style="width:120px"/>
    零售商:<input type="text" name="retailerName" style="width:120px"/>
    类型:<select id="indexType" onchange="changeType()">
        <option value="-1" selected="selected">全部</option>
        <option value="1">省外</option>
        <option value="0">省内</option>
    </select>
    <input type="hidden" name="type" id="type" value="-1"><br/><br/>
    创建日期:<input type="datetime-local" name="startTime" value="${startTime}"/>
          - <input type="datetime-local" name="endTime" value="${endTime}"/>
<input type="submit" value="搜索"
style="background-color:#173e65;color:#ffffff;width:70px;"/> <br/>
    <!-- 显示错误信息 -->
    <c:if test="${errorMsg}">
        <font color="red">${errorMsg}</font><br/>
    </c:if>
    <input type="hidden" name="startPage" id="startPage" value="${startPage}"/>
    <input type="hidden" name="currentPage" id="currentPage" value="${currentPage}"/>
    <input type="hidden" name="pageSize" id="pageSize" value="${pageSize}"/>
    <input type="hidden" name="sumPageNumber" id="sumPageNumber" value="${sumPageNumber}"/>
    <input type="hidden" name="countNumber" id="countNumber" value="${countNumber}"/>
</form>
<hr style="margin-top: 10px;"/>
```

```
<button onclick="" style="background-color:#173e65;color:#ffffff;width:70px;">
添加</button>
```

搜索条件被包裹在 id 为 "listForm" 的 form 表单中，单击其中的 "搜索" 按钮就会触发 form 表单提交执行名为 "list.action" 的搜索服务。最下方放置一个 "添加" 按钮，用来添加新的购销合同信息（这里 onclick 事件暂时为空）。

至此，基础页面基本已经搭建完毕。在导航栏页面 "menu.jsp" 添加购销合同模块的链接：

```
<a href="${pageContext.request.contextPath}/contract/list.action?type=-1">购
销合同</a>
```

上面的链接指向的服务就是之前在 ContractController 中编写的 "/contract/list.action"。

重启服务，在首页导航栏上单击 "购销合同" 链接，将会看到购销合同模块的基础页面，如图 19-1 所示。

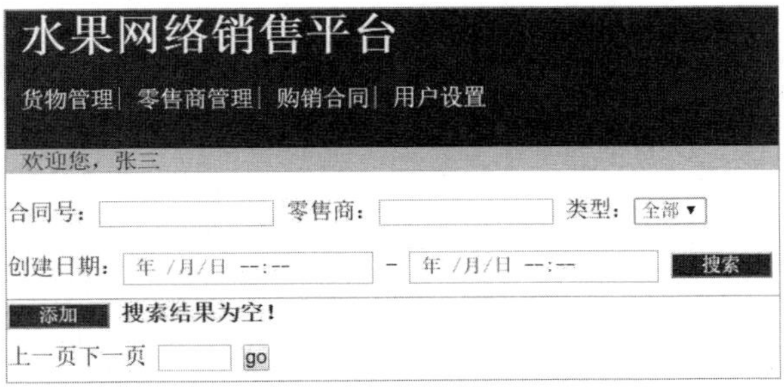

图 19-1 购销合同初始页面

小贴士：注意公用代码块的引用。

19.2 关联零售商

编写完了购销合同的 Mapper、DAO 以及 Service 配置，和基础的模块页面外，下面就要开始编写关联相关数据的逻辑了。

19.2.1 编写添加逻辑

首先编写页面上的 "添加" 按钮的方法，这里为 "添加" 按钮的 onclick 单击事件添加一个名为 "addContract" 的 js 函数：

```
<button onclick="addContract()"
    style="background-color:#173e65;color:#ffffff;width:70px;">添加</button>
```

在 "script" 区域添加名为 "addContract" 的 js 函数定义，具体逻辑如下所示：

```
function addContract() {
    var url="${pageContext.request.contextPath}/contract/toAddPage.action";
```

```
        window.open (url,"创建合同","height=700,width=700,scrollbars=yes");
}
```

这个 js 方法与之前货物的附属品管理模块的 js 方法一样，以弹窗的形式显示，访问的服务为 "contract/toAddPage.action"。下面在 ContractController 类中创建该映射服务：

```
@RequestMapping("/contract/toAddPage.action")
public String toAddPage(){
    return "/contract/addContract.jsp";//转向添加页面
}
```

可以看到，该方法响应了前端请求并跳转至购销合同的添加页面。下面就在原来的 "contractHome.jsp" 所在文件夹 "contract" 下创建一个名为 "addContract.jsp" 的页面，具体页面基础代码如下：

```jsp
<%@ page language="java" import="java.util.*" pageEncoding="utf-8"%>
<%@ taglib uri="http://java.sun.com/jsp/jstl/core" prefix="c" %>
<!DOCTYPE HTML PUBLIC "-//W3C//DTD HTML 4.01 Transitional//EN">
<html >
  <head>
    <title>新建购销合同</title>
    <style>
        *{margin:0; padding:0;}
        .btn{background-color:#173e65;color:#ffffff;width:70px;}
        .btn-div{text-align: center;}
        .info{border: 1px solid #CCC;}
    </style>
    <script type="text/javascript"
        src="${pageContext.request.contextPath }/js/jquery-1.4.4.min.js">
</script>
    <script type="text/javascript">
        function checkAddContract(){ }
        function changeType(){
            var type = $("#indexType").val();
            $("#type").val(type);
        }
        function addRetailer(){ }
        function addFruits(){ }
    </script>
  </head>
  <body>
    <form id="addContractForm" action="add.action"
            method="post" onsubmit="checkAddContract()">
        合同编码：<input type="text" name="barcode" style="width:120px;"
                value="系统自动生成" readonly="readonly"/> <br/>
        类型：<select id="indexType" onchange="changeType()">
        <option value="1">省外</option>
        <option value="0">省内</option>
```

```
        </select>
        <input type="hidden" name="type" id="type" value="0"/><br/>
        <div class="info">
            零售商信息:
            <button class="btn btn-div" onclick="addRetailer()" style=
"float:right">关联</button><br/>
        </div>
        <div class="info">
            货物信息:
            <button class="btn btn-div" onclick="addFruits()" style=
"float:right">添加</button><br/>
        </div>
        <input type="submit" value="提交" class="btn"/>
    </form>
  </body>
</html>
```

在页面中引入标签库，定义基础的 CSS 样式，引入 jQuery 脚本，定义一些基本的 js 方法（在下面的具体编写中完善）。编写基本的 form 表单，请求的服务 action 为 "add.acton"，提交类型 method 为 "post"，提交前的 onsubmit 检测 js 方法为 "checkAddContract"。在 form 表单中包括了购销合同的基本信息、关联的零售商信息及合同下的货物信息。目前基本页面中关于购销合同的基本数据为合同编号及类型，而合同编号后期在后台自动生成，这里仅提示用户不可编辑。下面的零售商信息与货物信息使用一个灰色边框包裹，指明为独立模块，右侧各有两个按钮，分别对两个模块信息进行关联或执行添加操作。

页面的具体效果如图 19-2 所示。

图 19-2　新建购销合同初始页面

本节主要完成合同与零售商的关联。首先为零售商信息区域的"关联"按钮的单击事件添加逻辑。需要在本页面弹出一个浮出框，浮出框是用户的选择页面，并附带检索功能。

小贴士：单击"添加"按钮后弹出的是一个新的页面，与之前的浮出框不同，弹出页面的代码与主页面代码位于不同的 JSP 页面。

19.2.2　实现零售商关联浮出框

实现该浮出框，需要在页面上添加浮出框 div 及其中的内容，样式参考之前其他模块的浮出框的样式。添加的具体代码为：

```
<div class="retailerMask">
   <div class="c">
      <div style="background-color:#173e65;height:20px;color:#fff;font-size:12px;padding-left:7px;">
         零 售 商 信 息 <font style="float:right;padding-right:10px;" onclick="cancelEdit()">x</font>
      </div>
      <input id="retailerName" width="width:20%"/>
      <button class="btn" onclick="SearchRetailer()">查询</button>
      <div id="retailerList"
         style="border:5px solid #CCC;overflow-y:scroll;margin:10px;">
         <!-- 该区域放置查询到的用户信息 -->
      </div>
   </div>
</div>
```

该 div 显示样式如图 19-3 所示。

图 19-3　添加零售商页面结构

该 div 样式默认是不可见的（display 属性为 none），当单击零售商信息区域的"关联"按钮时，相关 div 显示，并异步加载零售商列表信息。实现 js 的逻辑如下：

```
function addRetailer(){
   $("#retailerList").html("");//将原来信息清空
   var message="";
   $.ajax({
     type:'post',
     url:'${pageContext.request.contextPath}/contract/getAllRetailer.action',
     contentType:'application/json;charset=utf-8',
     data:message,//数据格式是 JSON 串
     success:function(data){//返回 JSON 结果
        for(var i=0;i<data.length;i++){
           var oldHtml = $("#retailerList").html();
```

```
            var info="<p onclick=\"selectRetailer('"
              +data[i].retailerId+"','"+data[i].name+"','"+data[i].
telephone+"','"+data[i].address+"')\">"
              +data[i].name+"</p>";
            $("#retailerList").html(oldHtml+info);
        }
        $(".retailerMask").css("display","block");
    },
    error:function(data){  alert("通信异常！");   }
});
}
```

在 js 方法中，使用 Ajax 异步获取用户列表信息，然后在 success 方法中获取以 JSON 格式封装的 data 对象，使用 for 循环遍历 data，将取出的用户信息拼接成字符串。这里的字符串就是用 p 标签包裹的用户名称，而 p 标签中有一个单击事件以及相应方法的定义，零售商 HTML 信息拼接完成之后，最终的显示效果如图 19-4 所示。

```
<div id="retailerList" style="border:5px solid #CCC;height:220px;overflow-y:scroll;margin:10px;">
  <p onclick="selectRetailer('351ab130-07c4-4a82-b713-8f71328111bc','刘成成','13566666666','上海市黄浦区')">刘成成</p>
  <p onclick="selectRetailer('45j8r40p-4fu7-87t4-8723-sdfjh789x907','石恩华','13777777778','上海市普陀区')">石恩华</p>
  <p onclick="selectRetailer('88e6ec6c-6d17-43a7-8782-d1eae394d802','蒋虎子','13888888888','上海市嘉定区')">蒋虎子</p>
  <p onclick="selectRetailer('90h7dv5c-9j87-24r6-9087-anune089x021','胡晓丽','15522222222','上海市闵行区')">胡晓丽</p>
  <p onclick="selectRetailer('90h7dv5c-9j87-24r6-9087-anune089x096','蒋俊佳','13666666666','上海市宝山区')">蒋俊佳</p>
  <p onclick="selectRetailer('90h7dv5c-9j87-24r6-9087-anune089x294','施俊杰','13444444444','上海市徐汇区')">施俊杰</p>
  <p onclick="selectRetailer('90h7dv5c-9j87-24r6-9087-anune089x325','钱晓晓','15533333333','上海市长宁区')">钱晓晓</p>
  <p onclick="selectRetailer('90h7dv5c-9j87-24r6-9087-anune089x365','王二小','13555555555','上海市杨浦区')">王二小</p>
  <p onclick="selectRetailer('90h7dv5c-9j87-24r6-9087-anune089x476','任宇','13222222222','上海市虹口区')">任宇</p>
  <p onclick="selectRetailer('90h7dv5c-9j87-24r6-9087-anune089x734','周佳','15566666666','上海市金山区')">周佳</p>
  <p onclick="selectRetailer('90h7dv5c-9j87-24r6-9087-anune089x921','张晓冉','15511111111','上海市奉贤区')">张晓冉</p>
  <p onclick="selectRetailer('90h7dv5c-9j87-24r6-9087-anune089x954','牛夏利','13333333333','上海市松江区')">牛夏利</p>
  <p onclick="selectRetailer('90h7dv5c-9j87-24r6-9087-anune089x978','刘浩','13111111111','上海市青浦区')">刘浩</p>
</div>
```

图 19-4 零售商选择方法拼接效果

单击用户姓名，会将用户 id 及其他基本信息传入名为"selectRetailer"的 js 方法中。组装完字符串后，将该字符串拼接到 id 为"retailerList"的 div 中，该 div 就是选择用户信息的搜索框下方的列表框，这样在相关的选择区域就会加载用户的名称列表。加载完所有信息后，整个 div 的 display 设置为"block"从而从隐藏状态转换成显示状态。

小贴士：通过遍历数组中的动态数据并拼接 HTML 代码，可以实现 js 方法参数的动态绑定。

这里本应是分页的用户列表，但是由于之前已介绍过分页逻辑，所以这里就不再赘述，获取了所有零售商信息后，采用滚动方式上下浏览。所以在 ContractController 类中添加获取零售商信息的映射服务：

```
@RequestMapping("/contract/getAllRetailer.action")
public @ResponseBody List<Retailer> getAllRetailer(){
    Map<String,Object> param = new HashMap<String,Object>();
    param.put("status", 1);//选择启用的零售商
    List<Retailer> retailerList = retailerService.find(param);
    return retailerList;
}
```

这里只是获取所有的零售商信息，所以没有接收任何参数（在实际开发中需要过滤）。在查询零售商之前，在 Map 集合中封装了一个条件，即选择"启用"的零售商（status 为 1）。由于是 Ajax 请求，反馈的信息需要转换成 JSON 串，所以这里在方法返回数据类型前添加了 @ResponseBody 注解，用于根据 HTTP 请求类型转换 JSON 格式数据。

这里使用了零售商的 Service，所以要在 ContractController 中注入 RetailerService：

```
@Resource
RetailerService retailerService;
```

添加完服务后，重启工程，单击零售商信息区域的"关联"按钮，则会出现如图 19-5 所示效果。

在选择页面上方有搜索框，在这里来完成搜索功能。单击"搜索"按钮触发名为"SearchRetailer"的 js 方法，而在该方法中直接调用之前的 addRetailer 方法。可以为 addRetailer 添加一个"name"参数，当直接单击"关联用户"时传入 null 对象，表示查询所有用户信息。而在零售商查询界面的 input 框输入查询信息，并单击"查询"按钮后，Ajax 方法会将 input 中的 name 信息封装起来去执行请求，就会获取具有相关名称的用户信息：

图 19-5　关联零售商页面

```
function SearchRetailer(){
    addRetailer($("#retailerName").val());
}
function addRetailer(name){
  $("#retailerList").html("");//将原来信息清空
  var message="";
  if(name!=null){
    message="{'name':'"+name+"'}";
  }else{
    message="{'name':''}";
  }
  $.ajax({
     //Ajax 方法中的逻辑和前面一样，这里不再赘述
  });
}
```

这里需要注意的是，在单击"关联"按钮时是不需要传入 name 参数的，所以将该按钮的 onclick 单击事件方法中的 name 属性设置为 null 即可：

```
<div class="btn btn-div" onclick="addRetailer(null)" style="float:right">关联
</div>
```

小贴士：搜索零售商时根据传入的 name 条件，决定是搜索部分零售商信息还是搜索全部信息。

添加了零售商姓名搜索条件后，需要在后台方法中添加对该条件的检索。所以下面在 ContractController 中修改获取零售商列表的方法 getAllRetailer，为其添加 name 条件：

```
@RequestMapping("/contract/getAllRetailer.action")
public @ResponseBody List<Retailer> getAllRetailer(@RequestBody String json){
    Map<String,Object> param = new HashMap<String,Object>();
    param.put("status", 1);//选择启用的零售商
    if(!StringUtils.isNullOrEmpty(json)){
        String name = JSONObject.parseObject(json).getString("name");
        if(!StringUtils.isNullOrEmpty(name)){
            param.put("name", "%"+name+"%");//零售商姓名
        }
    }
    List<Retailer> retailerList = retailerService.find(param);
    return retailerList;
}
```

这里所做的修改是，在方法参数中添加 String 类型的 JSON 条件及转换注解@RequestBody，然后在封装 Map 条件时进行判空，如果不为空就解析出 name 信息并加入搜索条件。

下面来进行测试，单击"关联"按钮弹出零售商页面，然后在搜索框输入"蒋"，单击"查询"按钮，则会看到如图 19-6 所示的搜索结果。

图 19-6　零售商搜索结果

完成搜索功能后，还需要编写单击零售商名称的 onclick 事件方法对应的逻辑。在该方法中需要获取用户信息，并显示在购销合同编辑详情页面。首先在购销合同编辑详情页面的"零售商信息"对应的 div 中添加被选中的零售商信息的显示代码：

```
<div class="info">
    零售商信息：
    <div class="btn btn-div" onclick="addRetailer(null)" style="float:right">关联</div><br/>
    <div id="retailer_info" style="display: none">
        <p id="retailer_name"></p>
        <p id="retailer_telephone"></p>
        <p id="retailer_address"></p>
        <input name="retailerId" id="retailerId" type="hidden"/>
    </div>
</div>
```

在 div 模块中，添加了一个 id 为"retailer_info"的 div，默认情况下其不显示在页面上。选

择完零售商信息后，会在该 div 模块显示零售商信息。所以在浮出框选择零售商姓名的 js 方法处理逻辑如下：

```
function selectRetailer(retailerId,name,telephone,address){
    $("#retailerId").val(retailerId);
    $("#retailer_name").html("姓名："+name);
    $("#retailer_telephone").html("联系电话："+telephone);
    $("#retailer_address").html("送货地址："+address);
    $(".retailerMask").css("display","none");//关闭零售商选择框
    $("#retailer_info").css("display","block");//显示零售商信息
}
```

19.2.3　测试零售商关联

下面来进行测试，首先单击"关联"按钮，在弹出的浮出框中选择一个名为"刘成成"的用户，单击用户名称之后，浮出框就会隐藏，并且在购销合同编辑页面上看到显示出了选中的用户的详细信息，如图 19-7 所示。

图 19-7　零售商关联结果

至此，购销合同中零售商信息关联的代码编写完毕，接下来编写货物信息的关联逻辑。

小贴士：关联的零售商信息除了显示在页面上的基本信息外，还有以 hidden 状态隐藏在页面中的零售商 id 信息，以便于后期的数据关联。

19.3　关联水果货物

编写完了购销合同关联零售商的功能后，下面来编写购销合同关联多个水果货物的功能。

19.3.1　货物关联展示与浮出框编写

首先为货物的 div 区域添加一个 id 为 "commodities_info" 的展示拼接的货物信息的 div 模块，默认显示状态为隐藏状态：

```
<div class="info">
    货物信息：
    <div class="btn btn-div" onclick="addFruits(null)" style="float:right">添加
```

```
</div><br/>
    <div id="commodities_info" style="display: none">
        <!-- 展示拼接的货物信息 HTML -->
    </div>
</div>
```

添加水果货物的过程是，当用户单击"添加"按钮时，弹出包含水果列表的浮出框，用户勾选若干货物，然后跳转回购销合同，显示选择的货物信息。所以这里首先定义一下浮出框的显示代码：

```
<div class="commoditiesMask">
    <div class="c2">
        <div style="background-color:#173e65;height:20px;color:#fff;font-size:12px;padding-left:7px;">
            水果列表<font style="float:right;padding-right:10px;" onclick="cancelEdit()">x</font>
        </div>
        <input id="commoditiesName" width="width:20%"/>
        <button class="btn" onclick="SearchCommodities()">查询</button>
        <div id="commoditiesList"
            style="border:2px solid #CCC;height:230px;overflow-y:scroll;margin:10px;">
            <!-- 该区域放置查询到的水果货物信息 -->
        </div>
        <button class="btn" onclick="selectCommodities()">确定</button>
    </div>
</div>
```

在浮出框上显示了一个名称搜索框和一个"搜索"按钮，下面的 div 是用来放置水果列表信息的（会有被拼接在 table 中的信息装载进去）。同样由于之前已经介绍了分页逻辑，这里不再赘述，默认获取所有水果信息。浮出框的样式信息和之前的类似，仅是样式参数不同，故这里 CSS 的具体定义不再赘述。下面是一个"确定"按钮，当用户在 table 中的复选框中选择若干个货物信息之后，单击"确定"按钮，就可以触发一个 onclick 方法，从而将选择好的货物信息带回购销合同编辑页面的货物显示区域。

小贴士：水果货物信息将会被异步加载，并在 js 方法中被拼接为 table 表格，并加载至相关的 div 中进行显示。

下面来编写"添加"按钮的单击事件对应的 addFruits 方法，在该方法中使用 Ajax 获取水果列表，然后将信息拼接到 table 列表中，并展示在上面定义的浮出框的 div 中：

```
function SearchCommodities(){
    addFruits($("#commoditiesName").val());
}
function addFruits(name){
    var message="";
```

```javascript
    if(name!=null){
        message="{'name':'"+name+"'}";
    }else{
        message="{'name':''}";
    }
    $.ajax({
        type:'post',
        url:'${pageContext.request.contextPath}/contract/getAllCommodities.action',
        contentType:'application/json;charset=utf-8',
        data:message,
        success:function(data){//返回 JSON 结果
            var tableHead="<tr>"+
                "<td><input type='checkbox' onclick='checkAll(this)'></td>"+
                "<td>名称</td><td>价格</td><td>产地</td>"+
                "</tr> ";
            $("#commoditiesList").html(tableHead);//清空列表,添加 table 标题头
            for(var i=0;i<data.length;i++){
                var oldHtml = $("#commoditiesList").html();
                var info="<tr>"+
                    "<td><input type='checkbox' name='arrays' value='"+data[i].fruitId+"'>
                        </td>"+
                    "<td>"+data[i].name+"</td><td>"+data[i].price+"</td>"+
                    "<td>"+data[i].locality+"</td>"+
                    "</tr>";
                    $("#commoditiesList").html(oldHtml+info);
            }
            //添加 table 头和尾
            $("#commoditiesList").html("<table
                style='width:375px;text-align:center;' border=1>"
                +$("#commoditiesList").html()
                +"</table>");
            $(".commoditiesMask").css("display","block");
        },
        error:function(data){  alert("通信异常!");  }
    });
}
```

SearchCommodities 方法是用户在选择水果货物浮出框中单击"搜索"按钮时触发的方法,其会带着 input 框中的水果名称信息执行 addFruits 方法。在 addFruits 方法中首先判断 name 参数的值情况,然后封装为 message 字符串,之后执行 Ajax 方法异步请求水果列表服务。获取 JSON 格式的水果列表后,使用 HTML 拼接的方式填充 table 的标题栏和内容栏,最后在前后添加 table 的头标签和尾标签,然后将浮出框所在的 div 显示出来。

小贴士:table 表格的格式比较复杂,所以在拼接的过程中需要格外小心。

接着在 ContractController 中编写在 Ajax 中访问水果商品列表的映射服务对应的方法：

```
@RequestMapping("/contract/getAllCommodities.action")
public @ResponseBody List<Commodities> getAllCommodities(@RequestBody String json){
    Map<String,Object> param = new HashMap<String,Object>();
    if(!StringUtils.isNullOrEmpty(json)){
        String name = JSONObject.parseObject(json).getString("name");
        if(!StringUtils.isNullOrEmpty(name)){
            param.put("name", "%"+name+"%");//商品名
        }
    }
    List<Commodities> commoditiesList = commoditiesService.find(param);
    return commoditiesList;
}
```

同样该 Service 也要在 ContractController 中进行注入：

```
@Resource
CommoditiesService commoditiesService;
```

当用户单击"添加"按钮时，弹出浮出框，如图 19-8 所示。

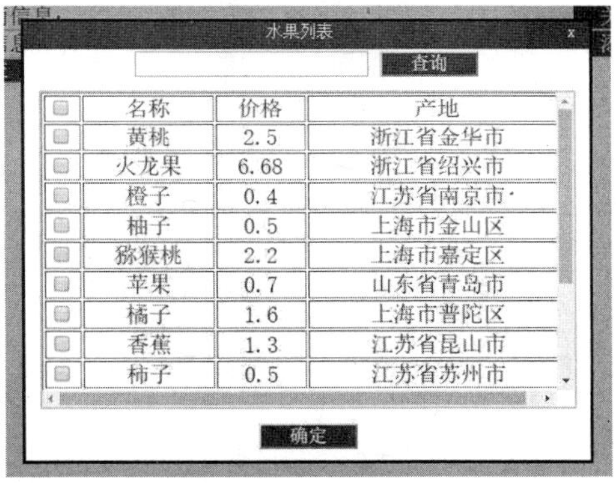

图 19-8　水果商品选择列表

下面来测试搜索功能。在搜索框中输入"果"字，搜索结果如图 19-9 所示。

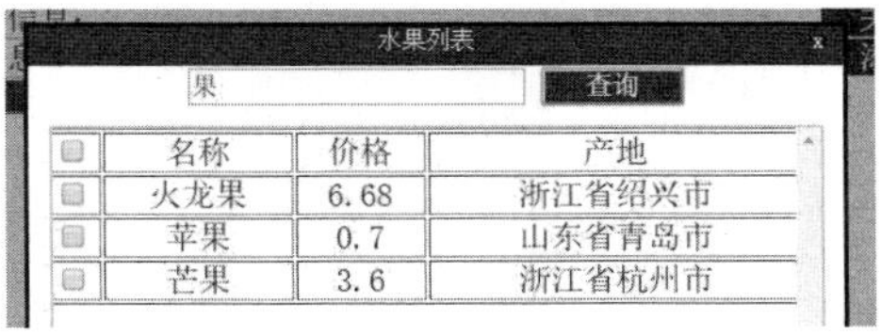

图 19-9　水果商品搜索结果

可以看到，数据库中包含"果"字的水果都被搜索出来，这说明搜索功能没有问题。

小贴士：注意水果货物信息所在 table 表格的尺寸与其父级 div 尺寸之间的兼容性。

19.3.2 勾选货物功能编写

下面实现勾选货物的功能。需要通过用户勾选的货物 id 数组，获取货物的详细信息及货物下的附属品信息。在 ContractController 类中编写该方法，获取一个包含 id 的 String 数组，并且加载相关信息以 JSON 格式反馈至页面：

```java
@RequestMapping("/contract/getCommoditiesAndAccessory.action")
public @ResponseBody List<Map<String,Object>> getCommoditiesAndAccessory
(String [] arrays){
   List<Map<String,Object>> cList = new ArrayList<Map<String,Object>>();
   Map<String,Object> cMap = null;
   for(int i=0;i<arrays.length;i++){
      cMap = new HashMap<String,Object>();
      String fruitId = arrays[i];
      cMap.put("commodities", commoditiesService.get(fruitId));//获取货物信息
      Map<String,String> param = new HashMap<String,String>();
      param.put("fruitId", fruitId);
      cMap.put("accessory", accessoryService.find(param));//获取货物下的附属品信息
      cList.add(cMap);//添加至 List
   }
   return cList;
}
```

在该方法中，使用 List 包装 Map 结构，而在 Map 结构中分别存储了货物的原始信息和货物下的附属品列表信息。

小贴士：采用不同的 Map 封装货物和货物下的附属品信息。

当用户勾选全选框时，执行的 js 方法和之前附属品模块的处理方法相同，如下：

```javascript
function checkAll(obj){
   var isCheck=obj.checked;
   var checkList=document.getElementsByName("arrays");//获取所有 check 选项
   for(var i=0;i<checkList.length;i++){
      checkList[i].checked=isCheck;
   }
}
```

由于此功能是单击"确定"按钮时触发的，所以相关逻辑需要在"确定"按钮的 js 方法 selectCommodities 中编写：

```javascript
function selectCommodities(){
   $("#commodities_info").html("");//将原来信息清空
   var myArray=new Array();
   var len=0;
   var arrays=document.getElementsByName("arrays");//获取所有 check 选项
```

```
    for(var i=0;i<arrays.length;i++){
        if(arrays[i].checked){
            myArray[len++]=arrays[i].value;
        }
    }
    $.ajax({
        type:'post',
        url:'${pageContext.request.contextPath}/contract/getCommoditiesAndAccessory.action',
        data:{"arrays":myArray},//数据为id数组
        traditional: true,
        success:function(data){//成功拼接信息
            var tableHead="<tr>"+
              "<td>名称</td><td>价格</td><td>产地</td><td>附属品</td><td>数量</td>"+
              "</tr> ";
            $("#commodities_info").html(tableHead);//清空列表,添加table 标题头
            for(var i=0;i<data.length;i++){
                var commodities = data[i].commodities;//获取货物信息
                var accessory = data[i].accessory;//获取货物附属品数组
                var accessoryStr="";
                for(var j=0;j<accessory.length;j++){
                    accessoryStr+=accessory[j].name+":"+accessory[j].price+"元";
                    if(j!=accessory.length-1){accessoryStr+="<br/>"}//不是最后一个就换行
                }
                accessoryStr=accessoryStr==""?"无":accessoryStr;
                var oldHtml = $("#commodities_info").html();
                var info="<tr>"+
                  "<td>"+commodities.name+"</td><td>"+commodities.price+"元/斤</td>"+
                  "<td>"+commodities.locality+"</td><td>"+accessoryStr+"</td>"+
                  "<td><input type='number' style='width:50px' name='priceArrays'>斤</td>"+"</tr><input type='hidden' name='commoditiesIdArray' value='"+commodities.fruitId+"'>";
                $("#commodities_info").html(oldHtml+info);
            }
            //添加table 头和尾
            $("#commodities_info").html("<table style='width:510px;text-align:center;' border=1>"
              +$("#commodities_info").html()+"</table>");
            $(".commoditiesMask").css("display","none");//关闭浮出框
            $("#commodities_info").css("display","block");//显示货物区域
        },error:function(data){ alert("通信异常！"); }
    });
}
```

在js方法中，首先获取所有被选中的复选框对象，然后将其中的id值取出，统一封装至名为"arrays"的数组中，然后执行Ajax异步请求获取相关信息，再将信息以table结构拼接到购

销合同编辑页面中的货物显示区域。与之前不同的是，还需要遍历货物下的附属品，将其拼接起来，放置在货物列表的"附属品"列。最后在数量区域为用户预留一个 number 类型的 input 输入框，让用户输入需要运送的该类型水果的数量信息。在最后还添加了一个 hidden 属性的 input 标签，这是为了存储被选中的货物信息的 id，为后面提交 form 表单保存合同做准备。

小贴士：当用户重新选择货物信息时，注意将之前货物显示区域的数据清除。

19.3.3 测试货物关联

下面进行测试。当用户在货物选择浮出框中勾选了"黄桃"、"火龙果"及"香蕉"后，单击"确定"按钮，就可以看到购销合同页面中显示出被选中的水果信息及附属品信息，如图 19-10 所示。

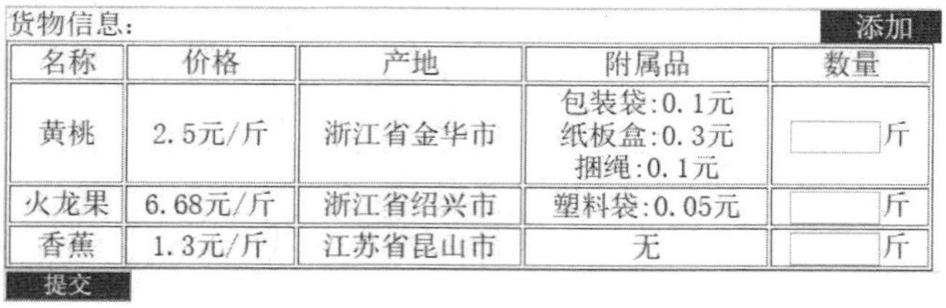

图 19-10　水果商品选择结果

在 table 列表中，用户可以在"数量"列填写相关运送斤数，如图 19-11 所示。

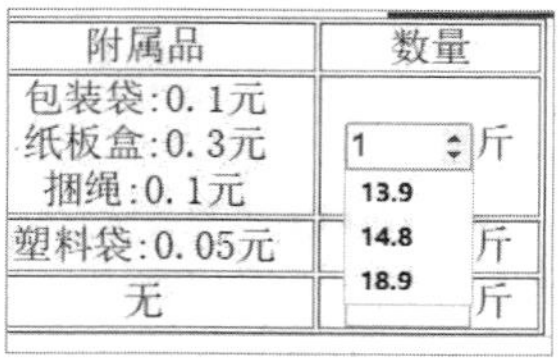

图 19-11　填写运送数量

至此，关于购销合同与货物的关联模块也已编写完毕，下面就要编写针对合同整体的保存功能和其他操作功能了。

小贴士：用于输入斤数的 input 框的数据为 number 类型。

19.4　完善购销合同

前面几节完成了购销合同基础页面的搭建、与零售商的关联和水果货物的关联等功能。下面首先将编辑页面的所有信息保存至数据库。

19.4.1　合同关联信息合并提交

先创建一个样例合同。选择的零售商为"刘成成"，选择的水果货物分别是"黄桃"、"火龙果"和"香蕉",运送数量分别是 100 斤、130 斤和 70 斤。填写好的订单信息如图 19-12 所示。

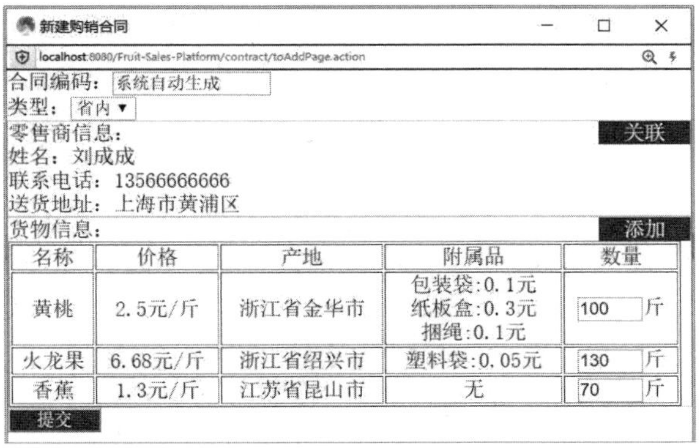

图 19-12　购销合同测试样例

此时需要单击"提交"按钮来存储订单信息。单击"提交"按钮会触发 form 表单的提交,由于很多信息是通过 js 拼接到页面上的,所以通过浏览器的"审查元素"选项,可以看到图 19-12 所示的购销合同完整的 form 表单结构,如下:

```
<form id="addContractForm" action="add.action" method="post" onsubmit=
"checkAddContract()">
    合同编码:
    <input type="text" name="barcode" style="width:120px;" value="系统自动生成"
readonly="readonly"><br>
    类型:<select id="indexType" onchange="changeType()">
        <option value="1">省外</option>
        <option value="0">省内</option></select>
<input type="hidden" name="type" id="type" value="0"><br>
<div class="info">零售商信息:
    <div class="btn btn-div" onclick="addRetailer(null)" style="float:right">
关联</div><br>
        <div id="retailer_info" style="display: block;">
        <p id="retailer_name">姓名:刘成成</p>
        <p id="retailer_telephone">联系电话:13566666666</p>
        <p id="retailer_address">送货地址:上海市黄浦区</p>
        <input name="retailerId" id="retailerId"
            type="hidden" value="351ab130-07c4-4a82-b713-8f71328111bc">
    </div>
</div>
<div class="info">货物信息:
    <div class="btn btn-div" onclick="addFruits(null)" style="float:right">
添加</div><br>
        <div id="commodities_info" style="display: block;">
            <table style="width:510px;text-align:center;" border="1">
                <tr><td>名称</td><td>价格</td><td>产地</td><td>附属品</td><td>数量
</td></tr>
```

```html
            <tr>
                <td>黄桃</td><td>2.5 元/斤</td><td>浙江省金华市</td>
                <td>包装袋:0.1 元<br>纸板盒:0.3 元<br>捆绳:0.1 元</td>
                <td><input type="number" style="width:50px" name="priceArrays">
                    斤</td>
            </tr>
            <input type="hidden"
                name="commoditiesIdArrays"
                    value="88e6ec6c-6d17-43a7-8782-38904ajskdh">
            <tr>
                <td>火龙果</td><td>6.68 元/斤</td><td>浙江省绍兴市</td>
                    <td>塑料袋:0.05 元</td>
                <td><input type="number" style="width:50px" name="priceArrays">
                    斤</td>
            </tr>
            <input type="hidden"
                name="commoditiesIdArrays" value="88e6ec6c-6d17-43a7-8782-
                    48957ajskdf">
            <tr>
                <td>香蕉</td><td>1.3 元/斤</td><td>江苏省昆山市</td><td>无</td>
                <td><input type="number" style="width:50px" name="priceArrays">
                    斤</td>
            </tr>
            <input type="hidden"
                name="commoditiesIdArrays" value="88e6ec6c-6d17-43a7-8782-
                    d1eae84dj46">
        </table>
    </div>
  </div>
   <input type="submit" value="提交" class="btn">
</form>
```

过滤 form 表单数据，仅留下需要提交的数据，那么 form 表单的提交数据结构如下：

```html
<form id="addContractForm" action="add.action" method="post" onsubmit=
"checkAddContract()">
   <input type="hidden" name="type" id="type" value="0"><br>
   <input name="retailerId" id="retailerId"
       type="hidden" value="351ab130-07c4-4a82-b713-8f71328111bc">
  <input type="number" style="width:50px" name="priceArrays" value="100">
  <input type="hidden"
          name="commoditiesIdArrays" value="88e6ec6c-6d17-43a7-8782-38904ajskdh">
  <input type="number" style="width:50px" name="priceArrays" value="130">
   <input type="hidden"
          name="commoditiesIdArrays" value="88e6ec6c-6d17-43a7-8782-48957ajskdf">
  <input type="number" style="width:50px" name="priceArrays" value="70">
   <input type="hidden"
```

```
          name="commoditiesIdArrays"
value="88e6ec6c-6d17-43a7-8782-d1eae84dj46">
    <input type="submit" value="提交" class="btn">
</form>
```

精简了 form 表单后可以发现，其实数据的提交操作并不是很复杂。需要 form 表单来提交的数据有 type 合同类型、retailerId 零售商 id、三个水果货物的 id 及数量。在 input 中使用相同的 name，是为了在提交时在后台被分别封装在名为 "commoditiesIdArrays" 和 "priceArrays" 的数组中。

小贴士：零售商及货物的详细信息仅作为展示用，实际上存储时仅需要关联数据的 id 信息。

form 表单的 action 服务路径为 "add.action"，说明要提交给 "contract" 域下的 "add" 服务，所以要在 ContractController 类中编写 "add" 对应的映射服务方法，并在映射方法中将购销合同订单信息保存至数据库。

在 ContractController 类中创建名为 "add" 的方法，并在其中添加 Mapping 映射注解。在 add 方法中，要获取 form 表单中的购销合同对应的数据，并按照数据类型进行不同表的持久化。方法的具体逻辑如下：

```
@RequestMapping("/contract/add.action")
public String add(Model model,Contract contract,String retailerId,
      String [] commoditiesIdArrays,String [] priceArrays){
   contract.setRetailer(retailerService.get(retailerId));
   //生成合同编号
   String barCode = getCode();
   contract.setBarCode(barCode);
   //设置 ID 以及创建日期
   contract.setContractId(UUID.randomUUID().toString());
   contract.setCreateTime(new SimpleDateFormat("yyyy-MM-dd HH:mm:ss")
         .format(new Date()));
   //保存合同基础信息
   contractService.insert(contract,commoditiesIdArrays,priceArrays);
   //初始化页面搜索信息封装对象
   model.addAttribute("reaultMessage", "添加成功！合同编号为" + barCode);
   return "/contract/addContract.jsp";//返回添加页面
}
```

在该方法中，首先从页面获取合同的基本信息（类型、零售商 ID），然后生成合同编号、合同 ID 以及创建日期，再执行 insert 方法进行存储，最后将添加成功的信息反馈到刷新的页面中。

这里对原来 contractService 中的 insert 方法进行了修改，在方法接口定义及实现中新增了 commoditiesIdArrays 与 priceArrays 参数，即货物 ID 和数量信息的 String 数组。修改后的 insert 方法逻辑如下：

```
public void insert(Contract contract, String[] commoditiesIdArrays,
```

```
        String[] priceArrays) {
    contractDao.insert(contract);
    //保存中间表信息
    for (int i = 0; i < commoditiesIdArrays.length; i++) {
        MiddleTab middleTab = new MiddleTab();
        middleTab.setMiddleId(UUID.randomUUID().toString());//中间表的 ID
        middleTab.setContractId(contract.getContractId());//关联的合同 ID
        middleTab.setFruitId(commoditiesIdArrays[i]);//关联的货物 ID
        int number = Integer.parseInt(priceArrays[i].equals("")?"0":priceArrays[i]);
           middleTab.setNumber(number);//货物数量
         this.insertMiddleTab(middleTab);
    }
}
```

在该方法中，首先对 contract 合同基本信息对象进行 insert 存储，然后遍历从页面上获取的货物 ID 及数量信息并将它们封装在 MiddleTab 对象中进行存储，外键为刚才生成并持久化的合同 ID。之所以将多个数据库操作放置在 Service 层而不是 Controller 层，是因为之前在 XML 中只为 Service 及 DAO 层配置了事务，但是没有为 Controller 配置，所以当 Controller 中的方法中存在多个数据库操作时，若出现异常情况，该 Controller 方法中的所有操作不会回滚。所以将多个数据库操作放置在 Service 中执行（若没有在 XML 中配置事务的切面，则需要在方法上面添加@Transactional 注解，来防止这种情况的发生）。

小贴士：一般在同一个方法中执行多个有关联的数据库操作时，需要有事务处理及回滚机制。

因为添加成功后返回添加页面，后台响应结果 reaultMessage 被封装在 model 对象中，所以需要在页面中添加响应数据的显示代码：

```
<!-- 显示后台响应信息 -->
<c:if test="${reaultMessage!=null}">
    <br/><font color="red">${reaultMessage}</font>
</c:if>
```

生成购销合同编号的方法 getCode 为 ContractController 类的内部方法，具体定义如下所示：

```
private String getCode() {
    //取当日年月日信息做编号头
    String codeHead = new SimpleDateFormat("yyyyMMdd").format(new Date());
    String barCode="";
    //从数据库中取出最大的编号信息，在其基础上加 1
    String MaxBarcode = contractService.getMaxBarCode();
    if(!StringUtils.isNullOrEmpty(MaxBarcode)){
        //如果最大编号日期是今天，则取其自增数字部分
        if(MaxBarcode.substring(0,8).equals(codeHead)){
            MaxBarcode = MaxBarcode.substring(8);//拿到除了年月日之外的数字
        }else{
            MaxBarcode = "0";//如果最大编号不是今日，那么该单是今日第一单
```

```
        }
    }else{
        MaxBarcode = "0";//如果没有最大编号，那么该单是系统第一单
    }
    int MaxNumber = Integer.parseInt(MaxBarcode);
    //在今日最大编号基础上加 1
    int newNumber = MaxNumber+1;
    if(newNumber<=9){//日期与自增数字拼接为编号
        barCode = codeHead+"000"+newNumber;//一位数
    }else if(newNumber>=10&&newNumber<=99){
        barCode = codeHead+"00"+newNumber;//两位数
    }else if(newNumber>=100&&newNumber<=999){
        barCode = codeHead+"0"+newNumber;//三位数
    }else{
        barCode = codeHead+newNumber;//三位以上的数
    }
    return barCode;
}
```

在该方法中，首先获取今日年月日信息组装为字符串，然后取得数据库 contract 表中最大的 barcode 字段，如果该字段为空，说明系统中暂没有任何合同信息，那么该合同的自增数据部分从 0 开始。如果系统中有最大合同编号，而并无该日的编号头，说明本合同是今日第一单，自增数据部分也是从 0 开始。如果最大合同日期头等于今天，则自增数据部分在原来基础上加 1 即可。自增部分生成的规则是，如果不大于四位，在原数据基础上补充 0 至满四位，而大于四位的直接进行拼接。

小贴士：合同编号的生成稍有一些规则要求，所以在生成编号时要注意处理逻辑。

19.4.2 测试合并提交

下面进行测试。在页面中添加如图 19-12 所示的信息，并单击"提交"按钮，此时可以看到添加页面进行了刷新，并且在反馈信息显示区域显示了"添加成功"的字样，以及相关的合同编号，如图 19-13 所示。

图 19-13　购销合同添加结果

回到首页进行刷新，其实这个时候是加载不了列表信息的，因为之前编写的 list 方法仅仅

可以跳转页面。下面修改 list 方法，让其取出相关的合同列表：

```java
@RequestMapping("/contract/list.action")
public String list(Model model,ContractVo contractVo,String startTime,String endTime){
    Map<String,Object> map = this.contractToMap(contractVo);
    if(startTime!=null&&!startTime.equals("")){
        map.put("startTime", startTime);
    }
    if(endTime!=null&&!endTime.equals("")){
        map.put("endTime", endTime);
    }
    List<ContractVo> contractList = contractService.findContractList(map);
    model.addAttribute("list",contractList.size()<1?null:contractList);
    model.addAttribute("currentPage",contractVo.getCurrentPage());//当前页数
    model.addAttribute("startPage",contractVo.getStartPage());//当前请求位置,默认为0
    int countNumber = contractService.count(map);
    model.addAttribute("countNumber",countNumber);//数据总和
    int pageSize = contractVo.getPageSize();
    model.addAttribute("pageSize",pageSize);//每页数据,默认为10
    int sumPageNumber =countNumber%pageSize==0?(countNumber/pageSize):((countNumber/pageSize)+1);
    model.addAttribute("sumPageNumber",sumPageNumber);//总页数
    return "/contract/contractHome.jsp";//转向首页
}
private Map<String, Object> contractToMap(ContractVo contractVo) {
    Map<String,Object> map = new HashMap<String,Object>();
    map.put("barCode",checkStringIsEmpty(contractVo.getBarCode()));
    map.put("retailerName", checkStringIsEmpty(contractVo.getRetailerName()));
    map.put("type", contractVo.getType()==-1?null:contractVo.getType());
    map.put("startPage", contractVo.getStartPage());
    map.put("pageSize", contractVo.getPageSize());
    return map;
}
private String checkStringIsEmpty(String param){
    return param==null?null:(param.equals("")?null:"%"+param+"%");
}
```

获取购销合同列表的方法和之前其他模块的列表方法类似，先是将页面中的条件转换到 map 查询条件对象中，然后将 list 结果集和分页数据封装至 model 对象，最后跳转到购销合同主页面进行展示。

再次刷新购销合同首页，此时就可以看到之前编写的购销合同信息，单击购销合同的编号，就可以跳转到合同的详情页面，如图 19-14 所示。

图 19-14　购销合同列表页

关于单击合同编号跳转至详情页面的功能，还没有编写。所以下面就来编写展示购销合同详情页面的功能。

首先在购销合同编号的 a 标签中添加一个名为 "getContractDetail" 的 onclick 方法：

```
<a href="#" onclick="getContractDetail('${item.contractId}')">${item.barCode }</a>
```

我们希望单击合同编号后弹出一个新的窗口，在新窗口中显示购销合同的详情。所以需要在 js 方法中添加弹出新窗口的逻辑，如下：

```
function getContractDetail(id) {
   var url="${pageContext.request.contextPath}/contract/getContractDetail.action?contractId="+id;
   window.open (url,"合同详情","height=700,width=700,scrollbars=yes");
}
```

该链接使用 "window.open()" 方法打开一个 url 为 "/contract/getContractDetail.action" 的新窗口，并附带合同 ID。此时需要在 ContractController 类中定义该服务映射方法，如下：

```
@RequestMapping("/contract/getContractDetail.action")
public String getContractDetail(Model model,String contractId){
   Contract contract = contractService.get(contractId);
   model.addAttribute("contract", contract);
   return "/contract/contractDetail.jsp";//跳转至详情页
}
```

在该 Controller 方法中，首先通过购销合同的 id 信息取出了合同的详细信息，封装至 model 对象中后，跳转至详情页面。

在主页的 jsp 所在的文件夹下创建详情页面，命名为 "contractDetail.jsp"，具体内容如下：

```
<%@ page language="java" import="java.util.*" pageEncoding="utf-8"%>
<%@ taglib uri="http://java.sun.com/jsp/jstl/core" prefix="c" %>
<!DOCTYPE HTML PUBLIC "-//W3C//DTD HTML 4.01 Transitional//EN">
<html >
  <head>
    <title>合同详情</title>
  </head>
  <body>
    <h2 style="text-align:center;">购销合同</h2>
    <div style="float:right;font-size:10px;">创建日期：${contract.createTime}</div>
      合同编码：<b style="color:blue">${contract.barCode}</b><br/>
```

```
        类型：<c:if test="${contract.type==0}">省内</c:if>
<c:if test="${contract.type==1}">省外</c:if><br/><hr/>
<div class="info">零售商信息：<br/>
    姓名：${contract.retailer.name}<br/>
    联系电话：${contract.retailer.telephone}<br/>
    送货地址：${contract.retailer.address}<br/>
</div><hr/>
<div class="info">货物信息：<br/>
    <c:if test="${contract.commoditiesList!=null}">
    <table style='width:510px;text-align:center;' border=1>
        <tr>
         <td>名称</td><td>价格</td><td>产地</td><td>附属品</td><td>数量</td>
        </tr>
        <c:forEach items="${contract.commoditiesList}" var="item">
        <tr>
         <td>${item.name}</td><td>${item.price}元/斤</td>
         <td>${item.locality}</td>
         <td><c:if test="${item.accessoryList!=null}">
             <c:if test="${item.accessoryList[0]==null}">无</c:if>
            <c:forEach items="${item.accessoryList}" var="accessoryItem">
              ${accessoryItem.name}:${accessoryItem.price}元<br/>
            </c:forEach>
         </c:if> </td><td>${item.number}斤</td>
        </tr></c:forEach>
    </table></c:if>
</div>
</body>
</html>
```

可以直接取出合同的基本信息并把它显示在页面中，而货物信息使用"c:forEach"标签进行遍历，每个货物下的附属品同样使用"c:forEach"标签进行遍历。

小贴士：在遍历合同详细信息时，注意零售商子属性和货物 List 集合的遍历结构。

重启服务后，单击购销合同的编号，可以发现弹出了一个新的窗口，而新窗口中显示了购销合同的详情信息，如图 19-15 所示。

图 19-15　购销合同详情页

19.4.3 合同打印以及删除实现

有时需要打印购销合同的信息,所以这里为该页面添加一个"打印"按钮,用于打印购销合同:

```
<button id="p" onclick="printpage()">打印</button>
```

按钮对应的 js 方法"printpage"中的逻辑如下:

```
function printpage(){
    document.getElementById("p").style.display="none";//隐藏按钮
    window.print();//打印网页
    document.getElementById("p").style.display="block";//显示按钮
}
```

当用户单击"打印"按钮时,会触发"printpage"方法,然后弹出相应的打印提示。

小贴士:如果需要生成 Excel 或者 PDF 文件,则需要由第三方 API 来提供相关的生成方法。

由于购销合同关联的数据比较多,所以删除购销合同的处理逻辑也很重要。下面就来完成删除购销合同的功能。

首先回顾一下在购销合同首页的列表 table 中的删除代码:

```
<a onclick="deleteContract('${item.contractId}','${item.barCode }')">删除</a>
<form id="deleteForm" action="delete.action" method="post">
    <input type="hidden" name="fruitId" id="dFruitId"/>
    <input type="hidden" name="startPage" id="dStartPage"/>
    <input type="hidden" name="currentPage" id="dCurrentPage"/>
    <input type="hidden" name="pageSize" id="dPageSize"/>
</form>
```

可以看到,当单击"删除"链接时,需要触发一个名为"deleteContract"的 js 方法,其中的参数分别为购销合同的 id 及合同编号 barcode。在链接的下方定义了一个 form 表单,该方法可以为下面的 form 表单中的 input 属性赋值,然后提交 form 表单。所以下面要在"script"区域添加一个名称为"deleteContract"的方法定义,具体逻辑如下:

```
function deleteContract(contractId,barcode){
    if(window.confirm("你确定要删除编号为"+barcode+"的合同信息吗?")){
        $("#dContractId").val(contractId);//向 form 中引入 id
        //引入分页信息至该 form 表单
        $("#dStartPage").val($("#startPage").val());
        $("#dCurrentPage").val($("#currentPage").val());
        $("#dPageSize").val($("#pageSize").val());
        $("#deleteForm").submit();//提交表单
    }
}
```

该方法会带着合同 ID 和分页信息在 "contract" 域下访问 "delete.action" 服务,所以下面在 ContractController 中定义 "delete.action" 服务的映射方法,该方法的定义及处理逻辑如下:

```
@RequestMapping("/contract/delete.action")
public String delete(Model model,ContractVo contractVo){
    contractService.deleteById(contractVo.getContractId());
    //构建新的列表查询条件,只需要分页数据即可
    ContractVo queryContract = new ContractVo();
    queryContract.setType(-1);
    queryContract.setStartPage(contractVo.getStartPage());
    queryContract.setCurrentPage(contractVo.getCurrentPage());
    queryContract.setPageSize(contractVo.getPageSize());
    return list(model,queryContract,null,null);
}
```

在该方法中,首先使用形参 contractVo 封装了要删除的合同 ID 及分页信息,然后调用 contractService 的 deleteById 方法删除合同,之后重新封装一个 ContractVo 对象作为返回首页的查询对象,然后执行 list 方法重新加载当前页面的信息。

在 contractService 的 deleteById 方法中原来定义的逻辑仅是在 contract 表中删除该合同的基本信息,不删除其他关联数据,所以这里对 deleteById 方法进行修改,让其将合同基本信息及关联信息都删除:

```
public void deleteById(Serializable contractId) {
    //1.删除合同基本信息
    contractDao.deleteById(contractId);
    //2.删除中间表以合同 id 为外键的所有货物关联信息
    contractDao.deleteMiddleTab(contractId);
}
```

在该方法中,首先调用 DAO 的 deleteById 方法删除合同的基本信息,然后调用 deleteMiddleTab 删除中间表以合同 ID 为外键的所有货物关联信息。合同中的零售商信息是在合同基本信息中使用外键 retailerId 进行关联的,所以删除 contract 表中的合同基本信息后,就不用单独删除与零售商的关联关系了。最后,由于在 Service 中配置了事务管理,所以任意一个删除语句出现异常,之前的数据库操作都会回滚。

小贴士:在多个关联删除的方法中,为了防止部分删除的异常情况出现,必须配置回滚机制。

下面进行删除测试。在之前测试添加功能的时候,添加了一个合同号为 "201709240001" 的合同信息,数据库中存储了该合同的数据信息,如图 19-16 所示。

在购销合同首页,删除之前添加的合同号为 "201709240001" 的购销合同,单击合同所在行的 "删除" 链接,将弹出对话框,提示用户是否删除该合同信息,如图 19-17 所示。

单击 "确定" 按钮之后,后台将执行删除逻辑。此时观察 MyEclipse 的控制台信息,可以看到删除的语句,如图 19-18 所示。

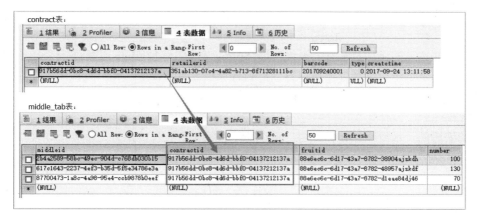

图 19-16 数据库信息

图 19-17 删除提示

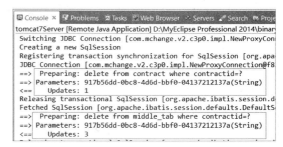

图 19-18 删除后控制台信息

然后观察数据库,可以看到相关的合同信息及合同关联信息都已经被删除,如图 19-19 所示。

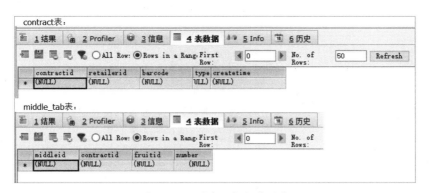

图 19-19 删除后数据库信息

至此,删除购销合同的功能完成。

提示:关于购销合同模块,还有一个编辑功能没有编写,这里就留给读者自行完成吧。读者可以根据之前模块的编辑功能来自己设想购销合同的编辑功能。亲自动手实现购销合同的编辑功能,你会对实际工程的开发技术理解得更加透彻。

19.5 案例总结

通过前面章节的设计及开发，最终使用 Spring MVC 和 MyBatis 实现了一个完整的信息管理系统。回顾整个系统的开发流程，首先对项目进行分析与建模，创建数据库；然后搭建工程的开发环境，编写工程架构中各层的基础及核心代码；最后根据业务需求完成了各模块的开发工作。

我们编写的"水果网络销售平台"系统，还有很多不完善的地方，读者可以根据自己的设想去完善。具体到该系统，还可以继续完善表 19-1 中所列的部分。

表 19-1 水果网络销售平台系统待完善功能

功能名	功能含义
用户设置模块	用于修改用户基本信息、更改密码。可以加入安全码、短信通知等功能来保障账户安全
用户与货物、零售商、合同关联	在本系统中创建的货物、零售商、合同等数据都没有与创建用户进行关联，这样会使所有登录系统的用户都可以查看和操作系统中的数据。用户与系统数据进行关联，可以保障用户与其所创建的信息的独立性，从而方便用户对自己数据的查询与更改
角色权限管理	可以为系统设置角色，以及角色下的操作权限，这样可以为用户分配角色，使账户的操作权限更加明确，也便于管理者的管理
后台管理	当拥有角色和权限功能后，可以开发后台管理系统，设定超级管理员账户，这样就可以指派独立账户对系统中的所有数据进行查看和编辑
前端 CSS 样式的封装	在该系统中为了突出显示标签的样式，使用了许多内联的方式添加 HTML 的样式。为了方便以后的开发,最好将页面中的所有 CSS 样式封装起来，不同的模块引入不同的 CSS 文件，将样式与页面分离开来，这有利于样式的新增与修改
分页逻辑的封装	在许多页面中都需要使用分页功能，建议将该模块封装起来，以供公用部分调用，避免重复开发和代码冗余
日期控件的优化	在页面中使用原生 HTML5 的日期控件，样式单调不美观，而且容易出现浏览器兼容问题。建议开发者选择样式美观、兼容性好的日期控件作为系统的日期选择工具

当然关于测试系统还有很多功能可以拓展，在实际工作中也会遇到需求变更、系统模块增加以及与第三方系统对接等情况，这时要根据系统本身的情况灵活应对，使用最合适的方案对系统进行修改和开发。